职业教育智能建造工程技术系列教材

结构工程机器人施工

范向前　马小军　主　编
危道军　陈年和　主　审

U0167530

中国建筑工业出版社

图书在版编目（CIP）数据

结构工程机器人施工/范向前，马小军主编. —北
京：中国建筑工业出版社，2022.8
职业教育智能建造工程技术系列教材
ISBN 978-7-112-27374-4

Ⅰ.①结… Ⅱ.①范… ②马… Ⅲ.①结构工程－建
筑机器人－职业教育－教材 Ⅳ.①TP242.3

中国版本图书馆CIP数据核字（2022）第079873号

本书系统地介绍了结构工程机器人施工内容及应用知识，并附有典型的实际案
例。全书共分7个项目，内容包括：项目1主要介绍机器人结构工程施工基本要素，
包括钢筋混凝土板平法识图规则、BIM技术基础应用、机械基础知识、RTK测量
技术等内容；项目2至项目7以典型案例贯穿始终，阐述地面整平机器人、地面抹
平机器人、地库抹光机器人、螺杆洞封堵机器人、混凝土内墙面打磨机器人、混凝
土天花打磨机器人等施工的内容、机器人维修保养和常见故障及处理，机器人使用
安全事项等。

本书可作为高等职业学院、应用型本科院校、机器人施工技师等的建筑工程类
教材和教学参考书，也可供从事土木建筑设计和施工人员参考。

为方便教师授课，本教材作者自制免费课件并提供习题答案，索取方式为：
1. 邮箱 jckj@cabp.com.cn；2. 电话（010）58337285；3. 建工书院 http://edu.cabplink.
com。

责任编辑：李天虹　朱首明　李　阳
责任校对：张惠雯

职业教育智能建造工程技术系列教材
结构工程机器人施工
范向前　马小军　主　编
危道军　陈年和　主　审

*

中国建筑工业出版社出版、发行（北京海淀三里河路9号）
各地新华书店、建筑书店经销
北京科地亚盟排版公司制版
天津安泰印刷有限公司印刷

*

开本：787毫米×1092毫米　1/16　印张：19¼　字数：453千字
2022年9月第一版　2022年9月第一次印刷
定价：**58.00**元（赠教师课件）
ISBN 978-7-112-27374-4
（39501）

职业教育智能建造工程技术系列教材
编写委员会

主　　任：徐舒扬

副 主 任：赵　研　王　斌

审定专家：危道军　孙亚峰　陈年和　赵　研　高　歌　黄　河

委　　员（按姓氏笔画为序）：

马小军　王　力　王　宾　王克成　王春宁　叶　勋

叶　雯　冯章炳　曲　强　朱冬飞　刘江峰　李玉甫

李秋成　杨　力　杨庆丰　范向前　周　辉　郑朝灿

胡跃军　段　瀚　姜　鑫　徐　博

主持单位：广东碧桂园职业学院

广东博智林机器人有限公司

支持单位：广东腾越建筑工程有限公司

广东博嘉拓建筑科技有限公司

安徽腾越建筑工程有限公司

沈阳腾越建筑工程有限公司

广东筑华慧建筑科技有限公司

黑龙江建筑职业技术学院

金华职业技术学院

广东建设职业技术学院

广州番禺职业技术学院

前　言

随着我国建筑行业的迅速发展，传统密集型劳动作业方式已经不再适应发展的需求，2020年7月住房和城乡建设部等部门颁发了《关于推动智能建造与建筑工业化协同发展的指导意见》，指导意见的基本原则为立足当前，着眼长远、节能环保、绿色发展、自主研发、开放合作。到2025年，我国智能建造与建筑工业化协同发展的政策体系和产业体系基本建立，建筑工业化、数字化、智能化水平将显著提高，产业基础、技术装备、科技创新能力以及建筑安全质量水平全面提升，劳动生产率明显提高，能源资源消耗及污染排放大幅下降，环境保护效应显著。推动形成一批智能建造龙头企业，引领并带动广大中小企业向智能建造转型升级，打造"中国建造"升级版。到2035年，我国智能建造与建筑工业化协同发展将会取得显著进展，企业创新能力大幅提升，产业整体优势明显增强，"中国建造"核心竞争力世界领先，建筑工业化全面实现，迈入智能建造世界强国行列。

在新形势驱动下，碧桂园集团于2018年7月成立了"广东博智林机器人有限公司"。该公司是一家行业领先的智能建造解决方案提供商，聚焦建筑机器人、BIM数字化、新型建筑工业化等产品的研发、生产与应用，打造并实践新型建筑施工组织方式。通过技术创新、模式创新，探索行业高质量可持续发展新路径，助力建筑业转型升级。公司自成立以来，已进行建筑机器人及相关设备、装配式等的研发、生产、制造、应用。用建筑机器人来替代人完成工地上危险、繁重的工作，解决建筑行业安全风险高、劳动强度大、质量监管难、污染排放高、生产效率低等问题，助力碧桂园集团转型升级，助力国家构建高质量建造体系。

本系列教材第1批推出18款机器人。包括：4款机器人施工辅助设备、6款结构工程施工机器人、8款装饰工程施工机器人。教材内容基于现有研究成果，着重讲述建筑机器人的操作流程，展示机器人在实际工程项目中的应用。机器人与传统施工相结合，能科学地组织施工，有利于对工程的工期、质量、安全、文明施工、工程成本等进行高效率管理。

本系列教材依据企业员工培训、职业院校人才培养目标的要求编写，教材注重机器人操作能力的训练。培养具备机器人相关操作与管理能力，增强学习的视觉性和快速记忆。本书既有工具书的操作知识，还可以引导研究与实践者在人机协作的思想下不断激发建筑技术的变革与发展。其最大的特点在于，舍弃了大量枯燥而无味的文字介绍，内容主线以机器人施工实际操作为主，并给予相应的文字解答，以图文结合的形式来体现建筑机器人在施工中的各种细节操作。为促进"智能建造"建筑领域人才培养，缓解供需矛盾，满足行业需求，助力企业转型，全面走向绿色"智造"贡献绵薄之力。

本教材由范向前、马小军任主编，范向前负责统稿，胡跃军、王力、魏荣、胡勇军任副主编。项目1由范向前、申靖宇、叶雯、申耀武编写；项目2、项目3、项目4由马小军、王力、魏荣、张英、李冠群编写；项目5、项目6、项目7由范向前、胡跃军、胡勇军、张怡、郭宏伟编写。

本书在编辑过程中，汇集了一线设计、施工人员在各工程中机器人的不同细部操作经验的总结，也学习和参考了有关现行智能建造相关规程、标准，在此一并表示衷心感谢。由于编者水平有限，时间紧迫，书中存在的疏漏和错误之处，恳请广大读者批评指正。

目 录

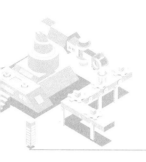

项目 **1** 机器人结构工程施工基本要素 >>>

【知识要点】

认识钢筋混凝土有梁楼盖、无梁楼盖的相关构件；了解有梁楼盖和无梁楼盖的应用范围和基本受力特征；掌握钢筋混凝土有梁楼盖、无梁楼盖的制图规则；掌握钢筋混凝土有梁楼盖、无梁楼盖的配筋构造；掌握建筑装饰BIM参数化设计、Revit项目文件、样板文件、族文件和族样板，熟悉BIM参数化设计、机器人路径规划设计；掌握机械部件图形表示符号一般标注的基本规则，熟悉国标焊接图纸标注符号，了解齿轮公差和磨损缺陷，熟悉齿轮传动的基本概念和润滑的基本方法，对机械设备变速器和液压装置的常用种类有所了解，熟悉变速器和液压装置工作原理；了解RTK测量技术原理；熟悉RTK系统组成及各组成部分的功能和特性、作业模式；掌握RTK电台模式和网络模式的设置步骤。

【能力目标】

能正确识读有梁楼盖、无梁楼盖（板）的平法施工图；具有正确解读有梁楼盖、无梁楼盖（板）相关配筋构造的能力；具有发现图纸问题和参与图纸会审的能力；进一步学习图纸深化的全流程，会应用BIM模型建立机器人施工路径，设置BIM机器人施工地图（运行路径）。能够判断机械常见的事故，并进行处理；会机器人常规的维护与保养，具有识读机械图、进行机械维护保养的基本能力；具有RTK电台模式和网络模式仪器架设与设置能力；能熟练应用RTK设备，配合机器人施工坐标设置。

单元 1.1　钢筋混凝土板平法识图规则

在建筑结构中，平面尺寸较大而厚度较小的构件称为板。

钢筋混凝土楼（屋）面板通常是水平设置，但有时根据需要也会斜向设置（如楼梯板和坡度较大的屋面板等），主要承受垂直于板面的楼面（屋面）均布活荷载及板自重，属于受弯为主的构件。现浇板支撑于主梁、次梁上形成的楼盖称为有梁楼盖；现浇板直接支撑于柱上，不设楼盖梁的楼盖称为无梁楼盖。

任务 1.1.1　有梁楼盖板平法施工图识图

1. 有梁楼盖概述

有梁楼盖板在房屋建筑中广泛应用，如屋面板、楼面板、基础板、楼梯板、雨篷板、阳台板等。

（1）板的分类

① 板按受力情况分为：单向板和双向板。

两对边支承的板，按单向板计算；

四边支承的板，当其长边与短边之比不大于 2 时，应按双向板计算；当长边与短边之比大于 2，但小于 3 时，宜按双向板计算；当其长边与短边之比不小于 3 时，宜按沿短方向受力的单向板计算，并应沿长边方向配置构造钢筋。

② 板按支承情况分为：简支板和多跨连续板。

③ 板按施工方法分为：现浇板和预制板。

（2）连续板的受力特点

现浇肋形楼盖由板、次梁、主梁组成。现浇肋形楼盖中的板支承于主梁和次梁之上，一般均为多跨连续板。多跨连续板的受力特点是跨中承受正弯矩，支座承受负弯矩，因此板的跨中下部按正弯矩配置受力钢筋，板的支座上部按负弯矩配置受力钢筋。

2. 有梁楼盖板平法施工图表达方式

有梁楼盖板是指以梁为支座的楼面板与屋面板，有梁楼盖板平法施工图，系在楼面板和屋面板布置图上，采用平面注写的方式表达楼板尺寸及配筋。如图 1-1 所示。

（1）板平面注写方式

板平面注写方式主要有两种：板块集中标注和板支座原位标注。

（2）结构平面的坐标方向

设计中，为了方便设计表达和施工识图，规定结构平面的坐标方向为：

① 当轴网正交布置时，图面从左至右为 X 向，从下至上为 Y 向；

② 当轴网转折时，局部坐标方向顺轴网转折角度做相应转折；

③ 当轴网向心布置时，切向为 X 向，径向为 Y 向。

另外，对于平面布置比较复杂的区域，例如轴网转折交界区域、向心布置的核心区域等，其平面坐标方向一般是由设计者另行规定并在图上明确表示出来。

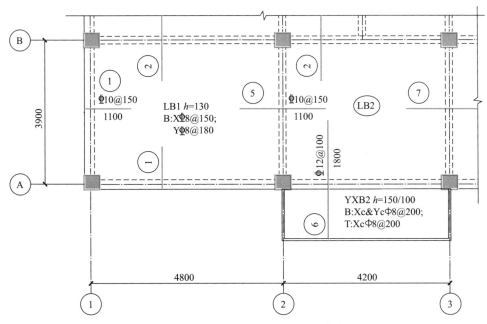

图 1-1　板平法施工图平面注写方式

3. 板块集中标注

板块集中标注的内容主要包括：板块编号、板厚、贯通纵筋，以及板顶面标高高差。

对于普通楼屋面，两向均以一跨作为一个板块；对于密肋楼屋面，两向主梁（框架梁）均以一跨作为一个板块（非主梁密肋不计）。

设计时，所有板块都按顺序进行编号，相同编号的板块选择其中的一块做集中标注，其他的板块仅仅注写置于圆圈内的板编号，以及当板面标高不同时得标高高差。

（1）板块编号

有梁楼（屋）盖板分为楼面板、屋面板、悬挑板等不同类型，如图 1-2 所示。板块的编号规定详见表 1-1。

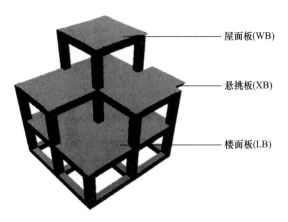

图 1-2　楼面板、屋面板、悬挑板

板块编号　　　　　　　　　　　　　　　　　　　表 1-1

板类型	代号	序号
楼面板	LB	××
屋面板	WB	××
悬挑板	XB	××

（2）板厚

板厚的注写为 $h=×××$；当悬挑板的端部改变截面厚度时，用斜线分隔根部与端部的高度值，注写为 $h=×××/×××$；如果设计中已经在图中统一注明了板厚，此项可以不用标注。

（3）贯通纵筋

板平面标注中，贯通纵筋按板块的下部和上部分别标注，当板块的上部不设贯通纵筋时，则不需要标注。其中，下部贯通纵筋用 B 表示，上部贯通纵筋用 T 表示，B&T 代表下部与上部；X 向的贯通纵筋以 X 打头，Y 向贯通纵筋以 Y 打头，两向贯通纵筋配置相同时以 X&Y 打头。

对单向板，另外一向贯通的分布筋设计中一般不标注，而是在图中统一注明。当在某些板块内（如悬挑板 XB 的下部）配置构造钢筋时，则 X 向以 Xc，Y 向以 Yc 打头注写。

（4）板面标高高差

板面标高高差是指相对于结构层楼面标高的高差，板面没有高差时不标注，有高差时需要标注，并将其写在括号内。

当板块的类型、板厚和贯通纵筋均相同时，板块的编号也是相同的。但同一编号板块的板面标高、跨度、平面形状及板支座上部非贯通纵筋可以不同，如同一编号板块的平面形状可以为矩形、多边形以及其他不规则形状。

（5）设计举例（以图 1-1 为例）

【例 1】①轴～②轴间楼面板块注写为：

LB1 $h=130$

B：X ⱷ 8@150；Y ⱷ 8@180

表示：编号为 LB1 的楼面板，板厚 130mm，板下部贯通纵筋 X 向为 ⱷ 8@150，Y 向为 ⱷ 8@180，板上部未设置贯通纵筋。

【例 2】②轴～③轴间延伸悬挑板注写为：

YXB2 $h=150/100$

B：Xc&Yc ф 8@200；

T：Xc ф 8@200

表示：编号为 YXB2 的延伸悬挑板，板根部厚度为 150mm，端部厚度为 100mm，板下部双向均配置 ф 8@200 构造钢筋，板上部 X 向配置 ф 8@200 构造钢筋。

【例 3】有一楼面板块注写为：

LB5 $h=110$

B：X ф 10/12@100；Y ф 10@110

表示：编号为 LB5 的楼面板，板厚为 110mm，板下部配置的纵筋 X 向为 ф 10、ф 12 隔一布一，ф 10 与 ф 12 钢筋之间间距为 100mm，Y 向为 ф 10@110，板上部未配置贯通钢筋。

4. 板支座原位标注

（1）板原位标注内容

板原位标注内容包括：板支座上部非贯通纵筋和纯悬挑板上部受力钢筋。

① 板支座原位标注的钢筋，应在配置相同跨的第一跨表达，当在梁悬挑部位单独配置时则在原位表达。在配置相同跨的第一跨（或梁悬挑部位），垂直于板支座（梁或墙）绘制一段适宜长度的中粗实线（当该钢筋通长设置在悬挑板或短跨板上部时，中粗实线段应画至对边或贯通短跨），以该线段代表支座上部非贯通纵筋；并在线段上方注写钢筋编号（例如①、②等）、配筋值、横向连续布置的跨数（跨数值注写在括号内，如果是一跨，则不需要标注），以及是否横向布置到梁的悬挑端。例如（××）为横向布置的跨数，（××A）为横向布置的跨数及一端的悬挑部位，（××B）为横向布置的跨数及两端的悬挑部位。

如图 1-3 所示，③轴和④轴间，在Ⓑ轴和Ⓒ轴梁支座上的⑦号钢筋，配筋值Φ10@120 后括号内的"2"表示⑦号钢筋横向布置 2 跨，即④轴和⑤轴间，在Ⓑ轴和Ⓒ轴梁支座上也同样布置⑦号钢筋。

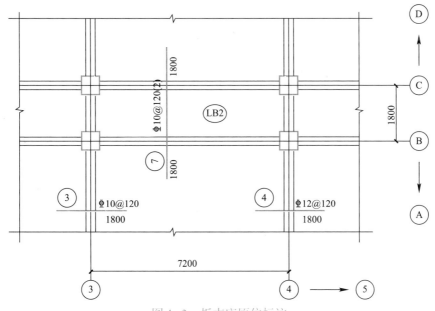

图 1-3 板支座原位标注

② 板支座上部非贯通筋自支座中线向跨内的延伸长度，注写在线段的下方位置。如⑦号钢筋下方的两个 1800，分别表示自Ⓑ轴（Ⓒ轴）梁支座的中线向Ⓐ轴（Ⓒ轴）与Ⓑ轴（Ⓓ轴）间跨内延伸 1800mm。

当中间支座上部非贯通纵筋向支座两侧对称延伸时，可只在支座一侧线段下方标注延伸长度，另一侧不标注，如图 1-4 所示。

当向支座两侧非对称延伸时，应分别在支座两侧线段下方注写延伸长度，如图 1-5 所示。

对于线段画至对边贯通全跨或贯通全悬挑长度的上部通长纵筋，贯通全跨或延伸至全悬挑一侧的长度值不标注，只标注非贯通筋另一侧的延伸长度值，如图 1-6 所示。

当板支座为弧形，支座上部非贯通纵筋呈放射状分布时，设计时在图中注明配筋间距的度量位置并加注"放射分布"字样，如图 1-7 所示。

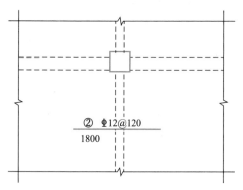

图 1-4　非贯通钢筋对称伸出

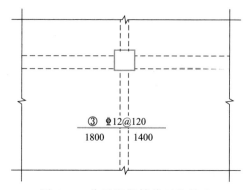

图 1-5　非贯通钢筋非对称伸出

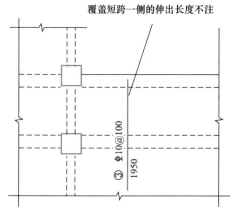

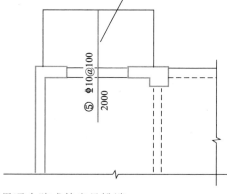

图 1-6　板支座非贯通筋贯通全跨或伸出悬挑端

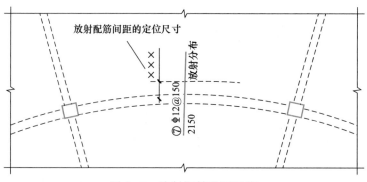

图 1-7　放射钢筋注写示意

【例4】在板平面布置某部位如图1-8所示，横跨支承梁绘制的对称线段上标注有⑦Φ12@100（5A）和1500，表示支座上部⑦号非贯通钢筋为Φ12@100，从该跨起沿支承梁连续布置5跨加梁一端的悬挑端，该筋自支座中线向两侧跨内的伸出长度均为1500。在同一板平面布置图的另一部位，横跨梁支座绘制的对称线段上标注有⑦×××（2）者，是表示该筋同⑦纵筋，沿支承梁连续布置2跨，且无梁悬挑端布置。

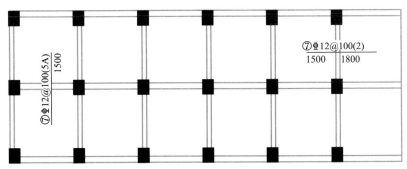

图 1-8　例 4 附图板上部非贯通钢筋示意

③ 悬挑板支座原位标注的注写方式如图 1-9 所示。当悬挑板厚度不小于 150mm 时，设计者应指定板端部封边构造方式，当采用 U 形封边时，应指定 U 形钢筋的规格、直径。

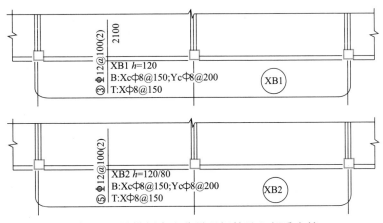

图 1-9　悬挑板支座非贯通钢筋及上部受力筋

④ 在板平面布置图中，不同部位的板支座上部非贯通纵筋及纯悬挑板上部受力钢筋，一般仅在一个部位注写，对于其他相同的非贯通纵筋，则仅在代表钢筋的线段上注写编号及横向连续布置的跨数即可。

此外，与板支座上部非贯通纵筋垂直且绑扎在一起的构造钢筋或分布钢筋，由设计者在图中注明。

（2）板上部贯通筋和非贯通筋"隔一布一"

当板的上部已经配置有贯通纵筋，但是需要增配板支座上部非贯通纵筋时，应结合已经配置的同向贯通纵筋的直径与间距采取"隔一布一"的方式配置。

"隔一布一"方式为非贯通纵筋的标注间距与贯通纵筋相同，两者组合后的实际间距为各自标注间距的 1/2，当设定贯通纵筋为纵筋总截面面积的 50% 时，两种钢筋应取相同直径；当设定贯通纵筋大于或小于总截面面积的 50% 时，两种钢筋则取不同直径。

【例 5】板上部已配置贯通纵筋 $\Phi 12@250$，该跨同向配置的支座非贯通纵筋为⑤Φ 12@250，表示在该支座上部设置的纵筋实际为 $\Phi 12@125$，其中 1/2 为贯通纵筋，1/2 为非贯通纵筋（伸出长度值略），如图 1-10 所示。

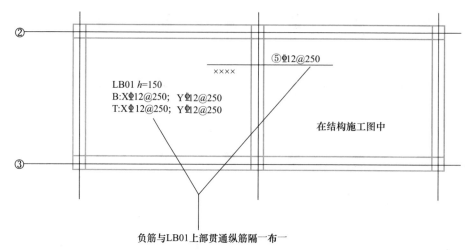

图 1-10　板上部贯通筋和非贯通筋"隔一布一"示意

【例6】板上部已配置贯通纵筋⑪10@250，该跨同向配置的支座非贯通纵筋为③⑪12@250，表示该跨实际设置的支座上部纵筋为⑪10和⑪12间隔布置，二者间间距为125。

（3）施工注意事项

① 当支座一侧设置了上部贯通纵筋（在板集中标注中以T打头），而在支座另一侧仅设置了上部非贯通纵筋时，如果支座两侧设置的纵筋直径、间距相同，应将两者连通，避免各自在支座上分别锚固。

② 板上部纵筋在端支座（梁、剪力墙顶）的锚固要求，标准构造详图中规定：当设计按铰接时，平直段伸至端支座对边后弯折，且平直段长度≥0.35 L_{ab}，弯折段水平投影长度15d（d 为纵向钢筋直径），当充分利用钢筋的抗拉强度时，平直段伸至端支座对边后弯折，且平直段长度≥0.6L_{ab}，弯折段水平投影长度15d。设计者应在平法施工图中注明采用何种构造，当多数采用同种构造时可在图注中写明，并将少数不同之处在图中注明。

③ 板的纵向钢筋连接可采用绑扎搭接、机械连接或焊接，其连接位置见16G101-1图集中相应的标准构造详图。

5. 楼板相关构造制图规则

楼板相关构造的平法施工图设计，是在板平面施工图上采用直接引注方式表达。主要有13项，分别是：纵筋加强带 JQD 的引注、后浇带 HJD 的引注、柱帽 ZMx 的引注、局部升降板 SJB 的引注、板加腋 JY 的引注、板开洞 BD 的引注、板翻边 FB 的引注、板挑檐 TY 的引注、角部加强筋 Crs 的引注、悬挑阴角附加筋 Cis 的引注、悬挑阳角放射筋 Ces 的引注以及抗冲切箍筋 Rh 的引注和抗冲切弯起筋 Rb 的引注等，具体的引注方法可参见国标 16G101-1 图集。

任务 1.1.2　无梁楼盖板平法施工图识图

1. 无梁楼盖概述

无梁楼盖是一种不设梁的双向受力板、柱结构，一般应用于对净空与层高限制较严格的建筑中。由于没有梁，钢筋混凝土板直接支承在柱上，故与相同柱网尺寸的肋梁楼盖比，其板厚要大一些，但无梁楼盖的建筑构造高度比肋梁楼盖小，房屋净空相对比较大，节省建筑材料，加快施工进度。同时板底平滑可以大大改善采光、通风和卫生条件，因此无梁楼盖通常用于多层的工业与民用建筑中，如商场、书库、冷藏库、仓库、水池顶盖、板式筏形基础等。

2. 无梁楼盖板平法施工图表达方式

无梁楼盖板平法施工图，是在楼面板和屋面板布置图上，采用平面注写的表达方式。板平面注写主要有板带集中标注、板带支座原位标注两部分内容。

（1）板带集中标注

集中标注应在板带贯通纵筋配置相同的第一跨（X 向为左端跨，Y 向为下端跨）注写。相同编号的板带可择其一做集中标注，其他仅注写板带编号（注在圆圈内）。

1）板带集中标注的具体内容为：板带编号、板带厚及板带宽和贯通纵筋。

① 板带编号应符合表 1-2 规定。

板带编号 表1-2

构件类型	代号	序号	跨数及有无悬挑
柱上板带	ZSB	××	（××）、（××A）或（××B）
跨中板带	KZB	××	（××）、（××A）或（××B）

注：1. 跨数按柱网轴线计算（两相邻柱轴线之间为一跨）；

2.（××A）为一端有悬挑，（××B）为两端有悬挑，悬挑不计入跨数。

② 板带厚注写为 $h=×××$，板带宽注写为 $b=×××$，当无梁楼盖整体厚度和板带宽度已在图中注明时，此项可不标注。

③ 贯通纵筋按板带下部和板带上部分别注写，并以 B 代表下部，T 代表上部，B&T 代表上部和下部。当采用放射配筋时，设计者应注明配筋间距的度量位置，必要时补绘配筋平面图。

【例 7】设有一板带注写为：ZSB2（5A） $h=300$ $b=3000$

B Φ16@100；T Φ18@200

表示 2 号柱上板带，有 5 跨且一端有悬挑；板带厚 300mm，宽 3000mm；板带配置贯通纵筋下部为 Φ16@100；上部为 Φ18@200。

2）设计与施工应注意：相邻等跨板带上不贯通纵筋应在跨中 1/3 净跨长范围内连接。当同向连续板带的上部贯通钢筋配置不同时，应将配置较大者越过其标注的跨数终点或起点伸至相邻的跨中连接区域连接。

设计时应注意板带中间支座两侧上部贯通纵筋的协调配置，施工及预算应按具体设计和相应标准构造要求实施。等跨与不等跨板上部贯通纵筋的连接构造要求见相关标准构造详图；当具体工程对板带上部纵向钢筋的连接有特殊要求时，其连接部位及方式应由设计者注明。

3）当局部区域的板面标高与整体不同时，应在无梁楼盖的板平法施工图上注明板面标高高差及分布范围。

（2）板带支座原位标注

1）板带支座原位标注的具体内容为：板带支座上部非贯通纵筋。

2）以一段与板带同向的中粗实线段代表板带支座上部非贯通纵筋：对柱上板带，实线段贯穿柱上区域绘制；对于跨中板带，实线段横贯柱网轴线绘制。在线段上注写钢筋编号（如①、②等）、配筋值及在线段的下方注写自支座中线向两侧跨内的伸出长度。

3）当板带支座非贯通纵筋自支座中间两侧对称伸出时，其伸出长度可仅在一侧标注；当配置在有悬挑端的边柱上时，该筋伸出到悬挑尽端，设计不注。当支座上部非贯通纵筋呈放射分布时，设计者应注明配筋间距的定位位置。

4）不同部位的板带支座上部非贯通纵筋相同者，可仅在一个部位注写，其余则在代表非贯通纵筋的线段上注写编号。

【例8】设有平面布置图的某部位，在横跨板带支座绘制的对称线段上注有⑦φ18@250，在线段一侧的下方注有1500。

表示支座上部⑦号非贯通纵筋为φ18@250，自支座中线向两侧跨内伸出长度均为1500mm。

5）当板带上部已经有贯通纵筋，但需增加配置板带支座上部非贯通纵筋时，应结合已配置同向贯通纵筋的直径与间距，采取"隔一布一"的方式配置。

【例9】设有一板带上部已配置贯通纵筋φ18@240，板带支座上部非贯通纵筋为⑤φ18@240，则板带在该位置实际配置的上部纵筋为φ18@120，其中1/2为贯通纵筋，1/2为⑤号非贯通纵筋（伸出长度略）。

【例10】设有一板带上部已配置贯通纵筋φ18@240，板带支座上部非贯通纵筋为③φ20@240，则板带在该位置实际配置的上部纵筋为φ18和φ20间隔布置，二者之间间距为120mm（伸出长度略）。

3. 暗梁的表示方法

1）暗梁平面注写包括：暗梁集中标注、暗梁支座原位标注两部分内容。施工图中在柱轴线处画中粗虚线表示暗梁。

2）暗梁集中标注包括：暗梁编号、暗梁截面尺寸（箍筋外皮宽度×板厚）、暗梁箍筋、暗梁上部通长筋或架立筋四部分内容。暗梁编号按表1-3，其他注写方式同梁平法施工集中标注相关内容，如图1-11所示。

暗梁编号 表1-3

构件类型	代号	序号	跨数及有无悬挑
暗梁	AL	××	（××）、（××A）或（××B）

注：1. 跨数按柱网轴线计算（两相邻柱轴线之间为一跨）；
2.（××A）为一端有悬挑，（××B）为两端有悬挑，悬挑不计入跨数。

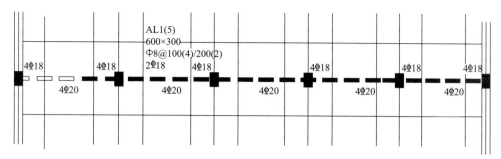

图 1-11 无梁楼盖暗梁平面注写

【例 11】一无梁楼盖暗梁平面注写如图 1-11 所示。

集中标注内容：AL1 为 5 跨连续梁，截面尺寸 $b \times h$=600mm×300mm，暗梁箍筋级别为 HPB300，直径为 8mm，加密区箍筋间距为 100mm 四肢箍，非加密区箍筋间距为 200mm 双肢箍，梁中上部通长筋为 2Φ18。

3）暗梁支座原位为标注包括：梁支座上部纵筋、梁下部纵筋。当在暗梁上集中标注的内容不适用于某跨或某悬挑端时，则将其不同数值标注在该跨或该悬挑端，施工时按原位注写取值。注写方式同梁平法施工中原标注相关内容。

4）当设置暗梁时，柱上板带及跨中板带标注方式与 16G101-1 图集第 6.2、6.3 节一致。柱上板带标注的配筋仅设置在暗梁之外的柱上板带范围内。

5）暗梁中纵向钢筋连接、锚固及支座上部纵筋的伸出长度等要求同轴线处柱上板带中纵向钢筋。

任务 1.1.3 楼板相关构造类型与表示方法

1. 有梁楼（屋）盖板标准构造详图

钢筋混凝土板是受弯构件，其钢筋按作用分为：底部受力筋、上部负筋、分布筋等。底部受力筋承受弯矩引起拉力，一般通长布置在板底。对悬臂板和地下室底板受力筋布置在板的上部。为了避免板的上部在支座负弯矩作用下出现裂缝，通常是在支座部位上部配置一定长度的受拉钢筋，这种钢筋称为上部负筋。

（1）有梁楼盖（屋）面板标准构造（如图 1-12 所示）

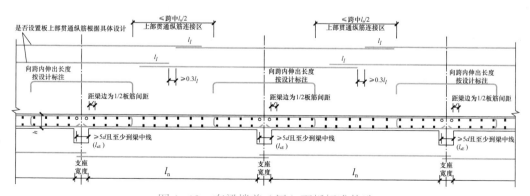

图 1-12 有梁楼盖（屋）面板标准构造

说明：

① 当相邻等跨或不等跨的上部贯通纵筋配置不同时，应将配置较大者越过其标注的跨数终点或起点伸出至相邻跨的跨中连接区域。

② 除本图所示搭接连接外，板纵筋可采用机械连接或焊接连接。接头位置：上部纵筋见本图所示连接区，下部钢筋宜在距支座 1/4 净跨内。

③ 板贯通纵筋的连接要求，见 16G101-1 图集第 59 页，且同一连接区段内钢筋接头百分率不宜大于 50%。不等跨板上部贯通纵筋连接构造，见 16G101-1 图集第 101 页。

④ 板位于同一层面的两向交叉纵筋何向在下何向在上，应按具体设计说明。

⑤ 图中板中间支座均按梁绘制，当支座为剪力墙、砌体墙、圈梁时，其构造相同。

（2）板在端部支座的锚固构造（如图 1-13 所示）

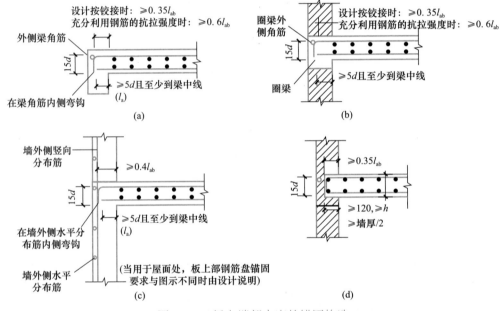

图 1-13 板在端部支座的锚固构造

（a）端支座为梁；（b）端支座为圈梁；（c）端支座为剪力墙；（d）端支座为砌体墙

（3）有梁楼盖不等跨板上部贯通纵筋连接构造（如图 1-14 所示）

（4）单（双）向板配筋构造（如图 1-15 所示）

（5）悬挑板 XB 钢筋构造（如图 1-16 所示）

（6）无支撑板端部封边构造（如图 1-17 所示）

（7）折板配筋构造（如图 1-18 所示）

（8）有梁楼盖（板）平法施工图示例（如图 1-19 所示）

2. 无梁楼（屋）盖板标准构造详图

（1）无梁楼盖柱上板带 ZSB 纵向配筋构造（如图 1-20 所示）

（2）无梁楼盖跨中板带 KZB 纵向配筋构造（如图 1-21 所示）

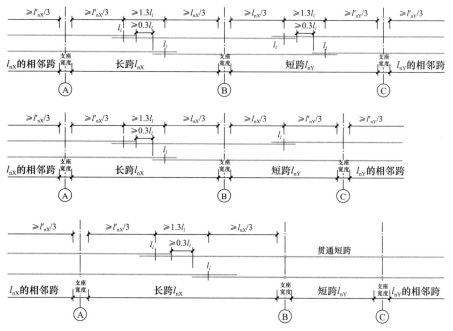

图 1-14 有梁楼盖不等跨板上部贯通纵筋连接

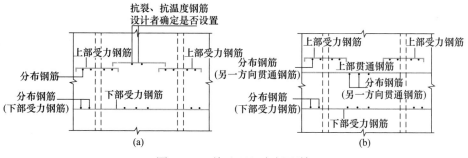

图 1-15 单（双）向板配筋

（a）分离式配筋 ;（b）部分贯通式配筋

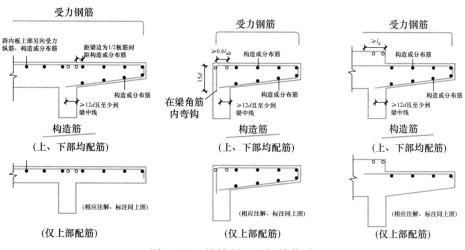

图 1-16 悬挑板 XB 钢筋构造

结构工程机器人施工

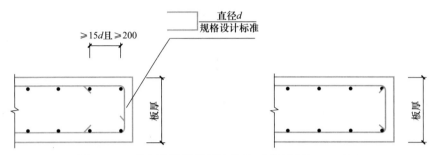

图 1-17 无支撑板端部封边构造（当板厚≥150 时）

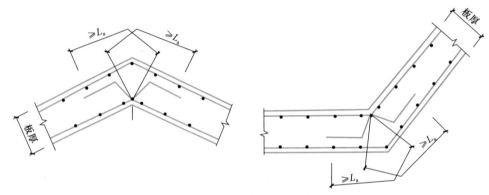

图 1-18 折板配筋构造

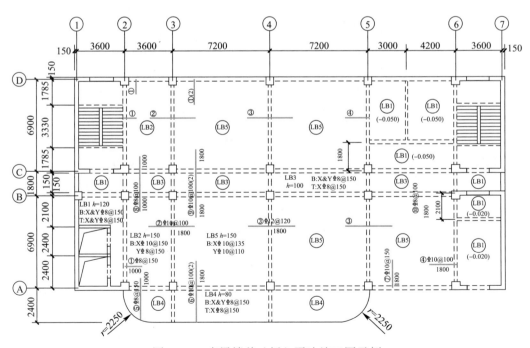

图 1-19 有梁楼盖（板）平法施工图示例

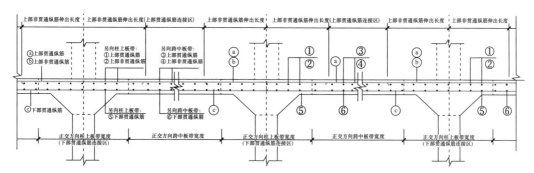

图 1-20　无梁楼盖柱上板带 ZSB 纵向配筋构造

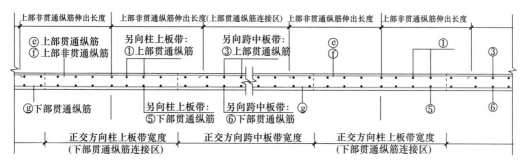

图 1-21　无梁楼盖跨中板带 KZB 纵向配筋构造

（板带上部非贯通纵筋向跨内伸出长度按设计标注）

（3）板带端支座纵向钢筋构造（如图 1-22 所示）

（4）板带悬挑纵向钢筋构造（如图 1-23 所示）

（5）柱上板带暗梁钢筋构造（如图 1-24 所示）

（6）无梁楼盖（板）平法施工图示例（如图 1-25 所示）

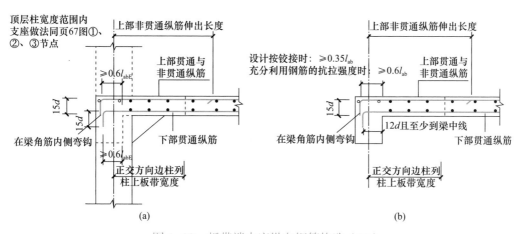

图 1-22　板带端支座纵向钢筋构造（二）

（a）柱上板带与柱连接；（b）跨中板带与梁连接

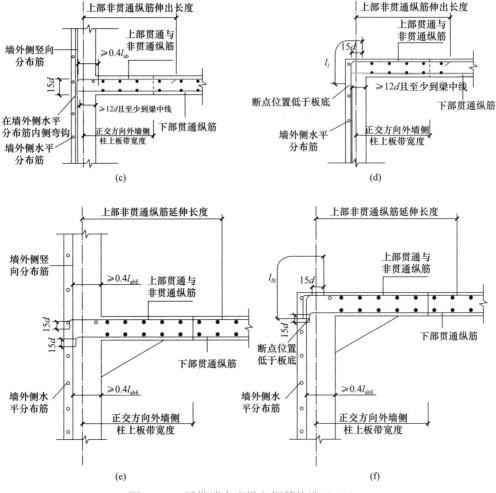

图 1-22　板带端支座纵向钢筋构造（二）

（c）跨中板带与剪力墙中层连接；（d）跨中板带与剪力墙墙顶搭接连接；（e）柱上板带与剪力墙中层连接；

（f）柱上板带与剪力墙墙顶连接

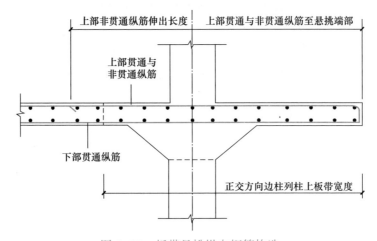

图 1-23　板带悬挑纵向钢筋构造

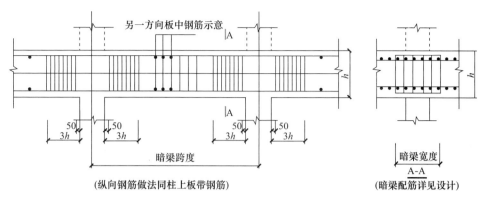

图 1-24 柱上板带暗梁钢筋构造

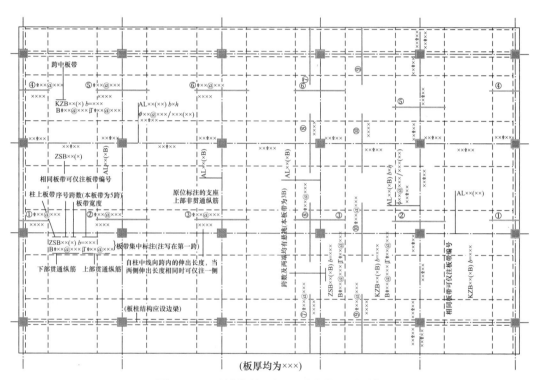

图 1-25 无梁楼盖（板）平法施工图示例

单元 1.2　BIM 技术基础应用

任务 1.2.1　BIM 基础知识与操作

　　BIM（建筑信息模型，Building Information Modeling）技术，最早是由 Autodesk 公司在 2002 年率先提出，目前已得到国内外的广泛认可，是以三维数字技术为基础，集成建设工程项目各种相关信息的工程数据模型（如图 1-26 所示），同时又是一种应用于设计、建造、管理的数字化技术。国际标准组织设施信息委员会（Facilities Information Council）给出比较准确的定义：BIM 是在开放的工业标准下对设施的物理和功能特性及其相关的项目全寿命周期信息的可计算、可运算的形式表现，从而为决策提供支持，以更好地实现项目的价值。基于 BIM 应用为载体的工程项目信息化管理，可以提升项目生产效率、提高建筑质量、缩短工期、降低建造成本。BIM 技术被一致认为有以下五大特点：

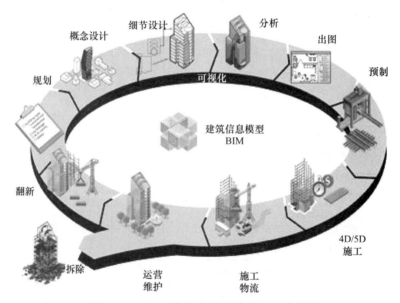

图 1-26　BIM 技术应用于建筑全生命周期

　　（1）可视化；
　　（2）协调性；
　　（3）模拟性；
　　（4）优化性；
　　（5）可出图性。

　　BIM 技术的实施需要借助不同的软件来实现，目前常用 BIM 软件的数量有几十甚至上百之多。对这些软件，很难给予一个科学、系统、精确的分类，美国总承包商协会（Associated General Contractors of American，AGC）将 BIM 软件分为八大类：

（1）概念设计和可行性研究软件；

（2）BIM 核心建模软件（BIM Authoring Tools）；

（3）BIM 分析软件（BIM Analysis Tools）；

（4）加工图和预制加工软件（Shop Drawing and Fabrication Tools）；

（5）施工管理软件（Construction Management Tools）；

（6）算量和预算软件（Quantity Takeoff and Estimating Tools）；

（7）计划软件（Scheduling Tools）；

（8）文件共享和协同软件（File Sharing and Collaboration Tools）。

Revit 是 Autodesk 公司专为 BIM 技术应用而推出的专业产品，本单元介绍的 Revit 2018 版本是单一应用程序，集成了建筑、结构、机电三个专业的建模功能。

图 1-27　Revit 2018 图标

现以 Revit 2018 版本为基础，介绍 Revit 软件的基础操作，具体包括开启和关闭软件、熟悉软件项目编辑界面、熟悉软件文件类型、使用修改编辑工具。

1. 开启和关闭软件

通过双击桌面 Revit 2018 图标（图 1-27）或者单击 Windows 启动菜单的 Revit 2018 图标，就可以启动 Revit 2018。在启动界面中可以看到最近使用的文件。Revit 2018 启动后的界面如图 1-28 所示。

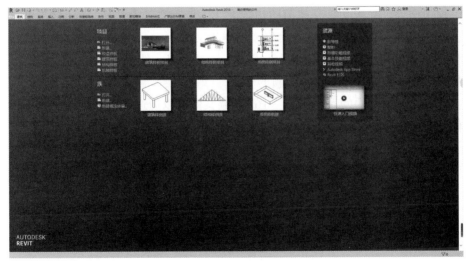

图 1-28　Revit 2018 启动界面

如果要关闭软件，可以点击软件界面右上角的关闭按钮。

2. 熟悉软件项目编辑界面

在启动界面通过新建或打开项目，进入软件项目编辑界面（图 1-29）。具体包括应用程序按钮、快速访问栏、帮助与信息中心、选项卡、选项栏、上下文选项卡、属性面板、项目浏览器、绘图区域、状态栏、视图控制栏等界面内容。

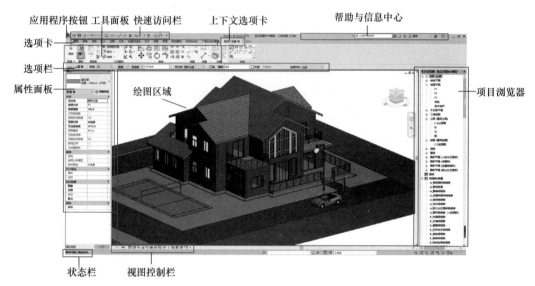

图 1-29　Revit 2018 软件项目编辑界面

3. 熟悉软件文件类型

Revit 中主要的文件类型有 4 种，分别是项目文件、样板文件、族文件和族样板文件。

（1）项目文件。项目文件是 BIM 模型存储文件，其后缀名为 ".rvt"。在 Revit 软件中，所有的设计模型、视图及信息都被存储在 Revit 项目文件中。

（2）样板文件。样板文件是建模的初始文件，其后缀名为 ".rte"。不同专业不同类型的模型需要选择不同的样板文件开始建模，样板文件中定义了新建项目中默认的初始参数，例如默认的度量单位、楼层数量的设置、层高信息、线型设置、显示设置等。Revit 允许用户自定义样板文件，并保存为新的 ".rte" 文件。

（3）族文件。族文件的后缀名为 ".rfa"，族文件可以通过应用程序菜单中新建。Revit 项目文件中的门、窗、楼板、屋顶等构件都属于族文件。

（4）族样板文件。族样板文件的后缀名为 .rft，创建可载入族的文件格式，创建不同类别的族要选择不同的族样板文件。

4. 使用修改编辑工具

在 "修改" 选项卡的 "修改" 面板中提供了常用的修改编辑工具，包括移动、复制、旋转、阵列、镜像、对齐、拆分、删除等命令，如图 1-30 所示。

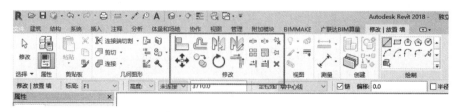

图 1-30　修改编辑工具

任务 1.2.2　BIM 技术建模基础

1. 建模基本流程

（1）初步布局。Revit 软件建模首先从体量研究或现有设计开始，先在三维空间中绘制标高和轴网。

（2）模型的制作与深化。模型的制作是工作流程中的核心环节，建模的过程应遵循从整体到局部的流程：首先创建常规的建筑构件（柱、墙体、楼板、屋顶等）；然后深化设计，添加更多的详细构件（楼梯、家具等）。

（3）模型应用。模型建好后，要发挥其应用价值，应设法从中提取信息数据，并将这些数据应用于设计的各个环节，如漫游、渲染、数据统计等。

2. 建模主要功能模块

（1）标高。在项目中，标高（图 1-31）是有限水平平面，用作屋顶、楼板和天花板等以标高为主体的图元的参照。

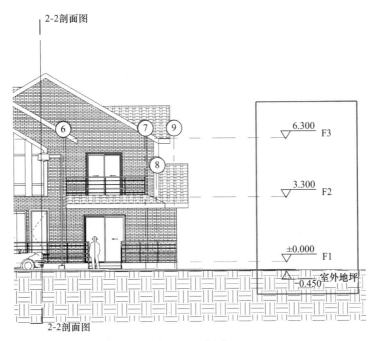

图 1-31　标高

（2）轴网。在项目中，轴网（图 1-32）主要用来为墙体、柱等建筑构件提供平、立面位置参照。在 Revit 软件中，可以将其看作有限平面。

（3）墙体。墙体（图 1-33）是建筑物的重要组成部分，既是承重构件也是围护构件。在绘制墙体时，需要综合考虑墙体的所在楼层、绘制路径、起止高度、用途、材质等各种信息。

（4）门、窗。门（图 1-34）与窗是建筑的主要构件之一，Revit 软件中操作，需要事先将墙体建好，然后进行插入。

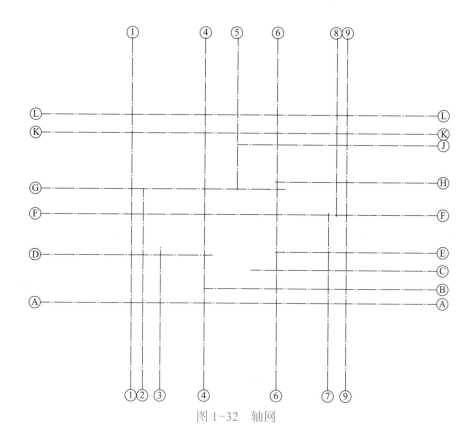

图 1-32　轴网

图 1-33　墙体

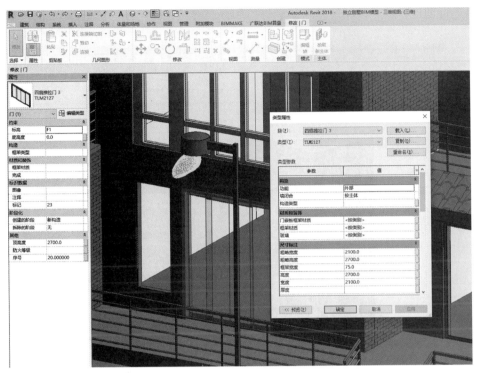

图 1-34　门

（5）楼板。楼板（图1-35）是建筑的主要构件之一，Revit软件中操作，一般通过描绘边界线方式进行创建，重点关注楼板材质、位置和标高等信息。

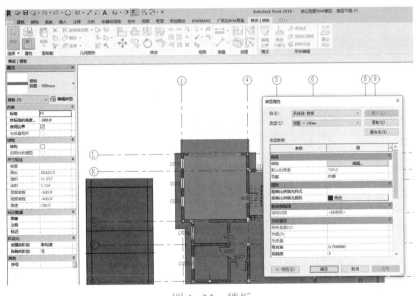

图 1-35　楼板

（6）屋顶。屋顶（图1-36）是建筑的主要构件之一，Revit软件中操作，一般通过迹线屋顶进行创建，重点关注屋顶材质、坡度和标高等信息。

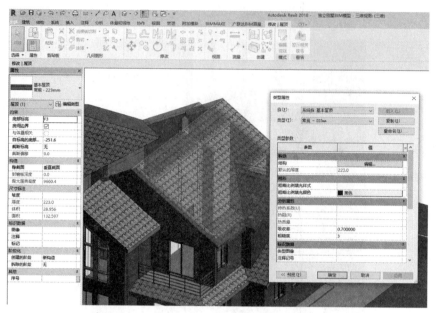

图 1-36　屋顶

（7）楼梯。楼梯（图 1-37）和坡道是连接不同高度的建筑构件，楼梯涉及的数据较多，Revit 软件中操作，要认真核查每一个数据。

（8）柱。柱（图 1-38）是建筑的主要构件之一，涉及结构施工图的识读，要获取准确的截面尺寸、位置、材质等信息。

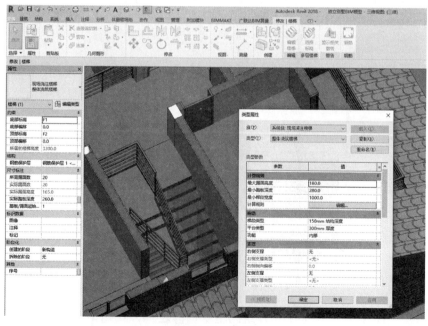

图 1-37　楼梯

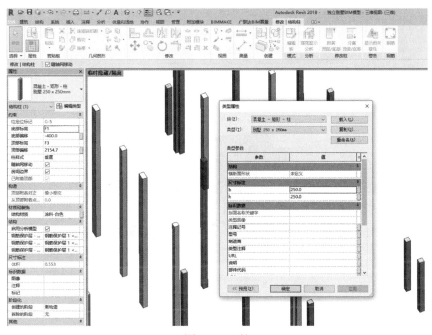

图 1-38　柱

（9）构件（部品）。对家具和卫浴设备等建筑图元，通常需要专门进行建模。在 Revit 软件中，可放置软件自带的构件，也可以自行制作，然后进行放置，如图 1-39 所示。

（10）场地。在 Revit 中，建筑室外景观部分通常用"场地"选项卡中的命令完成，创建出地形表面、场地构件、停车场构件、建筑地坪等，如图 1-40 所示。

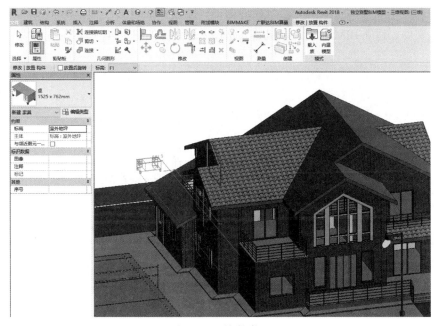

图 1-39　构件放置

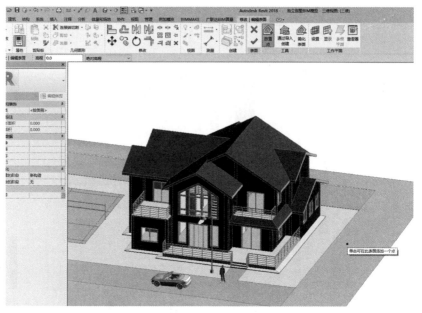

图 1-40 场地

任务 1.2.3 机器人路径设计基础

机器人路径设计，是指依据某种最优准则，在工作空间中寻找一条从起始状态到目标状态，使机器人避开障碍物的最优路径。

1. 路径规划流程

模型建立→路径规划生成→路径三维仿真→下发路径。

机器人路径规划，需根据工艺路径规划书，通过 Matlab 程序计算出相关路径点位信息，导出 Json 文件，建立 BIM 模型，在机器人路径云平台（如图 1-41 所示）进行规划设计。

图 1-41 机器人路径云平台

生成路径所需空间信息数据从 BIM 中获取，包含房间高度、剪力墙、柱、梁的位置及尺寸、门窗高度等。根据获取到的各类空间数据信息生成正确合理的作业路径。

2. 路径规划原则

（1）墙面连续作业、墙面有凸柱时按转角顺序连续喷涂。

（2）大批量柱子作业路径规划时尽可能不绕路、不重复、提高工效。

（3）既有墙面作业也有批量柱子作业时，先作业墙面或后作业所有独立柱面，可通过参数设置调整路径输出。如图 1-42 所示。

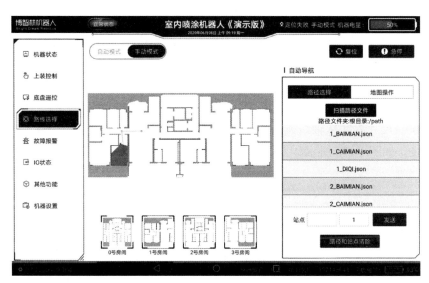

图 1-42　室内喷涂机器人路径规划页面

单元 1.3 机械基础知识

任务 1.3.1 机械零部件图形符号

1. 一般尺寸标注法

（1）基本规则

1）机件的真实大小应以图样上所标注尺寸数值为依据，与图形的大小及绘图的准确度无关。

2）图样中（包括技术要求和其他说明）尺寸，以毫米为单位时，无需标注计量单位代号和名称，如采用其他单位，则必须注明相应的计量单位代号或名称，如 45 度 30 分应写成 45°30′。尺寸界线从轴线或对称中心线处引出，也可利用轮廓线、轴线或对称中心线作尺寸界线。如图 1-43 所示。

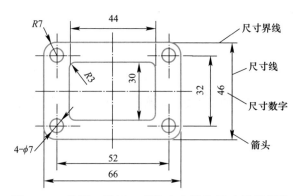

图 1-43 轮廓、轴线、对称中心线和尺寸界线标注

（2）尺寸线

尺寸线用来表示尺寸度量的方向。尺寸线必须用细实线绘在两尺寸界线之间，不能用其他图线代替，不得与其他图线重合或画在其延长线上。

尺寸线的终端有如图 1-44（a）所示箭头（b 为粗实线宽度）和如图 1-44（b）所示斜线（h 为字体高度）两种形式。

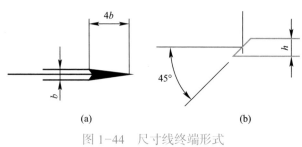

(a)   (b)

图 1-44 尺寸线终端形式

（a）箭头；（b）斜线

（3）圆、圆弧及球的尺寸标注

标注圆的直径时，应在尺寸数字前加注符号"ϕ"；标注圆弧半径时，应在尺寸数字前加注符号"R"；标注球面直径或半径时，应在尺寸数字前分别加注"$S\phi$"或"SR"。如图 1-45 所示。

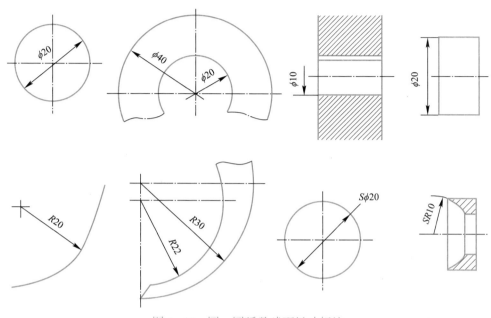

图 1-45　圆、圆弧及球面尺寸标注

（4）斜度与锥度

1）斜度。斜度是指一直线（或平面）对另一直线（或平面）的倾斜程度。其大小以它们夹角的正切来表示，并将此值化为 $1:n$ 的形式，斜度 $=\tan\alpha=H/L=1:n$。标注斜度时，需在 $1:n$ 前加注斜度符号"∠"，且符号方向与斜度方向一致。斜度符号的高度等于字高 h。斜度的定义、画法及其标注方法，如图 1-46 所示。

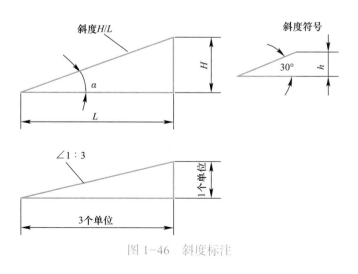

图 1-46　斜度标注

2）锥度。锥度是指正圆锥体的底圆直径与其高度之比（对于圆锥台，则为底圆直径与顶圆直径的差与圆锥台的高度之比），并将此值化成 1 ：n 的形式。标注时，需在 1 ：n 前加注锥度符号"▷"，且符号的方向应与锥度方向一致。锥度符号的高度等于字高 h。锥度的定义、画法及其标注方法，如图 1-47 所示。

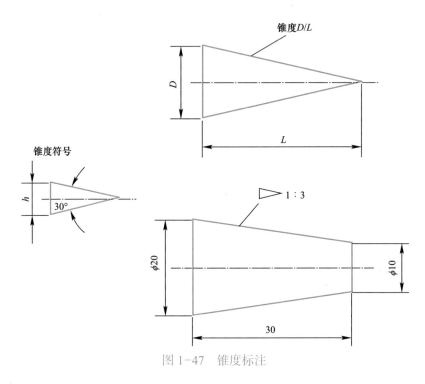

图 1-47　锥度标注

2. 表面粗糙度

无论用何种方法加工的表面，都不会是绝对光滑的，在显微镜下可看到表面的峰、谷状如图 1-48 所示。表面粗糙度是指零件加工表面上具有的较小间距的峰、谷组成的微观几何形状特性。

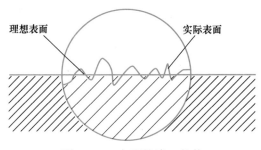

图 1-48　表面的峰、谷状

表面粗糙度是评定零件表面质量的一项技术指标，它对零件的配合性质、耐磨性、抗腐蚀性、接触刚度、抗疲劳强度、密封性和外观等都有影响。表面粗糙度代号详见表 1-4。

表面粗糙度代号 表1-4

表面粗糙度符号及意义		表面粗糙度高度参数的标注			
		R_a		R_z、R_y	
符号	意义及说明	代号	意义	代号	意义
$\sqrt{}$	基本符号,表示表面可用任何方法获得。当不加注粗糙度参数值或有关说明(例如:表面处理、局部热处理状况等)时,仅适用于简化代号标注	3.2	用任何方法获得的表面粗糙度,R_a 的上限值为 3.2μm	$R_y3.2$	用任何方法获得的表面粗糙度,R_y 的上限值为 3.2μm
		3.2	用去除材料方法获得的表面粗糙度,R_a 的上限值为 3.2μm	R_z200	用不去除材料方法获得的表面粗糙度,R_z 的上限值为 200μm
$\sqrt{}$	基本符号加一短横,表示表面用去除材料的方法获得。例如:车、铣、钻、磨、剪、切、抛光、腐蚀、电火花加工、气剖等	3.2	用不去除材料方法获得的表面粗糙度,R_a 的上限值为 3.2μm	$R_z3.2$ $R_z1.6$	用去除材料方法获得的表面粗糙度,R_z 的上限值为 3.2μm,下限值为 1.6μm
$\sqrt{}$	基本符号加一小圆,表示表面用不去除材料的方法获得。例如:铸、锻、冲压变形、热轧、冷轧、粉末冶金等。或者用于保持原供应状况的表面(包括保持上道工序的状况)	3.2 1.6	用去除材料方法获得的表面粗糙度,R_a 的上限值为 3.2μm,下限值为 1.6μm	3.2 $R_y12.5$	用去除材料方法获得的表面粗糙度,R_a 的上限值为 3.2μm,R_y 的上限值为 12.5μm
		$3.2max$	用任何方法获得的表面粗糙度,R_a 的最大值 3.2μm	$R_y3.2max$	用任何方法获得的表面粗糙度,R_z 的最大值 3.2μm
$\sqrt{}$	在上述三个符号的长边上均可加一横线,用于标注有关参数和说明	$3.2max$	用去除材料方法获得的表面粗糙度,R_a 的最大值为 3.2μm	$R_z200max$	用不去除材料方法获得的表面粗糙度,R_z 的最大值为 200μm
		$3.2max$	用不去除材料方法获得的表面粗糙度,R_a 的最大值为 3.2μm	$R_z3.2max$ $R_z1.6min$	用去除材料方法获得的表面粗糙度,R_z 的最大值为 3.2μm,最小值为 1.6μm
$\sqrt{}$	在上述三个符号上均可加一小圆,表示所有表面具有相同的表面粗糙度要求	$3.2max$ $1.6min$	用去除材料方法获得的表面粗糙度,R_a 的最大值为 3.2μm,最小值为 1.6μm	$3.2max$ $R_y12.5max$	用去除材料方法获得的表面粗糙度,R_a 的最大值为 3.2μm,R_y 的最大值为 12.5μm
表面粗糙度数值及其有关规定在符号中注写的位置	a_1, a_2——粗糙度高度参数代号及其数值(μm) b——加工要求、镀覆、涂覆、表面处理或其他说明等 c——取样长度(mm)或波纹度(μm) d——加工纹理方向符号 e——加工余量(mm) f——粗糙度间距参数值(mm)或轮廓支承长度率				

3. 公差与配合概念

(1)公差

零件制造加工尺寸无法做到绝对准确。为了保证零件的互换性,设计时根据零件使用要求而制定允许尺寸的变动量,称为尺寸公差,简称公差。下面介绍公差有关术语(如图 1-49 所示)。

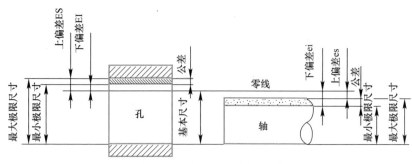

图 1-49 公差有关术语示意

1）基本尺寸：根据零件设计要求所确定的尺寸。

2）实际尺寸：通过测量得到的尺寸。

3）极限尺寸：允许尺寸变动的两个界限值。

4）上、下偏差：最大、最小极限尺寸与基本尺寸的代数差分别称为上偏差、下偏差。国标规定：孔的上、下偏差代号分别用 ES、EI 表示；轴的上、下偏差代号分别用 es、ei 表示。

5）尺寸公差：允许尺寸的变动量。它等于最大、最小极限尺寸之差或上、下偏差之差。

6）尺寸公差带：在公差图中由代表上、下偏差的两条直线限定的区域。

7）零线：在公差图中表示基本尺寸或零偏差的一条直线。

8）标准公差和公差等级：用以确定公差带大小的任一公差称为标准公差。公差等级是确定尺寸精度的等级。

9）基本偏差：用以确定公差带相对于零线位置的上偏差或下偏差，即基本偏差系列中靠近零线的偏差。

（2）配合

配合是指基本尺寸相同、相互结合的孔和轴公差带之间的关系。由于孔和轴的实际尺寸不同，装配后可以产生不同的配合形式，分为以下三种：

1）间隙配合。孔的公差带在轴的公差带之上，孔与轴装配时，具有间隙（包括最小间隙为零）的配合。如图 1-50 所示。

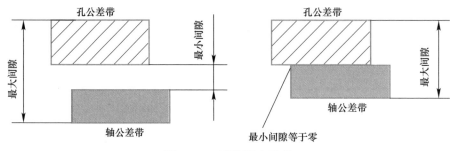

图 1-50 间隙配合示意

2）过盈配合。孔的公差带在轴的公差带之下，孔与轴装配时，具有过盈（包括最小过盈为零）的配合。如图 1-51 所示。

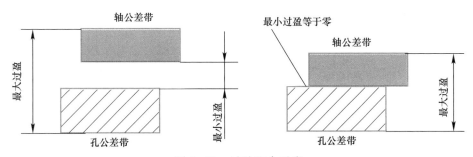

图 1-51 过盈配合示意

3）过度配合。孔与轴装配时，可能有间隙或过缀的配合。孔与轴的公差带互相交叠。如图 1-52 所示。

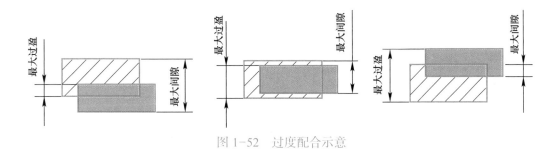

图 1-52 过度配合示意

4. 形状和位置公差（简称形位公差）

零件加工时不但尺寸有误差，几何形状和相对位置也有误差。为了满足使用要求，零件的几何形状和相对位置由形状公差和位置公差来保证。详见表 1-5。

形状和位置公差的项目及符号   表1-5

公差种类		特征项目	符号	有或无基准要求
形状公差	形状	直线度	——	无
		平面度	▱	无
		圆度	○	无
		圆柱度	⌭	无
形状或位置公差	轮廓	线轮廓度	⌒	有或无
		面轮廓度	⌓	有或无
位置公差	定向	平行度	//	有
		垂直度	⊥	有
		倾斜度	∠	有

续表

公差种类		特征项目	符号	有或无基准要求
位置公差	定位	位置度	⊕	有或无
		同轴（同心）度	◎	有
		对称度	═	有
	跳动	圆跳动	↗	有
		全跳动	↗↗	有

（1）形状公差

形状公差是指单要素形状对其理想要素形状允许的变动全量。

（2）位置公差

位置公差是指关联实际要素位置对其理想要素位置（基准）的允许变动全量。

（3）形位公差综合标注示例

以图 1-53 中标注的各形位公差为例，对其含义作些解释。

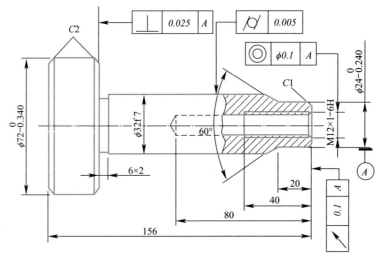

图 1-53　形位公差综合标注示意

⌭ | 0.005　表示 ϕ32f7 圆柱面的圆柱度误差为 0.005mm，即该被测圆柱面必须位于半径差为公差值 0.005 mm 的两同轴圆柱面之间。

◎ | ϕ0.1 | A　表示 M12×1 的轴线对基准 A 的同轴度误差为 0.1mm，即被测圆柱面的轴线必须位于直径为公差值 ϕ0.1mm，且与基准轴线 A 同轴的圆柱面内。

↗ | 0.1 | A　表示 ϕ24 的端面对基准 A 的端面圆跳动公差为 0.1mm，即被测面围绕基准线 A（基准轴线）旋转一周时，任一测量直径处的轴向圆跳动量不得大于公差值 0.05mm。

⊥ | 0.025 | A　表示 ϕ72 的右端面对基准 A 的垂直度公差为 0.025mm，即该被测面必须位于距离为公差值 0.025mm，且垂直与基准线 A（基准轴线）的两平行平面之间。

5. 焊接基本符号

焊接基本符号是指焊缝横截面形状符号及图示符号，详见表1-6～表1-9。

横截面焊缝表示代号　　　　　　　　　表1-6

符号	名称	示意图	符号	名称	示意图
δ	工件厚度	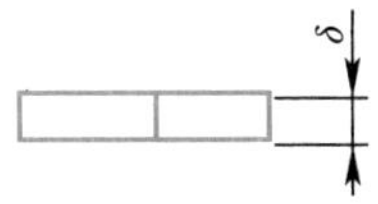	t	焊缝长度	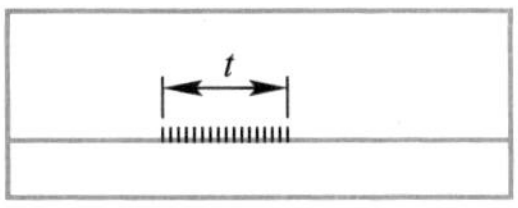
α	坡口角度	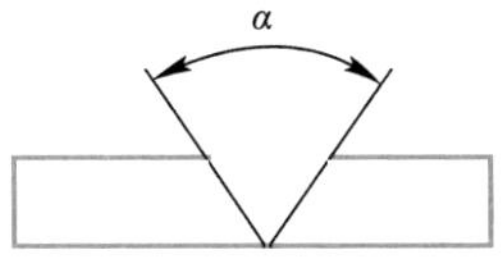	n	焊缝段数	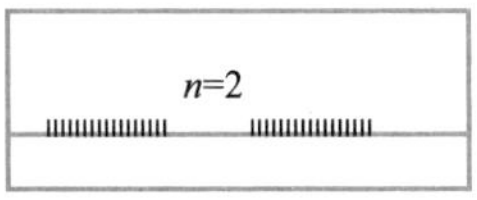 $n=2$
b	根部间隙	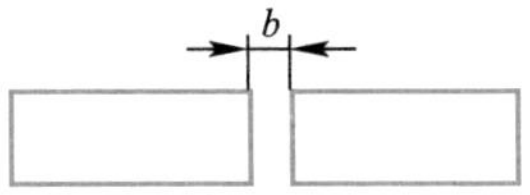	e	焊缝间隙	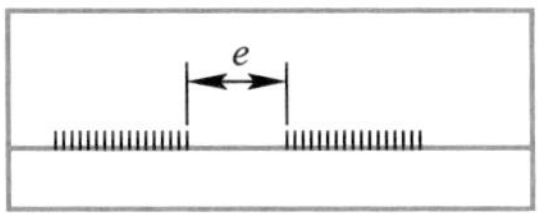
p	钝边	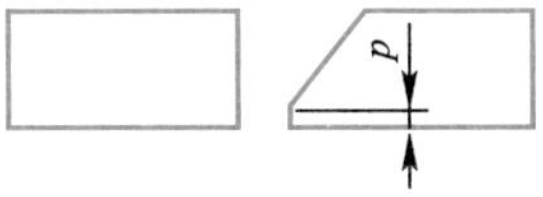	S	焊缝有效厚度	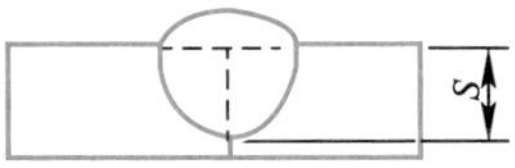
C	焊缝宽度	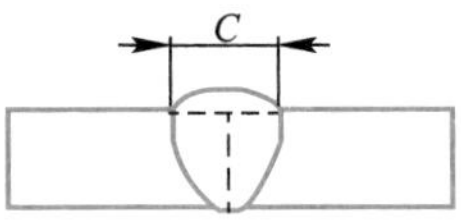	H	坡口深度	
k	焊角尺寸	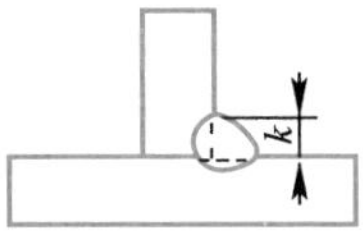	h	余高	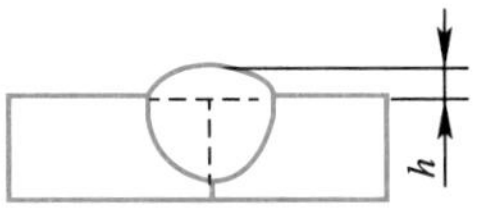

焊缝横截面形状的符号　　　　　　　　　表1-7

序号	名称	示意图	符号
1	I形焊缝	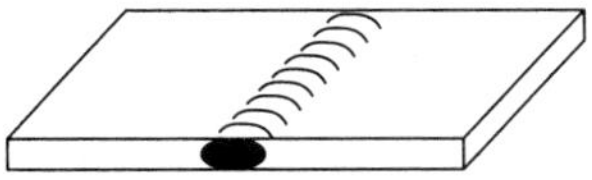	‖
2	V形焊缝	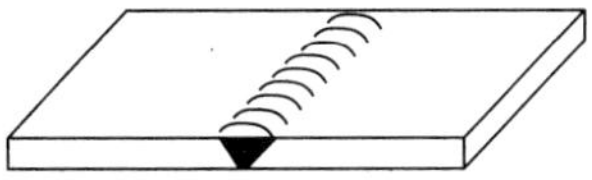	V
3	单边V形焊缝	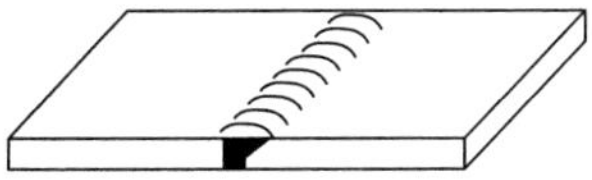	V
4	带钝边V形焊缝	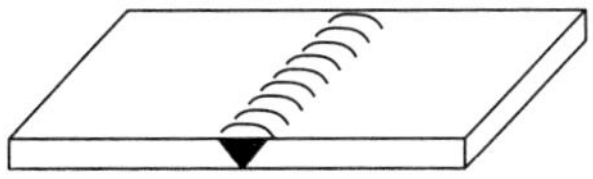	Y

序号	名称	示意图	符号
5	带钝边 U 形焊缝	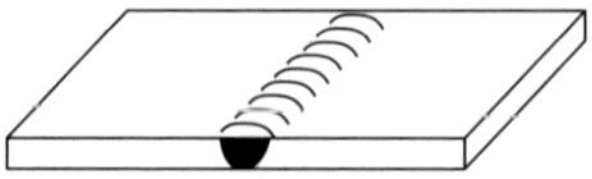	 Y
6	封底焊缝	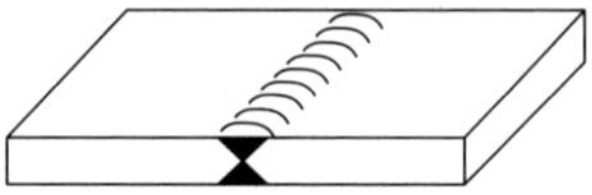	⌣
7	角焊缝	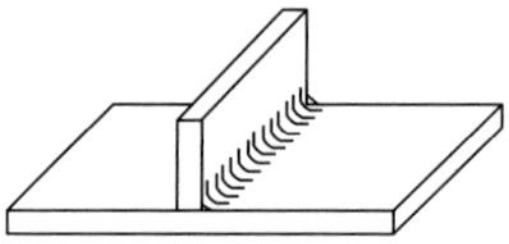	◺

焊缝横截面形状补充符号   表1-8

序号	名称	示意图	符号	说明
1	带垫板符号	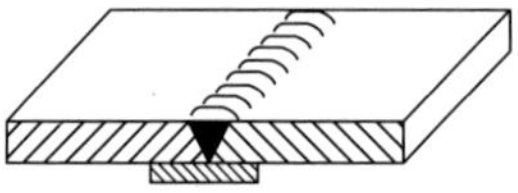		V 形焊缝底部有垫板
2	三面焊缝符号	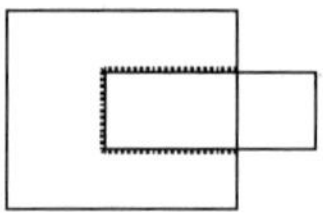		表示三面带有焊缝，焊接方法为焊条电弧焊
3	周围焊缝符号	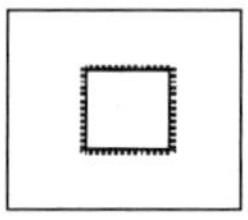	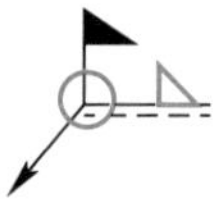	表示在现场沿焊件周围焊缝
4	现场符号			表示在现场或工地上进行焊接
5	尾部符号		<	参照 GB/T 5185 标注焊接工艺方法等内容

焊缝基准线图示符号   表1-9

序号	坡口及焊缝名称	图样标注符号
1	不开坡口对接单面焊缝	
2	不开坡口对接双面焊缝	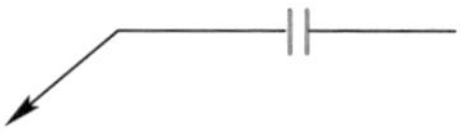
3	不开坡口对接单面焊缝（带垫板）	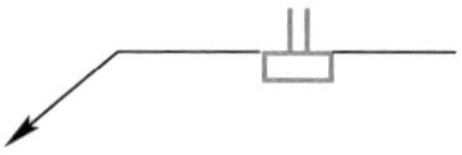
4	V 形坡口对接双面焊缝（封底）	

续表

序号	坡口及焊缝名称	图样标注符号
5	U 形坡口对接单面焊缝	
6	X 形坡口对接双面焊缝	
7	不开坡口单面角焊缝	
8	不开坡口双面角焊缝	

任务 1.3.2　齿轮传动及润滑

1. 齿轮传动概述

齿轮传动是近现代机械中用得最多的传动形式之一，用来传递空间任意两轴之间的运动和动力。与其他传动形式相比较，齿轮传动的主要特点：能保证传动比恒定不变；适用载荷与速度范围广；结构紧凑；效率高，$n=0.94\sim0.99$；工作可靠且寿命长；对制造及安装精度要求较高；当两轴间距离较远时，采用齿轮传动较笨重。

齿轮传动的分类方法很多（图 1-54），按照两轴线的相对位置及齿形不同可分为：

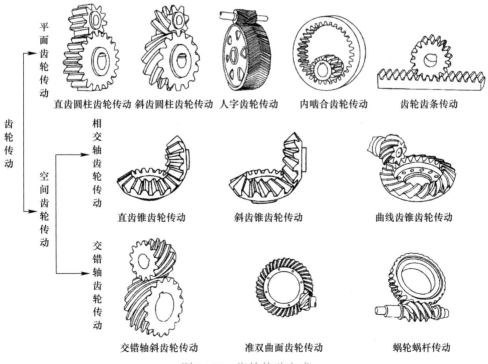

图 1-54　齿轮传动方式

（1）平面齿轮传动；

（2）相交轴齿轮传动；

（3）交错轴齿轮传动。

按齿轮的工作情况，齿轮传动可分为开式齿轮传动（齿轮完全外露）和闭式齿轮传动（齿轮全部密闭于刚性箱体内）。开式齿轮传动工作条件差，齿轮易磨损，故宜用于低速传动；闭式齿轮传动润滑及防护条件好，多用于重要场合。

齿轮传动按照圆周速度可分为：低速传动，$v<3m/s$；中速传动，$v=3\sim15m/s$；高速传动，$v>15m/s$。

2. 标准直齿轮圆柱齿轮各部分名称及代号

如图1-55所示，标准直齿圆柱齿轮上每一个用于啮合的凸起部分称为轮齿。每个轮齿都具有两个对称分布的齿廓。一个齿轮的轮齿总数称为齿数，用 z 表示。齿轮上两相邻轮齿之间的空间称为齿槽，在任意直径为 d 的圆周上，齿槽的弧线长称为该圆上的齿槽宽，用 e_k 表示。在任意直径为 d 的圆周上，齿轮上轮齿左右两侧齿廓间的弧长称为该圆上的齿厚，用 s_k 表示。相邻两齿对应点之间的弧线长称为该圆上的齿距，用 p_k 表示，$p_k=e_k+s_k$。过所有齿顶端的圆称为齿顶圆，其直径用 d_a 表示。过所有齿槽底边的圆称为齿根圆，其直径用 d_f 表示。

为了计算齿轮各部分尺寸，在齿轮上选择一个圆作为尺寸计算的基准，该圆称为齿轮的分度圆，其直径用 d 表示。分度圆上的齿厚、齿槽宽和齿距分别用 s、e 和 p 表示，且 $p=s+e$。

3. 标准直齿轮圆柱齿轮基本参数

齿轮各部分尺寸很多，但决定齿轮大小和齿形的基本参数只有5个，即齿轮的齿数 z、模数 m、压力角 α、齿顶高系数 h_a^* 及顶隙系数 c^*。上述参数除齿数外，均已标准化。

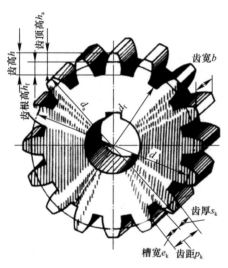

图1-55　直齿轮圆柱齿轮各部分名称及代号

（1）齿轮模数 m

分度圆上的比值 p/π 人为地规定成标准数值，用 m 表示，并称之为齿轮模数。

即 $m=p/\pi$，单位为 mm。

齿轮分度圆直径表示为 $d=zp/\pi=zm$。当齿数相同时，模数越大，齿轮的直径越大，因而承载能力也就越高。

（2）压力角

分度圆上的压力角规定为标准值。我国标准规定 $\alpha=20°$，此压力角就是通常所说的齿轮的压力角。

（3）齿顶高系数 h_a^* 和顶隙系数 c^*

齿轮的齿顶高、齿根高和齿高都与模数 m 成正比。即

$$h_a = h_a^* m$$
$$h_f = (h_a^* + c^*) m$$
$$h = (2h_a^* + c^*) m$$

齿顶高系数和顶隙系数有两种标准数值，即

正常齿制：$h_a^* = 1$，$c^* = 0.25$；

短齿制：$h_a^* = 0.8$，$c^* = 0.3$。

顶隙 $c = c^* m$，是指在齿轮副中，一个齿轮的齿根圆柱面与配对齿轮的齿顶圆柱面之间在中心连线上的距离。

凡模数、压力角、齿顶高系数与顶隙系数等于标准数值，且分度圆上齿厚 s 与齿槽宽相等的齿轮，称为标准齿轮。

4. 齿轮传动失效形式

齿轮传动的失效形式主要是齿轮失效，常见的失效形式有轮齿折断、齿面磨损、齿面点蚀、齿面胶合及塑性变形等。

（1）轮齿折断

当轮齿反复受载时，齿根部分在交变弯曲应力作用下将产生疲劳裂纹，并逐渐扩展，致使轮齿折断。这种折断称为疲劳折断。如图 1-56 所示。

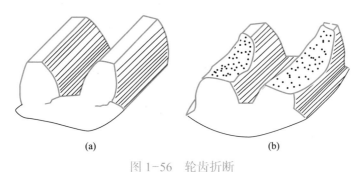

(a)　　　　　　　(b)

图 1-56　轮齿折断

（a）整体折断；（b）局部折断

轮齿短时严重过载也会发生轮齿折断，称为过载折断。

（2）齿面磨损

当其工作面间进入硬屑粒（如砂粒、铁屑等）时，将引起磨粒磨损，磨损将破坏渐开线齿形，齿侧间隙加大，引起冲击和振动。严重时会因轮齿变薄，抗弯强度降低而折断。如图 1-57 所示。

措施：采用闭式传动，提高齿面硬度，减少齿面粗糙度及采用清洁的润滑油，均可减轻齿面磨损。

（3）齿面点蚀

轮齿进入啮合后，齿面接触处会产生接触应力，致使表层金属微粒剥落，形成小麻点或较大凹坑，这种现象称为齿面点蚀。如图 1-58 所示。

措施：提高齿面硬度和润滑油黏度，降低齿面粗糙度值等可提高轮齿抗疲劳点蚀能力。在开式齿轮传动中，由于磨损较快，一般不会出现齿面点蚀。

图 1-57　齿面磨损

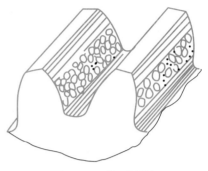

图 1-58　齿面点蚀

（4）齿面胶合

在高速重载齿轮传动中，齿面间的高压、高温使润滑油黏度降低，油膜破坏，局部金属表面直接接触并互相粘连现象，继而又被撕开而形成沟纹，这种现象称为齿面胶合。如图 1-59 所示。

措施：提高齿面硬度和降低表面粗糙度值，限制油温、增加油黏度，选用加有抗胶合添加剂的合成润滑油等。

（5）塑性变形

当轮齿材料较软且载荷较大时，轮齿表层材料在摩擦力作用下，因屈服将沿着滑动方向产生局部的齿面塑性变形，导致主动轮齿面节线附近出现凹沟，从动轮齿面节线附近出现凸棱，使轮齿失去正确的齿形，影响齿轮正常啮合。

措施：提高齿面硬度，采用黏度较高的润滑油，有助于防止轮齿产生塑性变形。如图 1-60 所示。

图 1-59　齿面胶合

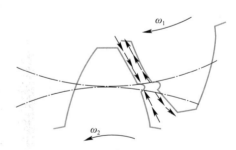

图 1-60　齿面塑性变形

5. 轮廓曲面啮合特点

（1）渐开线直齿圆柱齿轮传动时，轮齿是沿整个齿宽同时进入啮合或脱离啮合，所以载荷是沿齿宽突然加上或卸掉。因此，直齿圆柱齿轮传动的平稳性较差，容易产生冲击和噪声，不适用于高速、重载传动。如图 1-61 所示。

（2）斜齿轮不论两齿廓在何位置接触，接触线均是与轴线倾斜的直线，轮齿沿齿宽逐渐进入啮合又逐渐脱离啮合。齿面接触线的长度也由零逐渐增加，又逐渐缩短，直至脱离接触。因此，斜齿轮传动的平稳性比直齿轮好，减少了冲击、振动和噪声，在高速大功率的传动中广泛应用。如图1-62所示。

图1-61 直齿圆柱齿齿廓啮合

图1-62 斜齿圆柱齿齿廓啮合

6. 齿轮传动润滑

齿轮传动中，相啮合的齿面间有相对滑动，会发生摩擦和磨损，增加动力消耗，降低传动效率，因此需考虑齿轮的润滑。

（1）开式及半开式齿轮传动通常采用人工定期加油润滑，润滑剂可以采用润滑油或润滑脂。

（2）闭式齿轮传动润滑方式，一般根据齿轮圆周速度v的大小而定。

1）当$v \leq 12\text{m/s}$时，多采用油池润滑（图1-63a），即将大齿轮轮齿浸入油池，齿轮传动时，大齿轮把润滑油带到啮合的齿面上，同时也将油甩到箱壁上，借以散热。浸入油中深度约一个全齿高，但不应小于10mm。浸油过深则齿轮运动阻力增大并使油温升高，对于锥齿轮应浸入全齿宽。在多级齿轮传动中，当几个大齿轮直径不相等时，可以采用带油轮将润滑油带到未浸入油池内的齿轮齿面上，如图1-63（b）所示。

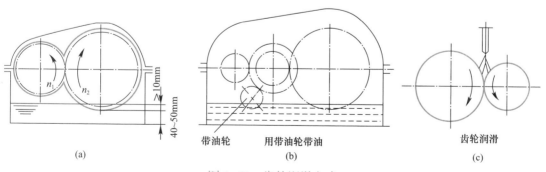

(a)	带油轮 用带油轮带油 (b)	齿轮润滑 (c)

图1-63 齿轮润滑方式

（a）油池润滑；（b）带油轮润滑；（c）压力喷油润滑

2）当 $v>12\text{m/s}$ 时，不宜采用油池润滑。这是因为圆周速度过高，齿轮上的油大多被甩出去而达不到啮合区；搅油过于剧烈，使油的温升增加，润滑性能降低；会搅起箱底沉淀杂质，加速齿轮的磨损。因此，最好采用压力喷油润滑，如图 1-63（c）所示，即通过油路把具有一定压力的润滑油喷到轮齿的啮合面上。

任务 1.3.3　链传动及链条润滑

1. 链传动

链传动由两个链轮和绕在两轮上的中间挠性件——链条所组成。靠链条与链轮之间的啮合来传递两平行轴之间的运动和动力，属于具有啮合性质的强迫传动。如图 1-64、图 1-65 所示。

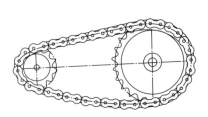

图 1-64　链传动简图

图 1-65　链条实物

（1）链传动的优点

与带传动、齿轮传动相比，没有弹性滑动和打滑，能保持准确的平均传动比。

1）传动效率较高（封闭式链传动传动效率为 0.95～0.98）；

2）压轴力较小，链条不需要像带那样张得很紧；

3）传递功率大，过载能力强；

4）能在低速重载下较好工作；

5）能适应恶劣环境如多尘、油污、腐蚀和高强度场合。

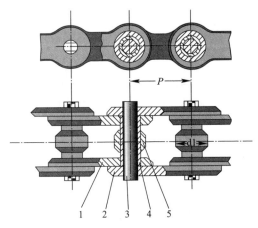

图 1-66　滚子链结构

1—内链板；2—外链板；3—销轴；4—套筒；5—滚子

（2）链传动的缺点

瞬时链速和瞬时传动比不为常数，工作中有冲击和噪声，磨损后易发生跳齿，不宜在载荷变化很大和急速反向的传动中应用。

（3）滚子链结构的标记方法

应用最广泛的链传动为滚子链传动，其结构如图 1-66 所示。

GB/T 1243—2006 规定滚子链分 A、B 两个系列。其链号数乘以 15.87/10 即为节距值。

滚子链的标记方法为：

链号－排数 × 链节数，标准编号。例如 10A－60 GB/T 1243—2006，即为按标准 GB/T

1243—2006 制造的 A 系列、节距可查标准为 15.87mm，共有 60 节。

（4）过渡链节

为了形成链节首尾相接的环形链条，要用接头加以连接。链的接头形式如图 1-67 所示。链节数为偶数时，应采用连接链节，其形状与链节相同，接头处用钢丝锁销或弹簧卡片等止锁件将销轴与连接链板固定；链节数为奇数时，必须加一个过渡链节连接。过渡链节的链板工作时会有附加弯矩产生，因此制造时应尽量避免采用奇数链节。

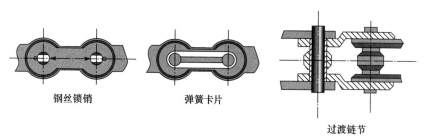

钢丝锁销　　　　弹簧卡片　　　　过渡链节

图 1-67　链的接头形式

链轮齿形必须保证链节能平稳自如地进入和退出啮合，尽量减少啮合时链节的冲击和接触应力，而且要易于加工。

常用的链轮端面齿形如图 1-68（a）所示。它是由三段圆弧 aa、ab、cd 和一段直线 bc 构成，简称三圆弧一直线齿形。齿形用标准刀具加工，在链轮工作图上不必绘制端面齿形，只需在图上注明"齿形按 GB/T 10095—2006 规定制造"即可，但应绘制链轮的轴面齿形，如图 1-68（b）所示，其尺寸参阅有关设计手册。工作图中应注明齿距 p、齿数 z、分度圆直径 d（链轮上链的各滚子中心所在的圆）、齿顶圆直径 d_a、齿根圆直径 d_f。

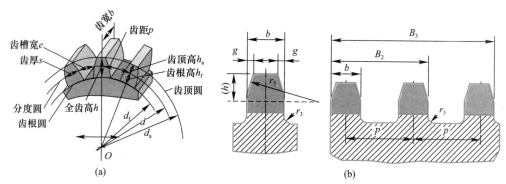

（a）　　　　　　　　　（b）

图 1-68　滚子轮端面齿形和链轴面齿形

（a）滚子轮端面齿形；（b）滚子链轴面齿形

2. 链条的分类及失效形式

（1）链条的分类

大部分链条都是由链板、链销、轴套等部件组成。其他类型的链条只是将链板根据不同的需求做了不同的改动，有的在链板上装上刮板，有的在链板上装上导向轴承，还有的在链板上装了滚轮等等，这些都是为了应用在不同的应用场合进行的改装。

（2）失效形式

对一般链条来说，润滑的部位主要是链轮和链条的滚子、链轴和轴套。由于链条的结构不同，链条的润滑部位也可能发生改变。但是在大多数的链条中，润滑部位主要还是链轮和链条的滚子、链轴和轴套。对于特殊链条，如装有轴承、滚轮及其他摩擦副的链条，还要考虑这些摩擦副的润滑部位。

链条的主要失效形式有以下几种：

1）销轴断裂；

2）节距增长；

3）链轮轮齿断裂；

4）链条卡咬。

3. 链条的润滑要求与润滑方式

（1）传动链条对润滑油的要求

1）较好的油性能牢固地吸附在链条内外表面，不致被链条的离心力作用所甩掉，或者受载荷挤压而脱离摩擦节点。

2）较好的渗透能力能渗入链环的各个摩擦环节，形成边界膜，减少磨损。

3）较好的抗氧化安定性能在运转时与空气接触，不致加速氧化，形成氧化物。

链条不论用在何处，都要润滑。链传动中的润滑油是用来润滑铰链、链轮和链条等摩擦面的。选油应根据速度、工作温度等因素而定。

（2）链传动的润滑方式

为减少链条和铰链的磨损、延长使用寿命。链传动的链传动的润滑是不容忽视的，润滑方式根据使用工况的不同分为四种：

1）人工定期润滑：用油壶或油刷，每班注油1次。适用于低速 $v \leqslant 5m/s$ 的传动。但在速度极高时（$v > 10m/s$）要求强制送油润滑以便散热降温，一般温度不应超过70℃。

2）滴油润滑：用油杯或注油器通过油管于松边链条内外链板间隙处，每分钟滴下润滑油5～20滴。适用于 $v \leqslant 10m/s$ 的传动。

3）油浴或油盘润滑：利用油浴润滑时，将下侧链条通过变速箱中的油池，其油面应达到链条最低位置的节圆线上，油浴润滑方式一般用于闭式链条传动。

4）压力润滑：当采用 $v \geqslant 8m/s$ 的大功率传动时，应采用特设的油泵将油喷射至链轮链条啮合处。喷油管口设在链条的啮合处，每一啮合处喷油管口数为（n+1）个，n 是链条排数。

链传动润滑是很容易被忽略的问题，在润滑过程中要选择适合的方式和润滑油品，同时还要根据具体环境确定合适的润滑周期，对于较差工况下的链条还要做好定期清洁工作。不同机械有不同的要求，必须按使用说明书对链传动进行维护。

任务 1.3.4 减速器

1. 概述

减速器在原动机和工作机或执行机构之间起匹配转速和传递转矩的作用，减速器是一种相对精密的机械，使用它的目的是降低转速，增加转矩。

2. 工作原理

减速器一般用作低转速、大扭矩的传动设备，电动机、内燃机或其他高速运转的动力通过减速器输入轴上的小齿轮（齿数少）啮合输出轴上大齿轮来达到减速的目的。大小齿轮的齿数之比，称为传动比。

3. 分类

减速器的种类繁多，型号各异，不同种类有不同的用途。

按照传动类型可分为：齿轮减速器、蜗杆减速器、行星减速器、摆线齿轮减速器、谐波齿轮减速器；按照传动的布置形式可分为：展开式、分流式和同轴式减速器；按照级数不同可分为：单级、两极和多级减速器，如图 1-69 所示。

    (a)   (b)   (c)

图 1-69 滚子链轴面齿形

（a）单级齿轮；（b）两级齿轮；（c）圆锥－圆柱齿轮

任务 1.3.5 液压系统简介

液压系统的作用为通过改变压强增大作用力。液压系统可分为两类：液压传动系统和液压控制系统。液压传动系统以传递动力和运动为主要功能。液压控制系统则要使液压系统输出满足特定的性能要求（特别是动态性能），通常所说的液压系统主要指液压传动系统。

1. 液压系统组成

一个完整的液压系统由五个部分组成，即动力元件、执行元件、控制元件、辅助元件（附件）和液压油。

（1）动力元件

动力元件的作用是将原动机的机械能转换成液体的压力能，指液压系统中的油泵，它向整个液压系统提供动力。液压泵的结构形式一般有齿轮泵、叶片泵和柱塞泵。

（2）执行元件

执行元件（如液压缸和液压马达）的作用是将液体的压力能转换为机械能，驱动负载作直线往复运动或回转运动。

（3）控制元件

控制元件（即各种液压阀）在液压系统中控制和调节液体的压力、流量和方向。根据控制功能的不同，液压阀可分为压力控制阀、流量控制阀和方向控制阀。压力控制阀又分为溢流阀（安全阀）、减压阀、顺序阀、压力继电器等；流量控制阀包括节流阀、调整阀、分流集流阀等；方向控制阀包括单向阀、液控单向阀、梭阀、换向阀等。根据控制方式不同，液压阀可分为开关式控制阀、定值控制阀和比例控制阀。

（4）辅助元件

辅助元件包括油箱、滤油器、油管及管接头、密封圈、快换接头、高压球阀、胶管总成、测压接头、压力表、油位油温计等。

（5）液压油

液压油是液压系统中传递能量的工作介质，有各种矿物油、乳化液和合成型液压油等几大类。

2. 液压系统结构

液压系统由信号控制和液压动力两部分组成，信号控制部分用于驱动液压动力部分中的控制阀动作。如图 1-70 所示。

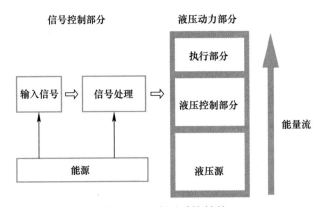

图 1-70　液压系统结构

（1）液压动力部分采用回路图方式表示，以表明不同功能元件之间的相互关系。液压源含有液压泵、电动机和液压辅助元件；液压控制部分含有各种控制阀，其用于控制工作油液的流量、压力和方向；执行部分含有液压缸或液压马达，其可按实际要求来选择。如图 1-71 所示。

（2）在分析和设计实际任务时，一般采用方框图显示设备中实际运行状况。空心箭头表示信号流，而实心箭头则表示能量流。基本液压回路中的动作顺序——控制元件（二位四通换向阀）的换向和弹簧复位、执行元件（双作用液压缸）的伸出和回缩以及溢流阀的开启和关闭。对于执行元件和控制元件，演示文稿都是基于相应回路图符号，这也为介绍回路图符号作了准备。

根据系统工作原理，可对所有回路依次进行编号。如果第一个执行元件编号为 0，则与其相关的控制元件标识符则为 1。如果与执行元件伸出相对应的元件标识符为偶数，则与执行元件回缩相对应的元件标识符为奇数。不仅应对液压回路进行编号，也应对实际设备进行编号，以便发现系统故障。

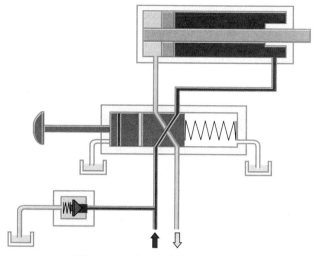

图 1-71　液压元件间相互作用

3. 故障诊断

液压传动系统由于其独特的优点，即具有广泛的工艺适应性、优良的控制性能和较低廉的成本，在各个领域中获得愈来愈广泛的应用。但由于客观上元、辅件质量不稳定和主观上使用、维护不当，且系统中各元件和工作液体都是在封闭油路内工作，不像机械设备那样直观，也不像电气设备那样可利用各种检测仪器方便地测量各种参数，液压设备中，仅靠有限的几个压力表、流量计等来指示系统某些部位的工作参数，其他参数难以测量，而且一般故障根源有许多种可能，这给液压系统故障诊断带来一定困难。

在生产现场，由于受生产计划和技术条件的制约，要求故障诊断人员准确、简便和高效地诊断出液压设备的故障；要求维修人员利用现有的信息和现场的技术条件，尽可能减少拆装工作量，节省维修工时和费用，用最简便的技术手段，在尽可能短的时间内，准确地找出故障部位和发生故障的原因并加以修理，使系统恢复正常运行，并力求今后不再发生同样故障。

（1）液压系统故障诊断一般原则

正确分析故障是排除故障的前提，系统故障大部分并非突然发生，发生前总有预兆，当预兆发展到一定程度即产生故障。引起故障的原因是多种多样的，并无固定规律可循。统计表明，液压系统发生的故障约 90% 是由于使用管理不善所致。为了快速、准确、方便地诊断故障，必须充分认识液压故障的特征和规律，这是故障诊断的基础。以下原则在故障诊断中值得遵循：

1）判明液压系统的工作条件和外围环境是否正常需首先搞清是设备机械部分或电器控制部分故障，还是液压系统本身的故障，同时查清液压系统的各种条件是否符合正常运行的要求。

2）根据故障现象和特征确定与该故障有关的区域，逐步缩小发生故障的范围，检测此区域内的元件情况，分析发生原因，最终找出故障的具体所在。

3）根据故障最终的现象，逐步深入找出多种直接的或间接的可能原因，为避免盲目性，必须根据系统基本原理，进行综合分析、逻辑判断，减少怀疑对象逐步逼近，最终找出故障部位。

4）验证可能故障原因时，一般从最可能的故障原因或最易检验的地方开始，这样可减少装拆工作量，提高诊断速度。

5）故障诊断是建立在运行记录及某些系统参数基础之上的。建立系统运行记录，这是预防、发现和处理故障的科学依据；建立设备运行故障分析表，它是使用经验的高度概括总结，有助于对故障现象迅速做出判断；具备一定的检测手段，可对故障作出准确的定量分析。

（2）故障诊断方法

1）逻辑分析逐步逼近诊断。基本思路是综合分析、条件判断。即维修人员通过观察、听、触摸和简单的测试以及对液压系统的理解，凭经验来判断故障发生的原因。当液压系统出现故障时，故障根源有许多种可能。采用逻辑代数方法，将可能故障原因列表，然后根据先易后难原则逐一进行逻辑判断，逐项逼近，最终找出故障原因和引起故障的具体条件。

故障诊断过程中要求维修人员具有液压系统基础知识和较强的分析能力，方可保证诊断的效率和准确性。但诊断过程较繁琐，须经过大量的检查、验证工作，而且只能定性地分析，诊断的故障原因不够准确。为减少系统故障检测的盲目性和经验性以及拆装工作量，传统的故障诊断方法已远不能满足现代液压系统的要求。随着液压系统向大型化、连续生产、自动控制方向发展，又出现了多种现代故障诊断方法。如铁谱分析，可从油液中分离出来的各种磨粒的数量、形状、尺寸、成分以及分布规律等情况，及时、准确地判断出系统中元件的磨损部位、形式、程度等，而且可对液压油进行定量的污染分析和评价，做到在线检测和故障预防。

2）基于人工智能的专家诊断系统。将故障现象通过人机接口输入计算机，计算机根据输入的现象以及知识库中的知识，可推算出引起故障的原因，然后通过人机接口输出该原因，并提出维修方案或预防措施。这些方法给液压系统故障诊断带来广阔的前景，给液压系统故障诊断自动化奠定了基础。但这些方法大都需要昂贵的检测设备和复杂的传感控制系统和计算机处理系统，有些方法研究起来有一定困难，一般情况下不适应于现场推广使用。

3）基于参数测量的故障诊断系统。液压系统工作是否正常，关键取决于两个主要工作参数即压力和流量是否处于正常的工作状态，系统温度和执行器速度等参数正常与否。液压系统的故障现象多种多样，原因也有多种因素的综合。同一因素可能造成不同的故障现象，而同一故障又可能对应着多种不同原因。例如：油液的污染可能造成液压系统压力、流量或方向等各方面的故障，这给液压系统故障诊断带来极大困难。

参数测量法诊断故障的思路是，任何液压系统正常工作时，系统参数均工作在设计和设定值附近，工作中如果这些参数偏离了预定值，则系统就会出现故障或有可能出现故障。即液压系统产生故障的实质就是系统工作参数的异常变化。因此当液压系统产生故障时，必然是系统中某个元件或某些元件有故障，进一步可断定回路中某一点或某几点的参数已偏离了预定值。这说明如液压回路中某点的工作参数不正常，则系统已产生了故障或可能发生了故障，需维修人员马上进行处理。在参数测量的基础上，再结合逻辑分析法，可快速、准确地找出故障所在。参数测量法不仅可以诊断系统故障，还能预报可能发生的故障，并且这种预报和诊断都是定量的，大大提高了诊断速度和准确性。这种检测为直接测量，检测速度快、误差小、检测设备简单，便于在生产现场推广使用，适合于任何液压系统的检测。测量时，既不需停机，又不损坏液压系统，几乎可以对系统中任何部位进行检测，不但可诊断已有故障，而且可进行在线监测、预报潜在故障。

单元 1.4　RTK 测量技术

RTK（Real Time Kinematic）即实时动态差分法。采用载波相位动态实时差分方法能够在野外实时定位精度的测量，是 GPS 应用的重大里程碑，为建筑工程放样地测图、各种控制测量带来新的测量方式，极大地提高了作业效率。

RTK 动态相对定位，是将位于基准站（特定条件）GPS 接收机观测的卫星数据，通过数据通信链（无线电台）实时发送，而位于移动站的 GPS 接收机在对卫星观测的同时，接受来自基准站的数据，数据进行实时处理（主要为双差模糊度的求解、基线向量的解算、坐标的转换），并得到移动站的三维坐标。RTK 技术可以在很短的时间内获得厘米级的定位精度，广泛应用于图根控制测量、施工放样、工程测量及地形测量等领域。但 RTK 也有一些缺点，主要表现在需要架设本地参考站，误差随移动站到基准站距离的增加而变大。

任务 1.4.1　RTK 系统组成

RTK 系统由基准站子系统、管理控制中心子系统、数据通信子系统、用户数据中心子系统、用户应用子系统组成。

1. 基准站子系统

基准站子系统是网络 RTK 系统的数据源，该子系统的稳定性和可靠性将直接影响到系统的性能。基准站子系统的功能及特性有：

（1）基准站为无人值守型，设备少，连接可靠，分布均匀，稳定；

（2）基准站具有数据保存能力，GNSS 接收机内存可保留最近 7d 的原始观测数据；

（3）断电情况下，基准站可依靠自身的 UPS 支持运行 72h 以上，并向中心报警；

（4）按照设定的时间间隔自动将 GNSS 观测数据等信息通过网络传输给管理中心；

（5）具备设备完好性检测功能，定时自动对设备进行轮检，出现问题时向管理中心报告；

（6）有雷电及电涌自动防护的功能；

（7）管理中心通过远程方式，设定、控制、检测基准站的运行。

2. 管理控制中心子系统

系统管理控制中心是整个网络 RTK 系统的核心，网络 RTK 体系是以系统管理控制中心为中心节点的星形网络，其中各基准站是网络 RTK 系统网络的子节点，系统管理控制中心是系统的中心节点，主要由内部网络、数据处理软件、服务器等组成，通过 ADSL、SDH 专网等网络通信方式实现与基准站间的连接。系统管理控制中心具有基准站管理、数据处理、系统监控、信息服务、网络管理、用户管理等功能。

（1）数据处理。对各基准站采集并传输的数据进行质量分析和评价，进行多站数据综合、分流，形成系统统一定位服务差分修正数据。

（2）系统监控。对 GNSS 基准网子系统进行自动、实时、动态的监控管理。

（3）信息服务。生成用户需要的服务数据，如 RTK 差分数据、完备性信息等。

（4）网络管理。系统管理控制中心具有多种网络接入形式，通过网络设备实现整个系统管理。

（5）用户管理。系统管理控制中心通过数据库和系统管理软件实现对各类用户的管理，包括用户测量数据管理、用户登记、注册、撤销、查询、权限管理。

（6）其他功能。系统管理中心还具备自动控制、系统的完备性监测等功能。

3. 数据通信子系统

数据通信子系统由多个基准站与管理控制中心网络连接、用户网络连接共同组成。网络 RTK 系统运行数据交换量大，需要高速、稳定的网络平台即数据通信子系统。数据通信子系统建设包括两方面：一是选择合理的网络通信方式，实现管理控制中心对基准站有效管理和快速可靠的数据传输；二是对基准站资源集中管理，为用户提供一个覆盖本地区所有基准站资源的管理方案，实现各基准站、管理中心不同网络节点之间系统互访和资源共享。这也是数据通信子系统的功能所在。

4. 用户数据中心子系统

用户数据中心子系统的功能包括实时网络数据服务和事后数据服务。用户数据中心所处理的数据可分为实时数据和事后数据两类。实时数据包括 RTK 定位需要的改正数据、系统的完备性信息和用户授权信息。事后数据包括各基准站采集的数据结果，供用户事后精密差分使用；其他应用类包括坐标系转换、海拔高程计算、控制点坐标。其主要功能有：

（1）实时数据发送。采用 CDMA、GPRS 通信方式与中心连接，采用包括用户名密码验证、手机号码验证、IP 地址验证、GPUID 验证等不同认证手段及其组合，安全地、多途径发播 RTK 改正数。

（2）信息下载。用户用 FTP 的方式登录网络服务器，根据时段选择下载基准站数据。

5. 用户应用子系统

网络 RTK 系统用户设备主要配置有 GNSS 接收机及天线、GNSS 接收机手簿或 PDA、GPRS/CDMA 通信设备。其应用领域十分广泛，如测绘、国土资源调查、导航等。此外，网络 RTK 技术还可以用于地籍和房地产的测量。

任务 1.4.2 RTK 作业模式

RTK 技术是全球卫星导航定位技术与数据通信技术相结合的载波相位实时动态差分定位技术，包括基准站和移动站，基准站通过电台或网络将其数据传输给移动站，移动站进行差分解算，实时提供在指定坐标系中的测站点坐标。

根据差分信号传播方式的不同，RTK 分为电台模式和网络模式两种，下面以广州南方测绘公司银河系列产品为例介绍。

1. 电台模式（如图 1-72 所示）

（1）架设基准站

基准站一定要架设在视野比较开阔，周围环境比较空旷，地势较高位置；避免架在高

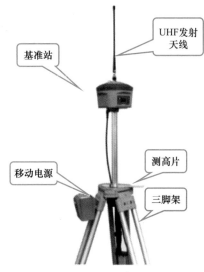

图 1-72 外挂电台基站模式

压输变电设备附近、无线电通信设备收发天线旁边、树荫下以及水边，避免对 GPS 信号产生影响。

1）将接收机设置为基准站内置电台模式。

2）架好三脚架。放电台天线的三脚架最好放到高位，两个三脚架之间保持至少 3m 的距离。

3）用测高片固定好基准站接收机（如果架在已知点上，需要用基座并严格对中整平），打开基准站接收机。

4）基准站外挂电台模式步骤：

① 安装电台发射天线，把电台挂在三脚架上，将蓄电池放在电台下方。

② 用多用途电缆线连接电台、主机与蓄电池。多用途电缆"Y"形连接线，用来连接基准站主机（为红色插口）、发射电台（黑色插口）与外挂蓄电池（红黑色夹子），具有供电、数据传输的作用。

注意事项：

使用 Y 形多用途电缆连接主机时，应注意查看五针红色插口上红色标记，插入主机时，将红色标对准主机接口处的红色标记插入。电台连校同样操作。

（2）启动基准站

第一次启动基准站时，需要对启动参数进行设置，设置步骤如下：

1）使用手簿上的工程之星连接基准站。

2）操作：配置→仪器设置→基准站设置（主机必须为基准站模式）。

3）对基站参数进行设置。基站参数设置只需设置差分格式即可，其他使用默认参数。设置完成后点击右边的![图标]，基站就设置完成了。

4）保存好设置参数后，点击"启动基站"（基站均为任意架设，发射坐标无需输入）。如图 1-73 所示。

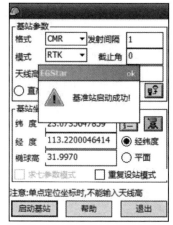

图 1-73 基站设置界面

注意：基站启动完成后，作业如不改变配置可直接打开基准站主机即可自动启动。

5）设置电台通道

①外挂电台。面板上对电台通道进行设置。

②设置电台通道。共有 8 个频道可供选择。

③设置电台功率。作业距离不够远，干扰低时，选择低功率发射即可。

④电台成功发射。其 TX 指示灯会按发射间隔闪烁。

（3）架设移动站

确认基准站发射成功，即可开始移动站架设。步骤如下：

1）将接收机设置为移动站电台模式；

2）打开移动站主机，将其固定在碳纤对中杆上面，拧上 UHF 差分天线；

3）安装好手簿托架和手簿。如图 1-74 所示。

（4）设置移动站

移动站架设好后需要对移动站进行设置才能达到固定解状态，步骤如下：

1）手簿及工程之星连接。

2）移动站设置：配置→仪器设置→移动站设置（主机须为移动站模式）。

3）移动站参数设置，只需设置差分数据格式，选择与基准站一致的差分数据格式即可，确定回主界面。

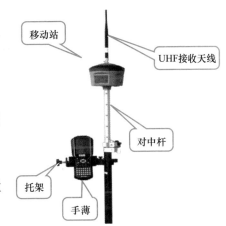

图 1-74　手簿托架安装示意

4）通道设置：配置→仪器设置→电台通道设置，将电台通道切换为与基准站电台一致的通道号，如图 1-75 所示。

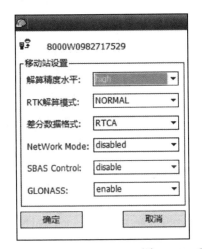

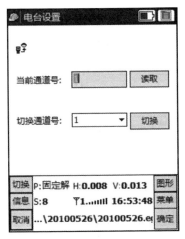

图 1-75　移动站设置

设置完毕，移动站达到固定解状态后，即可在手簿上看到高精度的坐标。

2. 网络模式

RTK 网络模式的与电台模式的主要区别在于其采用网络方式传输差分数据。因此在架设上与电台模式类似,工程之星的设置区别较大,下面分别予以介绍。

（1）基准站和移动站架设

RTK 网络模式与电台模式只是传输方式上的不同,因此架设方式类似,区别在于:

1）基准站切换为基准站网络模式,无需架设电台,需要安装 GPRS 差分天线。

2）移动站切换为移动站网络模式,且安装 GPRS 差分天线。

（2）基准站和移动站设置

RTK 网络模式基准站和移动站的设置完全相同,先设置基准站,再设置移动站即可。设置步骤如下（如图 1-76 所示）:

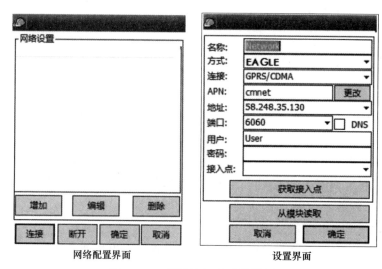

图 1-76　基准站与移动站设置

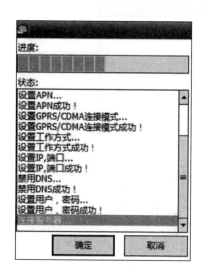

图 1-77　网络信息配置

1）设置:配置→网络设置。

2）此时需要新增加网络链接,点击"增加"进入设置界面。

注:"从模块读取"功能,是用来读取系统保存的上次接收机使用"网络连接"设置的信息,点击读取成功后,会将上次的信息填写到输入栏。

3）依次输入相应的网络配置信息、基准站选择"EAGLE"方式,接入点输入机号或者自定义。如图 1-77 所示。

4）设置完后,点击"确定"。此时进入参数配置阶段。然后再点击"确定",返回网络配置界面。

5）连接:主机会根据程序步骤一进行拨号连接,下面的对话分别会显示连接的进度和当前进行到的步骤的文字说明（账号密码错误或是卡欠费等错误信息都可以在此处显示出来）。连接成功点"确定"，进入工程之星初始。如图 1-78 所示。

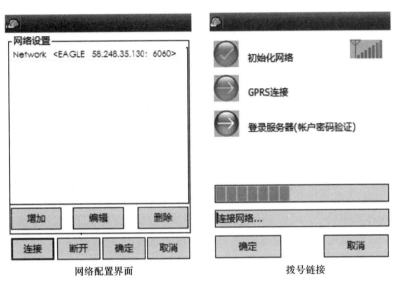

网络配置界面　　　　　　　　　　拨号链接

图 1-78　网络连接与登录

任务 1.4.3　应用领域

1. 各种控制测量

传统的大地测量、工程控制测量采用三角网、导线网方法来施测，要求点间通视，不仅费工费时，而且精度分布不均匀。且采用常规的 GPS 静态测量、快速静态、伪动态方法，在外业测设过程中不能实时知道定位精度，如果测设完成后，回到内业处理时发现精度不合要求，还必须返测。而采用 RTK 来进行控制测量，能够实时知道定位精度，如果点位精度要求满足了，用户就可以停止观测了，而且知道观测质量如何，这样可以大大提高作业效率。如果把 RTK 用于公路控制测量、电力线路测量、水利工程控制测量、大地测量，则不仅可以大大减少人力强度、节省费用，而且大大提高工作效率，测一个控制点在几分钟甚至于几秒钟内就可完成。

2. 测地形图

过去测地形图时一般首先要在测区建立图根控制点，然后在图根控制点上架设全站仪或经纬仪配合小平板测图，现在发展到外业用全站仪和电子手簿配合地物编码，利用大比例尺测图软件来进行测图，甚至发展到最近的外业电子平板测图等等，都要求在测站上测四周的地貌等碎部点，这些碎部点都与测站通视，而且一般要求至少 2～3 人操作，在拼图时一旦精度不合要求必须返测。采用 RTK 时，仅需一人背着仪器在要测的地貌碎部点待上一两秒钟，并同时输入特征编码，通过手簿可以实时观查点位精度，把一个区域测完后回到室内，就可以由专业的软件接口输出所要求的地形图。这样用 RTK 仅需一人操作，不要求点间通视，大大提高了工作效率，采用 RTK 配合电子手簿可以测设各种地形图，如普通测图、铁路线路带状地形图的测设、公路管线地形图的测设，配合测深仪可以用于测水库地形图、航海海洋测图等等。

3. 放样

施工放样是测量的一个应用项，是通过一定方法采用一定仪器将设计数据点位在实地实现标定。常规的放样方法很多，如经纬仪交会放样、全站仪边角放样等等，一般放样一个设计点位时，往往需来回移动目标，且需 2~3 人操作，同时在放样过程中还要求点间通视情况良好，生产条件有限，效率不高。采用 RTK 技术放样，仅需把设计点位坐标输入到电子手簿中，手持 GPS 接收机，向放样点位置靠近，接收机会提醒放样点的位置，既迅速又方便，由于 GPS 是通过坐标来直接放样，精度很高也很均匀，外业放样工作效率会有很大提高，且只需一个人操作。

小结

本项目的内容主要包括平法识图、BIM 技术和机械、RTK 测量四个方面的基础知识，为结构工程机器人施工学习奠定良好的基础。在结构平法识图中，针对平法施工图制图规则和相关构造，无梁楼盖平面注写中板带集中标注和原位标注的内容进行讲解，通过有梁、无梁楼盖（板）平法施工图识读训练，使学生具有能够正确识读楼盖板平法施工图的能力，熟悉板相关构件的构造详图，掌握板的相关配筋构造机械基本知识要素。BIM 技术基础应用部分针对 BIM 成图和自动生成成果的路径基础进行学习。机械基础知识部分为机械图纸识读、维护保养和故障判断打基础。为机器人施工区域定位，加强 RTK 作业模式及 RTK 测量技术应用知识的学习，从而为结构工程机器人学习打下良好的基础。

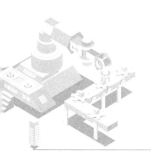

项目**2** 地面整平机器人 >>>

【知识要求】

了解地面整平机器人的功能、结构组成、特点，学会整平机器人维修保养、常见故障及处理办法；掌握地面整平机器人施工工艺、施工要点、质量标准；巩固项目安全生产、文明施工、产品保护的基本知识。

【能力要求】

具有操作地面整平机器人进行施工作业的能力，常规故障处理、保养和维护的能力，具有设置机器人施工参数、编制自动整平施工路径的能力，具有混凝土地面整平验收评定的工作能力。

单元 2.1　地面整平机器人性能

任务 2.1.1　地面整平机器人

1. 地面整平机器人概述

随着国内经济不断发展，大空间厂房、场馆、停车场等大面积场地的建设需求越来越多。传统施工方法中，普通混凝土板面施工方法为人工找平，然后用抹子机进行抹平。施工中需多次人工修正，反复测量、调整，耗时较长，质量控制难度较高，效率不高。近年来市面上出现了一些人工操作机器，一定程度上减少了工人工作量，降低了工作强度，但普遍存在精度不足、机身尺寸过大、重量超重、无全自动等问题，混凝土施工"危繁脏重"的问题没有得到根本改善。

地面整平机器人（图 2-1）根据现代工业厂房、大型商场、货仓及其他大面积混凝土地面等地面强度、平整度、水平度等越来越高的需求而研制，采用激光摊铺机，实现混凝土地面精密找平。该机器具备全自动导航功能及遥控功能。客户可以根据工地情况选用一种功能模式完成施工作业，无需人员进入操作平面，让工友从"扛着耙子站在混凝土里"变成"拿着操作器站在空地上"。

地面整平
机器人

图 2-1　地面整平机器人

2. 地面整平机器人功能

地面整平机器人（简称整平机器人）用于混凝土地面精密找平，尤其适用于楼层混凝土地面浇筑施工。目前研发的地面整平机器人主要有 1m、1.5m、2.5m 三款机型，其具体尺寸、重量、适用场景等见表 2-1。

地面整平机器人凭借独特的双自由度自适应系统，保证机器人能够稳定地在混凝土地面上施工作业；基于自主开发的 GNSS 导航系统，能够自动设定整平规划路径，实现混凝土地面的全自动无人化整平施工，其主要功能详见表 2-2。

地面整平机器人选型   表2-1

项目	1m机型	1.5m机型	2.5m机型
尺寸（mm）	1650×1000×2000	1750×1500×2000	2770×2870×2200
重量（kg）	150	175	700
动力	48V 锂电	48V 锂电	92 号汽油
混凝土厚度（mm）	≤120	≤150	≤250
净工作效率（m²/h）	≥100	≤160	≤350
适用场景	住宅	顶板、底板、地库、厂房、临建道路	市政道路、大型厂房、机场

地面整平机器人主要功能   表2-2

序号	功能	说明
1	整平	根据激光标高找平地面，达到集团验收标准
2	自主定位导航作业	根据室外地图信息，按规划路径完成整平作业
3	全自动导航整平作业	按规划路径全自动导航整平作业
4	遥控整平作业	人工遥控整平作业
5	安全设计	具有防误操作安全设计，机器人具有急停按钮装置
6	电池管理	电池监控及提醒
7	日志管理	作业参数记录存储

任务 2.1.2 地面整平机器人结构

地面整平机器人主要由底盘、控制箱、整平机构三部分组成。其整机结构如图 2-2 所示。

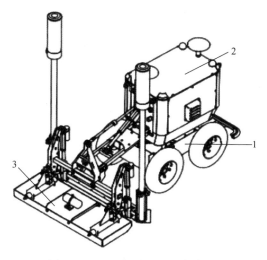

图 2-2 地面整平机器人结构图

1—底盘；2—控制箱；3—整平机构

1. 底盘

底盘是地面整平机器人主要载体，主要由橡胶轮胎、减速电机、车架、限位块、安全触边等组成，其结构如图 2-3 所示。

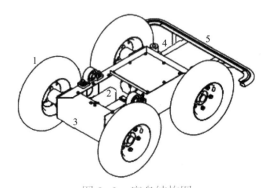

图 2-3　底盘结构图

1—橡胶轮胎；2—减速电机；3—车架；4—限位块；5—安全触边

2. 控制箱

控制箱主要由控制系统、导航系统（遥控板可无此功能）、警示灯、吊环螺钉、天线、散热系统等组成，其结构如图 2-4 所示。

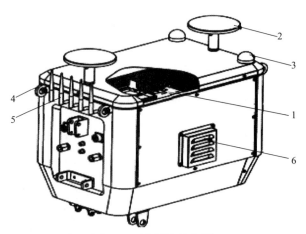

图 2-4　控制箱结构图

1—控制系统；2—导航系统；3—警示灯；4—吊环螺钉；5—天线；6—散热系统

3. 整平机构

整平机构是机器人标高控制执行机构，主要功能是实现地面砂浆的刮平和振捣，最终使地面达到目标整平高度。整平机构主要由振捣板、振动电机、减振机构、刮板、支架、电推杆、支撑杆、连接架等组成，如图 2-5 所示。

4. 外部元件布局（图 2-6）

（1）整平前端机构：包含刮板刮料、振捣板振捣提浆作用；

（2）左电推杆：通过激光接收器数据反馈实时调节刮板左端高度；

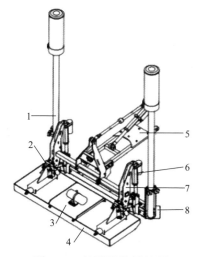

图 2-5 整平机构结构图

1—支撑杆；2—减振机构；3—振动电机；4—振捣板；5—连接架；6—电推杆；7—支架；8—刮板

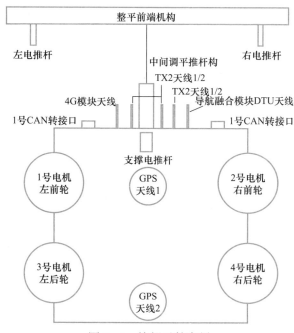

图 2-6 外部元件布局

（3）右电推杆：通过激光接收器数据反馈实时调节刮板右端高度；

（4）支撑电推杆：通过机身倾角反馈数据实时调节机身俯仰；

（5）1 号电机：伺服电机为左前轮提供动力；

（6）2 号电机：伺服电机为右前轮提供动力；

（7）3 号电机：伺服电机为左后轮提供动力；

（8）4 号电机：伺服电机为右后轮提供动力；

（9）GPS 天线 1、GPS 天线 2：接收 GPS 信号，为机器人提供定位信号；

（10）1 号 CAN 转接口：左激光接收器 CAN 信号转接口；

（11）2 号 CAN 转接口：右激光接收器 CAN 信号转接口；

（12）4G 模块天线：4G 信号接收天线；

（13）TX2 天线 1/2：Wi-Fi 信号天线；

（14）遥控器天线：机器人与遥控器信号交互天线；

（15）导航融合模块 DTU 天线：融合模块信号接收天线。

任务 2.1.3 地面整平机器人特点

1. 地面整平传统施工

传统混凝土整平施工工艺流程如下：

（1）现场进行查勘，核实钢筋的标高，将材料、设备进行报验（若报验不合格需重新采购材料，再进行报验，直至合格为止）。

（2）铺设防水或对混凝土垫层进行基面处理，并进行变形缝安装，模板、施工铠装缝、传力系统安装，柱边铺设加强筋，墙边柱边铺设隔离板。

（3）混凝土浇筑，泵送的方式。用超平高频振动梁＋振捣棒进行整平地面，防止过度振捣，造成混凝土离析；边角处要用刮尺刮平，大面积用人工刮杠整平，地面不平的区域采用平板振捣器依次整平；进行一次平整度检测，经过多次人工整平后用收边机做收边处理。

大面积混凝土找平施工时，施工需要的人工多，施工时间长，效率不高，成本高，如图 2-7 所示。

图 2-7 传统混凝土整平方法

2. 地面整平机器人施工

地面整平机器人对混凝土浇筑板面进行整平施工，确保楼板的水平度、平整度、厚度达到施工验收标准，其施工流程如图 2-8 所示。

3. 传统整平施工和地面整平机器人施工对比

传统混凝土地面整平施工，在混凝土浇筑工程中，需事先建立大量的标高参考点，由人工铺料，铺料过程需进行反复的标高测定，进行混凝土振捣，振捣完成后表面再按

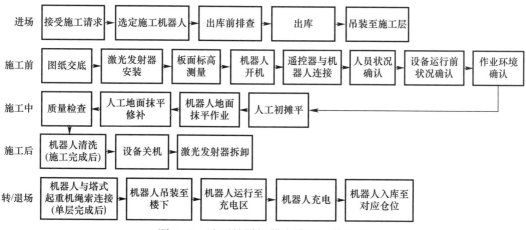

图 2-8 地面整平机器人施工工艺流程

工程要求处理，采用刮板抹子等工具在混凝土表面反复压抹，直至达到工程所需表面光洁度等要求。平整度完全靠人工铺料和反复标定控制，整个过程需大量人工协同处理，劳动强度高、效率较低，如图 2-9 所示。

图 2-9 传统整平施工工艺

地面整平机器人具有自动调平及振捣功能，利用地面整平机器人施工，在施工前设定所需工作标准参数（参考标高及振捣强度），即可完成楼层施工作业。地面整平机器人与它的"同事"地面抹平机器人组合，在混凝土浇筑时地面整平机器人以激光为标准对工作面进行初次找平，在混凝土工作面初凝阶段时，地面抹平机器人激光找平系统通过实时激光收发信号，确保抹平刮板在水平可控标高线范围内作业，作业后的混凝土地面的平整度偏差控制在 3mm/2m，水平度极差控制在 7mm 以内，达到高精度地面要求。

地面整平机器人整体使用效果好，操作人员易上手，可减轻工人劳动强度、提高工作效率（≥100m²/h），整体平整度、水平度、观感以及密实度较好，如图 2-10 所示。

传统施工与机器人施工工序、工作内容对比见表 2-3。地面整平机器人施工具有以下优点：

（1）使用地面整平机器人施工，缩短施工时间，提高工作效率，并能节约人工；

（2）施工质量高，地面整平机器人整平质量比传统人工施工方法提高 3 倍多，达到超平地面；

（3）使用地面整平机器人，可实现大面积施工，减少大量施工缝，混凝土坍落度可以减少，混凝土强度有保证，地面整体性好，不易出现裂缝；

图 2-10　地面整平机器人施工

传统施工与机器人施工对比　　　　　　　　　　　　　　　表2-3

	传统施工	机器人施工
工序内容	浇筑混凝土、初摊平混凝土、振动棒振捣、二次摊平混凝土、人工抹光收面、薄膜覆盖、蓄水养护	浇筑混凝土、初摊平混凝土、振动棒振捣、整平机器人整平、人工收边收口、抹平机器人抹平、抹光机器人抹光、薄膜覆盖、蓄水养护
工作内容	剪力墙根部堵塞施工、布料机安装固定、冲洗泵管、浇筑混凝土、初摊平混凝土、振动棒振捣、二次摊平混凝土、人工抹光收面、薄膜覆盖、蓄水养护	剪力墙根部堵塞施工、布料机安装固定、冲洗泵管、浇筑混凝土、初摊平混凝土、振动棒振捣、整平机器人整平、人工边角收边、抹平机器人抹平、抹光机器人抹光、薄膜覆盖、蓄水养护

（4）使用地面整平机器人，节省了人工工艺成本，地面分缝少，后期维护费用大大降低，使经济效益明显提高。

单元 2.2　地面整平机器人施工

任务 2.2.1　地面整平机器人施工准备

1. 作业条件

（1）整平作业施工前，检查板面钢筋是否符合绑扎规范，严禁出现钢筋凸起、扎丝凸起。选用 1m 机器时，钢筋网格不大于 200mm×200mm，须按规范绑扎马镫，如图 2-11 所示。

（2）混凝土坍落度范围：160～180mm，区间外将会导致整平效果变差。

（3）作业板面角铁不得伸出（图 2-12），无预埋件、传料口、传线口等凸起物，可采用新式传料口、传线口、暗藏套筒式（图 2-13）。

（4）作业过程中出现异常情况急停处理，保证人员及机器人安全。

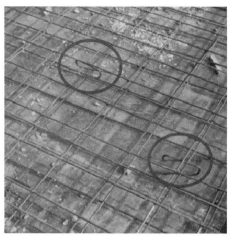

图 2-11　钢筋马镫弯钩不得朝上

图 2-12　角铁不得伸出至工作面

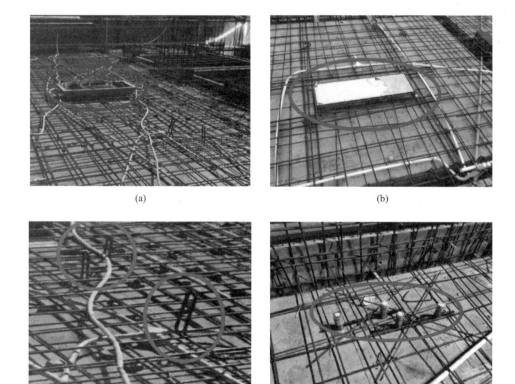

图 2-13　作业板面处理

（a）传料口不得凸起；（b）预埋式传料口；（c）预埋件不得凸起；（d）暗藏式预埋件

（5）若采用全自动施工，须确保现场 GPS 信号接收正常，若 GPS 信号不足（GPS 信号受云层影响，避免阴雨天、打雷天作业），请采用半自动或手动作业。

（6）若采用全自动施工，施工现场附近需具备稳定的 4G 网络信号基站，基站设施需另外购买或使用主流第三方服务方案。

（7）水泥、混凝土等各种原材料必须符合设计要求，并经检验合格。砂石含泥量不得超过 1%，水泥要在有效期内。

（8）混凝土浇筑前，确保模板拼缝密实不漏浆，模板内垃圾、杂物清理干净并洒水湿润。

（9）现场须提供一块平稳区域用来架设激光发射源。

2. 机械、工具准备

整平机器人现场施工机械、工具准备详见表 2-4。

机械、工具准备   表2-4

施工机械、工具	整平机器人	激光接收器	激光发射器
数量	1台	2个	1个
施工机械、工具	三脚架	手持接收器	手持杆
数量	1个	1个	1个
施工机械、工具	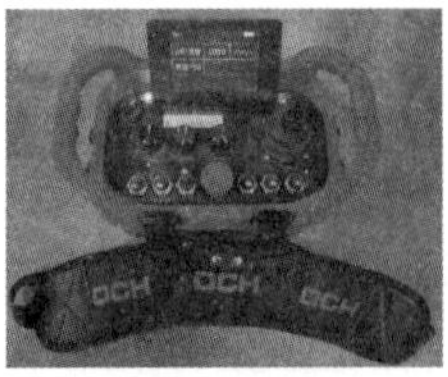 遥控器	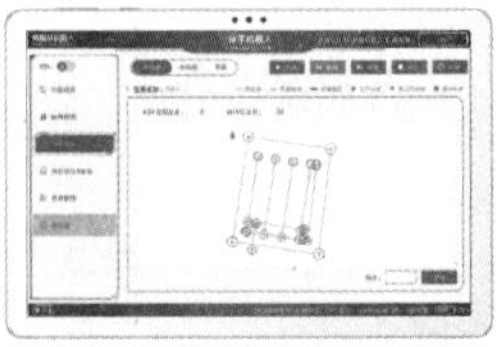 Pad	 RTK
数量	1个	1个	1个

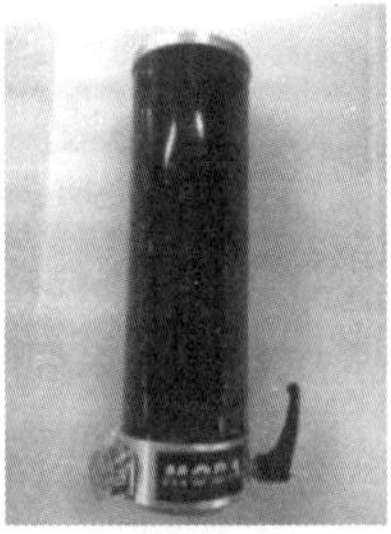

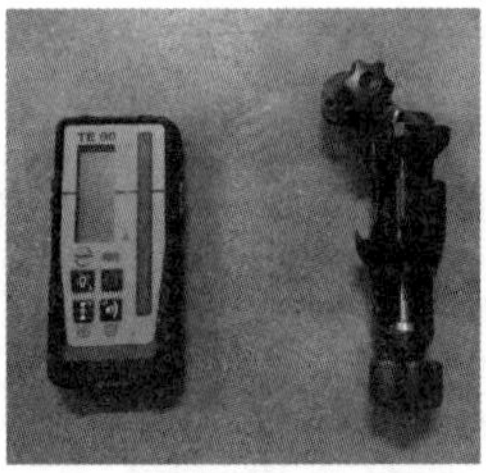

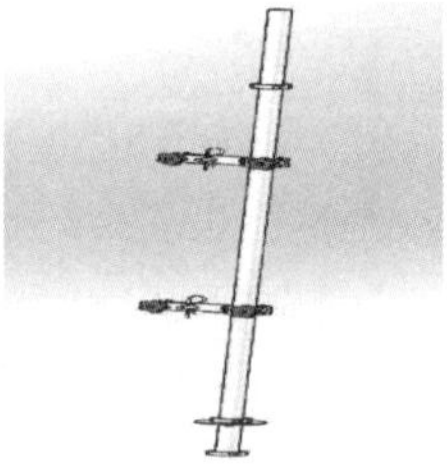

3. 机器人装车运输

机器人装车运输需符合安全规定，运输前机器人必须在关闭状态，机器人运输必须固定牢靠，以防运行过程中因道路颠簸导致机器人损坏。

（1）短途运输

1）运输前需打包处理，拆除激光接收器及螺旋线束使用配套箱子放置；

2）装车后，机器人调整到适当位置，将三号、四号推杆调节到适当位置使振捣结构自由放下，并在振捣板下方加垫泡棉防止运输途中机械应力导致机器人推杆及机械结构损伤；

3）使用绑带将机器人四个吊点固定，防止运输途中晃动，机器人靠近车体部分使用泡棉或其他防撞材料做好防护，如图 2-14 所示。

视角一　　　　　　　　　　　　　视角二

图 2-14　机器人运输固定方式

（2）长途运输

长途运输时需采用专用包装箱运输。采用机器人特殊设计的包装木箱且按设计要求进行箱内固定，包装箱设计需符合相关设计标准。

4. 机器人入场设备检查

机器人仓库（图 2-15）按照标准的成品集装箱，仓库地面高度应高于周围场地防止进水，仓库地面应平整，并要求配置有专属机器人充电插座。

图 2-15　机器人仓库

地面整平机器人工作之前，依照地面整平机器人日点检表内容（详见附录1）进行检查。

（1）检查移动底盘轮子的胎压状态；

（2）给轮轴上的轴承添加润滑油，如果发现异常磨损，应该及时更换；

（3）检查机器电量是否充足，各指示仪器、仪表、操作按钮和手柄以及紧急停止是否工作正常；确保电源线路无破损漏电，漏电保护装置灵活可靠，机具各部件连接紧固，旋转方向正确；

（4）按钮是否正常，吊环是否开裂破损；

（5）检查四个电推杆是否正常工作；

（6）检查振动机是否正常工作；

（7）检查激光发射器、接收器是否正常工作。

5. 机器人吊装

机器人设计有四个吊装点，吊装需采用四点吊装方式，吊带和卸扣承重需在1t以上。在每次吊装前需检查吊带和卸扣是否完好无损，如有明显裂纹需更换合格的吊带和卸扣再进行吊装。吊装物料清单详见表2-5。

地面整平机器人吊装物料清单　　　　　　　　　　　　　　　表2-5

吊装物料清单			
名称	规格	数量（PC）	图例
卸扣	承重≥1t，卸扣横销直径≤20mm	4	横销
吊带	承重≥1t，长度2m	1	
	承重≥1t，长度1.4m	1	

吊装注意事项：

（1）禁止两点吊装，吊装时需匹配吊带和卸扣进行吊装，吊带和卸扣需满足表2-5规格要求。

（2）吊装方法如图2-16所示，1.4m吊带通过卸扣连接机身前端两个吊装点，2m吊带通过卸扣连接机身后端两个吊装点，最后将两根吊带归拢到一起形成一个吊点进行吊装。

（3）吊装前需检查机器人4个吊环状态，是否出现明显变形、裂纹或其他安全风险问题，有问题禁止进行吊装。

（4）吊装前需检查吊带和卸扣是否完好，如有裂纹、塑性变形和磨损超标等问题需更换合格的吊带和卸扣再进行吊装。

（5）吊装时应确保机器人处于吊装状态，禁止非吊装状态吊装。

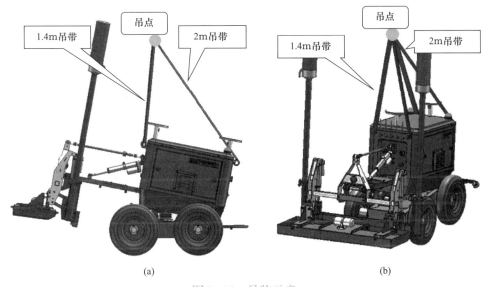

图 2-16　吊装示意

（a）吊装视角一；（b）吊装视角二

（6）降落着地过程应平稳缓慢，需确保机器人轮胎接触地面（图 2-17），不得出现快速着地，致使整平头撞击地面的情况（图 2-18），必要时需要人工手扶至正确姿态着地。

图 2-17　正确着地过程　　　　　　　图 2-18　错误着地过程

6. 人员准备

地面整平机器人现场施工操作过程中基本人员准备见表 2-6。

序号	人员	数量	作用
1	现场施工员	1	旁站、协调
2	电工	1	值班、处理水电应急
3	机器人操作人员	2	操作机器人、收边收口
4	机器人作业保障人员	1	机器维护
5	人机协作工人	6	放料、振捣、初摊平等浇筑工作

7. 技术准备

（1）施工技术人员熟悉图纸，了解设计意图，编制月、周施工进度计划。

（2）根据设计混凝土强度等级，由商品混凝土公司试验室提供混凝土配合比。

（3）完成施工技术方案及安全技术的交底工作，针对高温季节做好夏季施工技术措施。

（4）机器人操作人员安置及使用机器施工前准备。

（5）制定混凝土的浇筑顺序，混凝土泵的布设、混凝土车辆的进出方案。

任务 2.2.2　地面整平机器人施工工艺

1. 地面整平机器人施工流程

混凝土浇筑开始1～2h后，待工人初步摊平，整平机器人进入作业面，由激光控制全局标高进行精确整平提浆施工。对于机器人无法工作的厨卫、阳露台、飘窗台、楼梯等，剪力墙根部堵塞施工，混凝土初步摊平、振捣、浇筑，吊模周围、小降板、狭窄的人防空间、车道斜坡、结构找坡等区域，由技师或技工进行人工作业。

墙柱根部周边混凝土收面标高，平整度控制在3mm以内。楼板混凝土浇筑完成后、混凝土原浆收光完成后及时对混凝土进行养护。当混凝土抗压强度达到1.2MPa后才允许上人（12h左右，行走不留脚印），每平方米荷载不超过150kg。同时加强卫生间、阳台等降板区域平整度的控制。降板四周采用定型的5cm×5cm方钢模具，降板区域四周棱角处待混凝土终凝前取走方钢模具，并进行修补和二次收光。

2. 地面整平机器人收边收口

使用地面整平机器人施工完成后，个别部位混凝土表面出现开裂、蜂窝麻面现象，人员走动所产生的痕迹，反梁、反坎、墙柱边缘、预埋件、狭小部位边缘处200～500mm，机器人操作范围达不到的位置以及机器人作业路线之间挤压出多余混凝土、转弯遗留未整平部位、新旧混凝土交接部位等均需由技师或技工对混凝土表面进行抹压，使混凝土面光滑平整。

收边收口施工过程中，如混凝土表面太干燥，要及时对混凝土表面施以喷水养护，以保持结构表面湿润为准。通过标高控制点进行抹压以保证混凝土地面平整，待混凝土初凝前技师通过二次抹压，使混凝土面光滑平整，如图2-19所示。

混凝土收边收口施工顺序：混凝土地面浇筑→整平机人操作→塑料抹子收边收口→铁抹子二次抹面找平收边收口→覆盖薄膜→洒水养护。

图 2-19　混凝土收边收口

混凝土收边收口操作要点：

（1）在机器或人员走动所产生的痕迹以及机器人操作范围达不到的位置，标高控制点取高出完成面 50mm，利用水准仪进行抄平，将控制点引到已绑扎固定的墙、柱钢筋上，根据已有的混凝土表面用塑料抹子进行第一次找平。

（2）待第一次找平后，应用铁抹子进行二次抹压找平收光，如混凝土表面太干，要及时对混凝土表面施以喷水养护，喷水时要注意不要过多，以喷雾小雨状最佳，以保持结构表面湿润为准，然后通过标高控制点进行抹压以保证混凝土地面平整，收面完成后覆盖薄膜并洒水养护，防止产生收缩裂纹，影响质量观感。

（3）在修边收口过程中，不得踩踏机器人已完成施工面及已完成修边收口面。

3. 施工区域块划分

（1）剪力墙结构小面积的楼板，整平机器人能一次完成一块楼板整平施工；对于框架结构大面积混凝土楼板，整平机器人应分块分区域完成，宜将 4 根框架柱合围区域划分为一块。

（2）板混凝土的虚铺浇筑厚度应大于板厚 5～10mm，用插尺检查混凝土厚度，厚度达到要求后方可整平。机器人的整平板有振捣功能，整平同时能将混凝土振捣密实。整平机器人整平前需先确定整平起点、终点，垂直浇筑方向以"S"形路线设置整平路线。驱动机器人到整平起点，整平板在前，整平板下压，开启振捣功能，以 1～2 档速度（可根据现场混凝土状态调整作业速度）向后行走并整平楼板。利用标定杆（数字激光接收器）对楼板水平度进行控制。

（3）机器人调头转弯时要控住车速，确保转弯时全覆盖整平区域，没有遗漏，调头后整平搭接长度控制在 100mm。

任务 2.2.3　地面整平机器人施工要点

1. 机器人电源

（1）将负荷开关打到 ON 档，设备即可接通电源，如图 2-20 所示。

（2）电源接通电量电压显示器将会有显示，如图 2-21 所示。机身上电量电压显示仅供遥控作业时参考使用，全自动作业时以 Pad 上电量显示为准。

图 2-20　调试充电接口

1—拨动开关；2—外置网口；3—充电接口；4—负荷开关

图 2-21　急停按钮及电压显示器

1—急停按钮；2—电压显示器

2. 遥控器操作

整平机器人操作模式开关有"Pad"和"遥控"两档。将拨动开关拨到遥控档，此时操作模式为遥控操作，如图 2-22 所示。

图 2-22　模式选择开关

（1）遥控器界面

遥控器操作界面（图 2-23）具体功能如下：

1）电源旋钮。遥控器电源开关。

2）电量及报警指示灯。遥控器电量过低显示红色，正常工作状态为绿色。

3）信号指示灯。遥控器正常连接显示绿色，连接失败显示红色。

4）复位按钮。机器报警时按下此按钮将会消除部分报警。

5）振动按钮。刮板振动电机启停控制。

6）启动按钮。遥控器开启按钮，打开遥控器电源后长按此键 3s 可启动遥控器。

7）推杆选择。默认"0"位置时，摇杆控制车轮运行，1～4 分别是左电推杆、右电推杆、倾角电推杆、支撑电推杆，5～8 为备用位，暂无控制功能。

8）倾角拨杆。拨杆拨到倾角自动，启动机器时自动调整倾角，拨杆拨到倾角手动，方可手动操作倾角电推杆。

9）激光拨杆。当倾角调整完成后，拨杆拨到激光自动，机器自动接收激光调整左右高度，拨杆拨到激光手动，方可手动操作左右电推杆。

10）速度档位。默认"0"位置，0～10 对应机器人行走速度 0～500mm/s。

11）遥杆。速度档位选择速度时，前后左右推对应机器人前后左右行走，前进、后退方向推一次保持当前方向行走，再推一次即停止；停止状态左右推为原地转弯，速度选择大对应转弯速度快，行进中左右推为纠偏。

12）作业开关。机器人正常开机后，将倾角开关调为自动、激光开关调为自动、手自动调为自动，拨动作业开关，一键调节机器人达到作业状态，向后行走，机器人根据激光发射器高度自动调节倾角、自动调节刮板控制推杆保持标高始终在同一标高线上。

13）急停按钮。紧急情况按下此开关可急停机器人，机器人停止一切操作，底盘主回路断电。

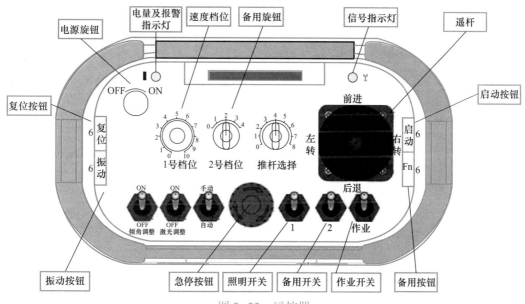

图 2-23　遥控器

（2）遥控器开机操作

1）遥控器开机前确保所有旋钮处于"0"的挡位，所有按钮处于复位状态，否则不能正常启动遥控器（遥控器自带防误动作功能）。

2）将电源旋钮打到 ON，长按 3s 启动按钮，信号灯闪烁，表示已开机（若电池指示灯显示红色，表示电池电量低或报警）。

3）遥控器正确开启后，机器亮黄灯，若遥控器未开机或未正确开启，机器亮红灯，处于急停状态，此时机器发出急停报警声。

（3）遥控器自动作业模式

1）将机台操作模式切换到自动模式。

2）将遥控器的倾角手动／自动拨杆拨到倾角自动，按下"启动"按钮，中间倾角控制推杆进入自动调整状态，待倾角控制推杆调整完成后方可标高。

3）标高：将机台控制面板旋钮切换到手动模式，标高前确认遥控器上的拨杆处于激光手动位置，将激光发射源放置空旷平整处，并调至合适高度且水平。使用手持激光接收器定好标高杆高度，将机器刮板调至已定的高度，反复调整两边激光接收器高度，使其显示为"一"，最后将激光手动 / 自动拨杆拨到激光自动位置，如图 2-24 所示。

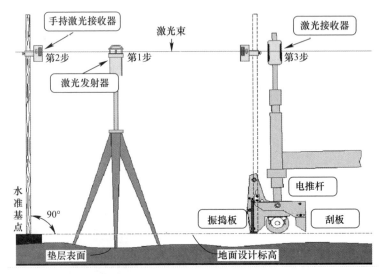

图 2-24　激光发射器与手持接收器

4）机器人运行操作

① 四轮运行。遥控器的推杆选择旋钮处于默认"0"位，将挡位旋钮选定一个合适的速度后，使用摇杆控制车轮"前进""后退""左转""右转"，当车轮正在前进时再次向上拨动摇杆，车轮将停止运行，或当车轮正在后退时再次向下拨动摇杆，车轮将停止运行。

② 纠偏。车轮正常前进后退状态纠偏，只需要左右拨动摇杆即可。挡位旋钮调整车轮运行速度，速度范围在 0～500mm/s 内选择，每加一个挡位速度加 50mm/s。

5）推杆手动操作

① 左右电推杆调节操作。将激光手自动拨杆拨到激光手动，推杆选择旋钮选择"1"，上下拨动摇杆控制左边电推杆，推杆选择旋钮选择"2"，上下拨动摇杆控制右边电推杆。

② 倾角电推杆操作。将倾角手自动拨杆拨到激光手动，推杆选择旋钮选择"3"，上下拨动摇杆控制倾角电推杆。

③ 支撑电推杆操作。点击"4"号推杆上，支撑推杆将向上运动，点击"4"号推杆下，支撑推杆将向下运动。

（4）遥控器半自动作业模式

1）将遥控器操作模式切换到自动模式，倾角和激光均调整到自动模式；

2）在遥控器速度旋钮中设置好速度，操作遥杆启动机器人四轮行走并控制好方向；

3）将机器人遥控到整平起始位置，按下"作业"按钮，机器人将整平机构放下并开始作业；

4）单次整平结束，应将机器人整平机构抬起，停止作业；

5）将机器人开到新的整平起始点，重复步骤 3），开始新一轮整平作业。

3. 使用 Pad 控制面板操作

（1）公共模块（图 2-25）

1）Pad 公共模块显示功能

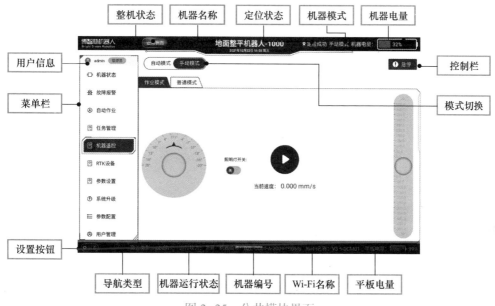

图 2-25　公共模块界面

① 整机状态。整机状态分为故障报警、正常状态、急停。正常状态方可使用自动模式任务下发。

② 机器名称。正式版为 APP 名称＋机器刮板长度。演示版为 APP 名称＋"演示版"＋机器刮板长度。

③ 定位状态。定位成功／定位失败。定位成功机器方可自动导航，定位失败可到机器状态查看定位失败原因。

④ 机器模式。分为手动模式／自动模式，人工作业使用手动模式，自动导航作业使用自动模式。

⑤ 机器电量。显示当前机器电量，当无电量上传显示未连接，当机器处于充电中，显示充电状态。其余情况上报多少电量显示百分比（注意电量低于 10% 的时候不宜作业）。

⑥ 控制栏。控制栏包括任务启动、任务暂停、任务继续、任务停止、软急停、急停复位 6 个组件。其中软急停不需要二次弹窗确认，点击直接急停。

⑦ 模式切换。红色背景表示当前机器所处模式不可点击。白色背景表示可点击切换。点击需要二次弹窗确认。

⑧ 平板电量。显示当前平板电量，若附近无遥控，单独使用平板遥控请确保平板电量在 20% 以上。

⑨ Wi-Fi 名称。显示当前连接的 Wi-Fi 名称。

⑩ 机器编号。显示当前机器编号，与机器尾部编号一致。

⑪ 机器运行状态。导航类型。

⑫ 导航类型。GPS。

⑬ 设置按钮。单独在设置模块进行讲解。

⑭ 菜单栏。左侧菜单栏，不同用户权限显示不同模块。

⑮ 操作员。显示机器状态、故障报警、自动作业、任务管理、机器遥控 5 个模块。历史故障中导出按钮不显示。

⑯ 监测员。除去操作员模块外，显示参数配置、系统升级、用户管理、RTK 设备及历史故障中的任务导出。

⑰ 管理员。除去监测员模块外，显示用户管理模块。

⑱ 用户信息。在菜单栏顶部显示。点击进入用户信息管理可以修改用户名及密码。

2）机器状态（图 2-26）

图 2-26 机器状态

① 电池状态。显示相关电池信息。

② 运行状态。底盘运行相关信息

③ GNSS 状态。机器定位详细状态。

3）故障报警（图 2-27）

① 当前发生故障。机器正在发生的故障。

② 故障复位。机器内当前故障复位。

③ 故障日志筛选。按照分类筛选当前故障日志。

④ 本次故障日志。显示机器故障日志列表。

⑤ 历史故障。进入历史故障界面（图 2-28）。

⑥ 返回。返回到上级界面。

⑦ 历史故障列表。显示故障列表。

⑧ 故障开始时间。选择所需查询的开始时间，点击查询后生效。

图 2-27　故障报警

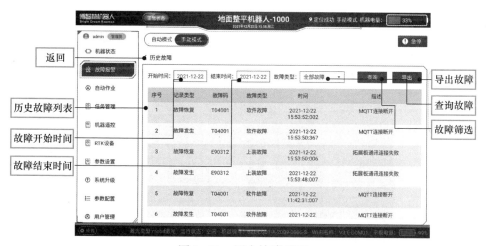

图 2-28　历史故障界面

⑨ 故障结束时间。选择所需查询的结束时间，点击查询后生效。

⑩ 故障筛选。根据故障类型筛选故障，点击查询后生效。

⑪ 查询故障。根据选择条件查询机器历史故障。

⑫ 导出故障。根据筛选条件导航机器故障（此功能不向操作员开放）。

（2）APP 权限设置

首次进入 APP 界面需确定一些权限的使用，未经授权会导致一些功能无法正常使用，不能进入下一个操作界面。授权操作步骤如下：

1）位置权限获取，选择"始终允许"；

2）文件读取权限获取，选择"始终允许"。

（3）机器人连接

权限授予后会进入 APP 登录界面。若已经手动连接 Wi-Fi，APP 会自动连接机器。如图 2-29 所示 Wi-Fi 信息为空表示没有连接 Wi-Fi，点击"设置 Wi-Fi"进到 Wi-Fi 连接界面进行 Wi-Fi 的连接。

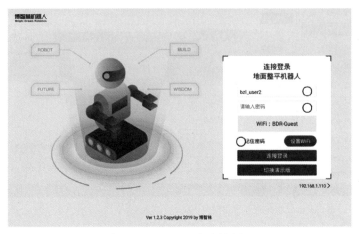

图 2-29　Wi-Fi 未连接界面

1）Wi-Fi 选择。Wi-Fi 名字后面几位数字应和机器铭牌上的出厂编号相同，如图 2-30 所示。

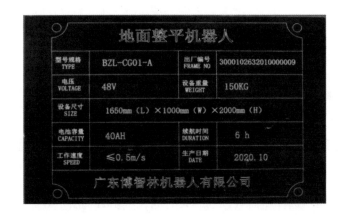

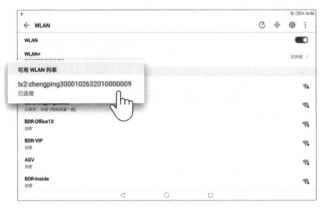

图 2-30　Wi-Fi 选择

2）返回到 APP 登录界面。机器人 Wi-Fi 名称会显示在 IP 输入框的下方，如图 2-31 所示。若连接失败可点击重新连接进行机器人连接。

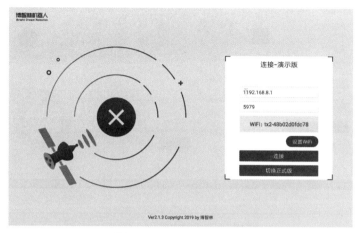

图 2-31　APP 登录界面

3）机器人刮板尺寸选择。授权进入到机器人刮板尺寸界面。选择刮板尺寸并确定，如图 2-32 所示。

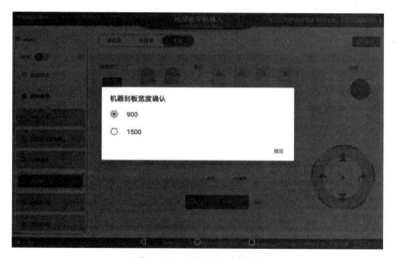

图 2-32　刮板尺寸界面

4）控制面板介绍。Pad 控制面板界面具体操作功能如图 2-33 所示。

① 模式切换按钮。点击不同按钮可以选择不同操作模式，手动 / 半自动 / 全自动模式。

② 倾角自动 / 手动切换按钮。倾角切换到手动模式时，倾角传感器将不起作用；倾角切换到自动模式时，倾角传感器将发挥作用，倾角调整开关此时只做自动切换显示。

③ 激光自动 / 手动切换按钮。激光切换到手动模式时，左右电推杆激光自动调整将不

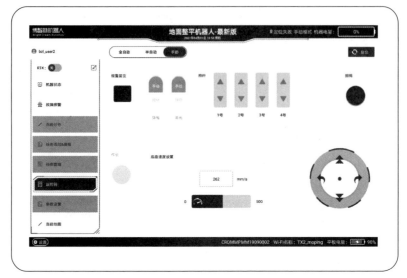

图 2-33　Pad 控制面板界面

起作用；激光切换到自动模式时，左右电推杆激光自动调整将发挥作用，激光调整开关此时只做自动切换显示。

④ 急停按钮。按下急停按钮设备动作紧急停止。

⑤ 报警复位按钮。机器报警时按下此按钮将会消除已恢复故障报警。

⑥ 速度设置框。滑动滑块设置速度，速度可在 0～500mm/s 的区间选择，滑块上方会实时显示出所设置速度，也可以直接在输入框输入速度值设置。

⑦ 方向盘。手动模式下，按下此方向盘的前后左右四个方向可以启动和控制车轮行进。

⑧ 作业开关。在半自动模式下控制整平机器人作业启停。

⑨ 振捣电机开关。振捣电机启停控制。

（4）半自动模式操作（Pad）

1）将控制面板的操作模式切换到半自动模式，如图 2-34 所示；

2）在底盘速度设置中设置速度，操作方向盘按钮启动机器人四轮行走并控制好方向；

3）将机器人遥控到整平起始位置后，按下"作业"按钮，机器人将整平机构放下，并开始作业；

4）单次整平结束时，再次按下"作业"按钮，机器人将整平机构抬起，停止作业；

5）将机器人开到新的整平起始点，重复步骤 3），开始新一轮整平作业。

4. 机器人 APP 路径生成及全自动作业任务下发

（1）全自动模式操作

1）任务管理界面

① 任务管理模块（只有在全自动模式方可使用）。点击如图 2-35 所示的全自动按钮，切换到全自动模式。

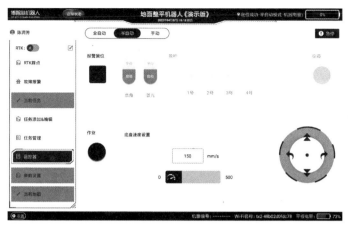

图 2-34　半自动模式界面

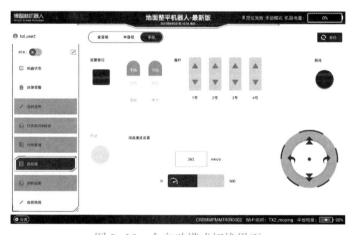

图 2-35　全自动模式切换界面

② 当前任务。当 APP 没有任务时，会显示"您还没有创建过任务"。需要创建地图才能下发任务，如图 2-36 所示。

图 2-36　当前任务界面

（2）任务创建

点击"开始建图"按钮，开始创建任务，如图 2-37 所示。

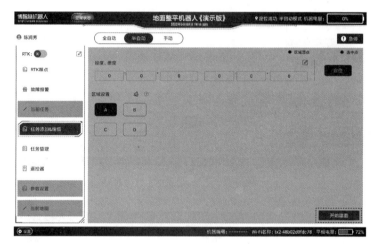

图 2-37　任务添加 & 编辑界面

（3）连接采集杆

1）长按开启采集杆电源，点击图中红色框选中的 RTK 开关按钮，连接采集杆，采集机器人作业数据，如图 2-38 所示。

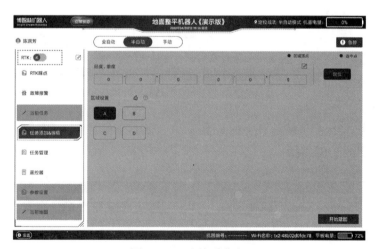

图 2-38　连接采集杆

2）点击 RTK 开关按钮后，如图 2-39 所示，4 个状态图标需要都为绿色钩选才表示连接成功。如果出现红色感叹号，需点击"重试"按钮。

（4）路径选择

点击四次定位按钮，生成四个点的四边形路径，如图 2-40 所示。

（5）任务添加与编辑

1）点击"完成创建"按钮，如图 2-41 所示。

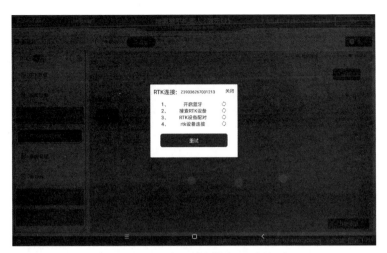

图 2-39 RTK 连接状态显示界面

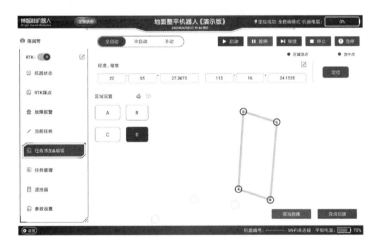

图 2-40 生成四点路径界面

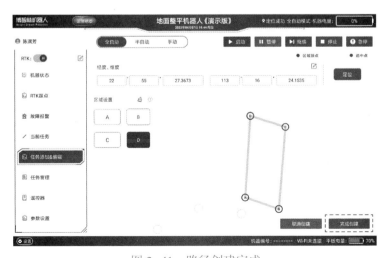

图 2-41 路径创建完成

2）输入楼号名称，点击"创建任务"完成任务创建，如图 2-42 所示。

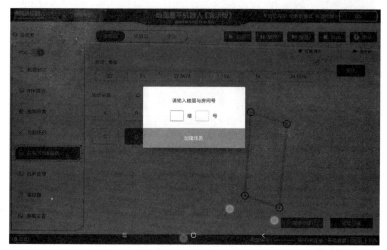

图 2-42　任务命名界面

3）路径效果图如图 2-43 所示。

图 2-43　四点路径效果图

注意：当任务点处于 ABCD 边界之内为正常任务状态。若超出 ABCD 边界之外为异常，请谨慎下发。点击启动，出现启动弹窗确定后下发。

（6）任务管理

1）查看当前选中任务

进入任务管理界面，查看当前任务，如图 2-44 所示。

2）任务选择按如下步骤设置

步骤 1，在任务管理界面，点击任务方框，命名为 4-2 任务，如图 2-45 所示。

步骤 2，点击图 2-46 中方框所示按钮选择任务。

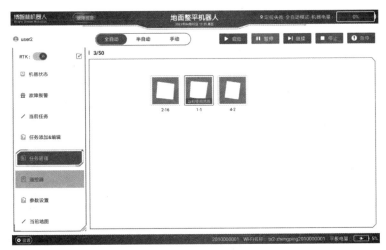

图 2-44 查看当前任务

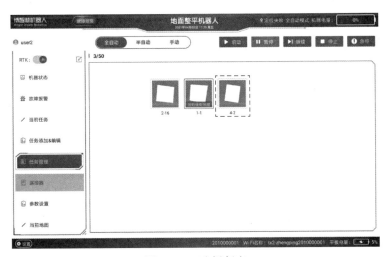

图 2-45 选择任务

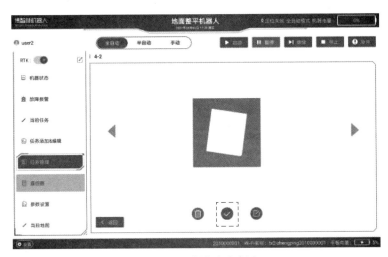

图 2-46 确认选中任务

步骤3，二次确认选中任务，如图2-47所示。

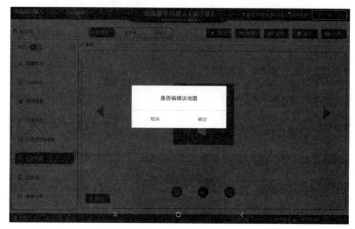

图2-47　二次确认选中任务

3）任务下发

可通过"任务控制栏"对任务进行控制。

1）启动。下发任务，机器人自动导航，如图2-48所示。

2）暂停。暂停任务，机器人暂停导航并抬起上装（需要二次确认）。

3）继续。恢复被暂停的任务，机器人继续自动作业（需要二次确认）。

4）停止。中止任务，不可通过"继续按钮"继续自动作业（需要二次确认）。

5）急停。用于紧急情况，机器保持现在状态并停止工作，底盘、上装断电，需要按"复位按钮"才可以继续操作。

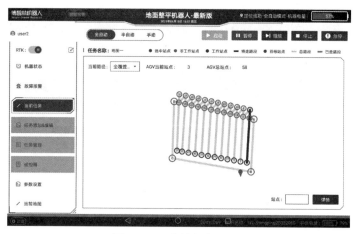

图2-48　当前任务界面

5. 安全注意事项

（1）作业注意事项

1）工作前检查机器人急停装置，机身面板急停、遥控器急停、APP急停是否工作正常；

2）检查机器人底盘运动是否正常，检查机器人各执行机构是否正常；

3）板面钢筋行走时，速度不宜过快，防止速度过快俯仰过大导致机器人损坏；

4）整平作业施工前，检查板面钢筋是否符合绑扎规范，严禁出现钢筋凸起、扎丝凸起；

5）钢筋网格不大于 150mm×150mm，须按规范绑扎马镫（1m 机器）；

6）建议混凝土坍落度范围在 160～180mm 之间，区间外将会导致整平效果变差；

7）作业板面无预埋件、传料口、传线口等凸起物，可采用新式传料口、传线口、暗藏套筒式；

8）作业过程中出现钢筋凸起，及时停止作业进行整改，整改合格后方可继续作业；

9）作业过程中出现异常情况急停处理，保证人员及机器人安全；

10）若采用全自动施工，须确保现场 GPS 信号接收正常，若 GPS 信号不足（GPS 信号受云层影响，避免阴雨天打雷天作业），请采用半自动或手动作业；

11）若采用全自动施工，施工现场附近需具备稳定的 4G 网络信号基站，基站设施需另外购买或使用主流第三方服务方案。

注：机器人的"车架底盘"（图 2-3）禁止浸泡在水中。

（2）电池充电注意事项

1）机器人充电采用配套专用充电器，不可与其他机器人混用；

2）现场充电不可私自拉接电线；

3）充电现场做好安全防护，无积水杂物；

4）充电过程中需人值守，严禁无人看护，充满电后及时整理充电现场。

（3）机器人清洗注意事项

1）现场清洗不得私自接水、接电，须符合现场安全作业规范；

2）清洗过程中不得冲洗充电口、网口、档位开关、风扇口；

3）清洗过程中避免水流直接冲洗急停按钮、电量显示器；

4）清洗场地须选择现场安排制定场地，不得随意选择场地清洗；

5）清洗完成后及时整理现场。

任务 2.2.4　质量标准及安全管理

1. 整平机器人质量标准

根据《混凝土结构工程施工质量验收规范》GB 50204—2015，结构层板面尺寸的允许偏差为 −5～10mm。详见表 2-7。

地面整平验收标准　　　　　　　　　　　　　　　　表2-7

检查项		主要约束内容	检验方法
过程检查	湿态标高	现场标高	手持激光接收器
结果检查	平整度	8mm	2m 靠尺和塞尺测量

续表

检查项		主要约束内容	检验方法
结果检查	外观质量	钢筋无外露，混凝土表面无蜂窝，麻面混凝土表面无裂痕	视觉观察

平整度测量　　钢筋外露　　表面蜂窝　　表面裂痕

2. 地面整平机器人安全管理

（1）机器人应用班组进场前进行总包三级安全教育交底。

（2）落实机器人的吊装安全管控及现场信息管控工作。

（3）机器人作业人员进入工地前必须按要求穿戴好劳动保护用品：安全帽、反光衣、安全鞋（带防滑底的）、面罩、防护镜和手套等；操作机器人时不许戴手套，不允许佩戴首饰，如耳环、戒指或垂饰等。

（4）执行检修、更换零件等操作时，机器人必须为断电或急停状态，禁止启动。

（5）图2-49为机器人施工常见安全标识，需要按标识指示执行。

  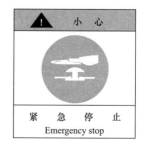

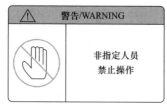 

图2-49　常见安全标识

（6）施工前检查供用电设备是否正常，用电机具不允许"带病"工作。严禁使用损坏的插头、插座及绝缘老化的电缆电线。

（7）照明线路及灯具安装高度低于2.4m时应采用36V安全电压，手持照明灯具应采用36V及以下安全电压。

（8）泵臂下严禁站人，按要求操作，泵管支撑牢固。

（9）在混凝土泵出口的水平管道上安装止逆阀，防止泵送突然中断而产生混凝土反向冲击。

（10）作业后，各部位操纵开关、调整手柄、手轮、旋塞等复回零位。液压系统卸荷。

（11）振捣器不得放在初凝的混凝土、楼板、脚手架、道路和干硬的地面上进行试振。如检修或作业间断时，必须切断电源。

（12）如需维修应找经过训练的专业人员，维修时需注意安全。

（13）电池充电必须关机，插头对好正负极，必须接触良好，整个充电过程必须有人值班。

（14）机器人运转中严禁任何人员进入机器人动作范围内，且禁止用手触碰机器人运转部分，以免发生危险。

（15）每日启动工作前，应预先检查各部件是否正常。

（16）机械运转中应随时注意是否有异常声响，如果有应及时处理，以避免机械受到损坏。

（17）机器人施工完成后必须转移到指定地方进行清洗工作。

（18）任何未经许可的人员不得接近机器人及其外围的辅助设备；在操作期间，绝不允许非工作人员触动机器人。

单元 2.3　地面整平机器人维修保养

任务 2.3.1　电控箱、外部感应器及执行元件保养

1. 地面整平机器人电控箱保养

（1）项目施工前、作业完成及每周周一要及时清洗电控箱外部，防止有混凝土等异物覆盖电控箱表面影响散热；

（2）项目施工前及每周一次定时检查电控箱左右检查散热风扇是否完好；

（3）项目施工前及每周一次定时紧固电控箱各部位螺丝；

（4）项目施工前及每周一次检查电控箱内部各接线端子是否松动，继电器线圈是否松动并及时紧固；

（5）项目施工前及每周一次检查电控箱的急停按钮、充电口、网口是否松动，并及时紧固；

（6）项目施工前及每周一次检查电控箱外部 GPS 天线及 4G 模块天线是否损坏，并及时更换；

（7）项目施工前及每周一次检查电控箱内是否有电缆及元件老化破损，并及时更换。

2. 地面整平机器人外部感应器的保养

（1）项目施工前及每周一次定时检查电推杆限位传感器是否松动，并紧固好固定喉箍；

（2）项目施工前及每周一次定时检查拉力传感器是否松动，接线是否完好；

（3）项目施工前及每周一次定时检查激光接收器表面是否有异物并及时清理，保持激光接收器清洁；

（4）项目施工前及每周一次定时检查激光接收器连接电缆线连接器是否松动，并及时紧固；

（5）项目施工前及每周一次检查各传感器及自带电缆线是否老化破损，并及时更换。

3. 地面整平机器人执行元件的保养

（1）项目施工前、每次工地整平作业完成及每周周一要及时清理电推杆表面混凝土等异物，保持电推杆清洁；

（2）项目施工前、每次工地整平作业完成及每周周一要及时清理振动电机表面混凝土等异物，保持振动电机清洁；

（3）项目施工前、每次工地整平作业完成及每周周一要及时清理机器人四轮轮毂及轮胎表面混凝土等异物，保持轮毂及轮胎清洁；

（4）项目施工前、每次工地整平作业完成及每周周一要及时清理机器人振捣板表面混凝土等异物，保持振捣板清洁；

（5）项目施工前、每次工地整平作业完成及每周周一要及时清理机器人刮板表面混凝土等异物，保持刮板清洁；

（6）项目施工前、每次工地整平作业完成及每周周一要及时清理机器人底盘四周表面混凝土等异物，保持底盘清洁；

（7）项目施工前及每周周一检查各执行元件及自带电缆线是否老化破损，并及时更换。

任务 2.3.2　地面整平机器人易损件维护

1. 易损件维护频率

（1）橡胶减震器。每年更换一次，在使用过程中若发现破损及时更换。

（2）油封。每年更换一次，在使用过程中若发生异响及时检查、更换。

（3）密封圈。每年检查顶盖与天线安装杆之间密封垫圈（蘑菇头锁紧垫片），若发生老化及时更换。

（4）保养润滑。详见表2-8。

保养润滑项目　　　　　　　　　　　　　表2-8

序号	项目	润滑周期	备注	图例
1	连接架与整平头连接销轴	每季度	轴孔涂刷油脂（用油枪加注油脂）	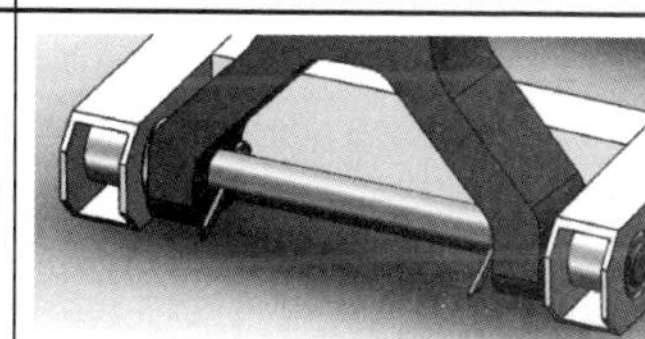
2	机身与连接架连接销轴	每季度	轴孔涂刷油脂（用油枪加注油脂）	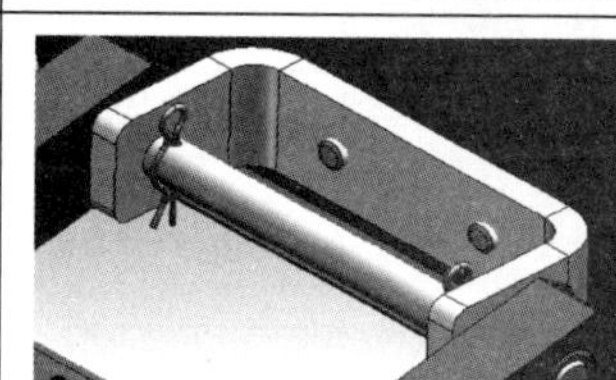
3	连杆与整平头连接关节轴承	每季度	轴孔涂刷油脂（用油枪加注油脂）	
4	电动推杆与机身连接关节轴承	每季度	轴孔涂刷油脂（用油枪加注油脂）	
5	机身与底盘连接带座轴承	每季度	轴孔涂刷油脂（用油枪加注油脂）	

2. 常用备件清单（表 2-9）

备 件 清 单　　　　　　　　　　　　　　　　表2-9

序号	项目	型号	名称	单台数量
1	机械物料	CA1903M3-31006	振捣板	1
2		CA1903M3-33102	刮板主体二	1
3		CA1903M3-33101	刮板左挡板二	1
4		CA1903M3-33104	刮板右挡板二	1
5		CA1903M3-32001	支架焊接提	1
6		CA1903M3-33010	刮板连接座二	1
7		CA1903M3-33006	刮板连接座二右侧	1
8		CA1903M3-23005	蘑菇头安装硅胶垫片	2
9		LA1-2K-100225-K611-013	电动推杆	2
10		LA40-24-10-150-285	电动推杆	1
11		LA25-2L-060-195-2511-012	电动推杆	1
12		61906-2RZ	深沟球轴承	8
13		XUE02-d35-D50-C10	油封	4
14	电器物料	2.4G 天线内螺纹内针，可弯折，11cm 长度	通信天线	2
15		HX-CSX601A 含安装底座	GPS 天线	1
16		WMNA454×0.778M-20200613	安全触边	1
17		AL-21N	接近开关	1
18		G3R-ODX02SN DC5-24	固态继电器	1
19		P2RF-05-E	继电器插座	1
20		DRA-1-KSF48D5-W	固态继电器	1
21		RSL1PVBU	中间继电器	1
22		PC4-HE-01P-11-00AH（配套 5A 5×20 熔断器）	熔断型端子	2

3. 现场维护

（1）现场维护场地需符合工地安全施工规范，正确使用配套工具，维护完成后及时整理现场，做到"活完场清"；

（2）禁止现场制造生活垃圾、机器人维护垃圾。

4. 常见故障及处理

常见故障及处理方法详见表 2-10。

常见故障及处理方法　　　　　　　　　　　　　　表2-10

序号	报警内容	报警发生状况	原因	处理措施
1	急停报警	面板急停被拍下	拍下面板急停未复位	松开面板急停按钮按下"复位"按钮警告清除

续表

序号	报警内容	报警发生状况	原因	处理措施
2	电池电量低报警	通常运行时发生	当电池电量低于20%时机器将会报警	电量低报警后机器仍能行走，此时应停止设备作业，及时给设备充电
3	上装通信异常	通常运行时发生	导航融合模块到TX2串口线断开	检查导航融合模块到TX2串口线是否断开
4	前障碍阻力过大报警	通常运行时发生	机器前方出现障碍物	当前方出现障碍物时清除障碍物，当遇到不可移动障碍或者墙体时后退或掉头
5	后障碍阻力过大报警	通常运行时发生	机器后方出现障碍物	当后方出现障碍物时清除障碍物，当遇到不可移动障碍或者墙体时前进或掉头
6	左右电推杆故障报警	自动运行工作时发生	激光收发失效或者接收器连接线松动	检查并排除遮挡物，检查接线是否存在松动并恢复松动线缆的连接
			电推杆故障	停止工作，切换到手动，操作对应电推杆
		手动操作时发生	电推杆接线松动	紧固松动线缆的连接
			电推杆故障	直接给电推杆供24V电，若不动表示出现故障，需更换电推杆，若正常动作则需检查接线
7	倾角调平电推杆不动作	自动运行工作时发生	倾角传感器失效或者接线松动	检查倾角传感器是否出现故障，若出现故障则需更换传感器；检查接线是否松动并恢复松动线缆的连接
			电推杆故障	停止工作，切换到手动，操作电推杆
		手动操作时发生	电推杆接线松动	紧固动线缆的连接
			电推杆故障	直接给电推杆供24V电，若不动表示出现故障，需更换电推杆，若正常动作则需检查接线
8	支撑电推杆不动作	操作机器时发生	电推杆接线松动	恢复松动线缆的连接
			电推杆故障	直接给电推杆供24V电，若不动表示出现故障，需更换电推杆，若正常动作则需检查接线
9	遥控急停报警	通常运行时发生	遥控急停被按下	遥控器模式操作时，松开遥控器急停并复位；Pad模式操作时，在Pad上单击急停复位
10	左激光接收器通信异常	通常运行时发生	左激光接收器通信电缆连接器未拧紧	紧固左激光接收器通信电缆两端连接器
11	右激光接收器通信异常	通常运行时发生	右激光接收器通信电缆连接器未拧紧	紧固右激光接收器通信电缆两端连接器
12	左激光被遮挡	通常运行时发生	左侧激光接收器激光光路被遮挡	移开机器人或其他遮挡异物
13	右激光被遮挡	通常运行时发生	右侧激光接收器激光光路被遮挡	移开机器人或其他遮挡异物
14	拉力传感器故障报警	通常运行时发生	拉力传感器断线或其他故障	检查拉力传感器是否断线
			拉力传感器变送器故障	更换拉力传感器变送器
15	振动电机报警	通常运行时发生	振动电机故障	更换振动电机
			振动电机驱动器故障	更换振动电机驱动器
			振动电机报警信号转接固态继电器故障	更换欧姆龙固态继电器

序号	报警内容	报警发生状况	原因	处理措施
16	左前轮电机报警	通常运行时发生	左前轮伺服驱动器接线松动或者断路	检查左前轮驱动器接线，恢复连接，并将机器重新送电
			左前轮伺服电机过载	检查左前轮车轮是否有东西卡住，清除车轮障碍物后重新上电
17	左后轮电机报警	通常运行时发生	左后轮伺服驱动器接线松动或者断路	检查左后轮驱动器接线，恢复连接，并将机器重新上电
			左后轮伺服电机过载	检查左后轮车轮是否有东西卡住，清除车轮障碍物后重新上电
18	右前轮电机报警	通常运行时发生	右前轮伺服驱动器接线松动或者断路	检查右前轮驱动器接线，恢复连接，并将机器重新上电
			右前轮伺服电机过载	检查右前轮车轮是否有东西卡住，清除车轮障碍物后重新上电
19	右后轮电机报警	通常运行时发生	右后轮伺服驱动器接线松动或者断路	检查右后轮驱动器接线，恢复连接，并将机器重新上电
			右后轮伺服电机过载	检查右后轮车轮是否有东西卡住，清除车轮障碍物后重新上电
20	GPS 无差分信号	通常运行时发生	GPS 信号被干扰	等待 GPS 信号正常，报警消除后点击"继续"按钮 检查 GPS 模块 4G 天线和两根馈线有没有接好
21	GPS 数值跳变	通常运行时发生	GPS 信号被干扰	等待 GPS 信号正常，报警消除 检查 GPS 模块 4G 天线和两根馈线有没有接好 通过点击"暂停""继续"按钮强行继续作业（有风险）
22	GPS 数值无变化	通常运行时发生	GPS 模块数据异常	重新开机
23	GPS 连接失败	通常运行时发生	GPS 模块通信线没接	检查 GPS 模块通信线
24	GPS 精度不足，数据偏差	通常运行时发生	天气影响，阴雨天，打雷天	GPS 信号受云层影响，避免阴雨天，打雷天作业

小结

　　通过本项目学习，使学生们对地面整平机器人结构与特性有所掌握，系统地学习机器人独特的双自由度自适应系统、GNSS 导航系统，保证机器人能够稳定地在混凝土地面上施工作业，自动设定整平规划路径，操作混凝土地面的全自动无人化精密整平施工。通过传统施工与机器人施工的对比，掌握机器人施工的优缺点。具有地面整平机器人作业前，按照机器人进场要求做好准备工作的能力。

　　本项目系统地讲解了地面整平机器人施工工艺流程，即，场地验收→技术交底→激光发射器安装→板面标高测量→机器人开机→遥控器与机器人连接→人员、设备工作状况确认→混凝土浇筑→人工初步摊平→机器人地面整平作业→人工地面收边收口→质量检查→进入下道工序。

地面整平机器人施工质量按现行《混凝土结构工程施工质量验收规范》GB 50204—2015 要求验收。

巩固练习

一、单项选择题

1. 1m 地面整平机器人最大越障能力是（   ）mm。

A. 50   B. 60   C. 80   D. 100

2. 地面整平机器人最大爬坡角度是（   ）。

A. 5°   B. 10°   C. 15°   D. 20°

3. 下列关于控制楼面高精度地面的需求目标，正确的数据为（   ）。

A. 平整度 3mm   B. 平整度 5mm   C. 平整度 8mm   D. 平整度 −3mm

4. 为了保证现场施工质量，防止机器人在作业过程中导致钢筋及铝膜变形，地面整平机器人在设计时需考虑机器人重量，下列正确的是（   ）。

A. 180kg   B. 160kg   C. 170kg   D. 150kg

5. 地面整平机器人进行施工时，不同的场地需要转场作业，转场过程中的最大行驶速度可以达到（   ）。

A. 200mm/s   B. 300mm/s   C. 400mm/s   D. 500mm/s

6. 地面整平机器人施工前需根据作业项目进行合理选型，下列描述不正确的是（   ）。

A. 对于板面承载只能达到 150kg 的楼面可以选择 2.5m 机型进行施工

B. 1m 机型可以实现 10cm 板厚的楼面施工

C. 1.5m 机型工作效率可以达到 160m²/h

D. 2.5m 机器人使用汽油工作完成施工

7. 混凝土施工工序排序正确的是（   ）。

① 浇筑前准备   ② 墙柱混凝土浇筑   ③ 梁、板混凝土浇筑   ④ 混凝土振捣

⑤ 混凝土初摊平   ⑥ 混凝土整平   ⑦ 混凝土收面   ⑧ 混凝土养护

A. ①②⑤⑥③④⑦⑧   B. ①②⑤⑥⑦⑧③④

C. ①③④⑤⑥②⑦⑧   D. ①②③④⑤⑥⑦⑧

8. 地面整平机器人在使用前需要进行机器检查，各配件电量检查包含（   ）。

① 机器人电量   ② 遥控器电量   ③ 发射器电量   ④ 手持接收器电量

⑤ Pad 电量   ⑥ RTK 电量   ⑦ 手机电量

A. ①②④⑤⑥⑦   B. ①③④⑤⑥⑦

C. ①②③④⑤⑥⑦   D. ①②③④⑤⑥

9. 地面整平机器人在使用过程中，以下作业流程正确的是（   ）。

① 入场设备检查   ② 机器人运输 / 吊装   ③ 标高设定   ④ 路径规划（全自动）

⑤ 机器人施工作业 ⑥ 机器人撤场 ⑦ 机器人清洗

A. ①②④⑤③⑥⑦ B. ①②③④⑤⑥⑦

C. ①②③④⑤⑦⑥ D. ①③④⑤②⑥⑦

10. 地面整平机器人在使用过程中，标高设定正确的是（　　　　）。

① 在稳定区域架设三脚架，安装激光发射器

② 复测现场标高，调节激光发射器高度

③ 依据现场标高线利用手持杆＋手持激光接收器设定现场标高

④ 复测机器人激光接收器高度

A. ①③②④ B. ①③④② C. ①②③④ D. ④①②③

11. 作业前需对混凝土状态进行测试确认，坍落度需满足（　　　　）。

A. 150～160mm B. 150～170mm C. 160～180mm D. 180～200mm

12. 作业前需对钢筋状态进行验收确认，马镫间距需满足（　　　　）。

A. 1m B. 1.5m C. 2m D. 2.5m

13. 机器人在作业过程中，遇到紧急情况需紧急停止第一步进行的操作为（　　　　）。

A. 按下紧急停止按钮 B. 按下启动按钮

C. 按下复位按钮 D. 旋转手自动按钮

14. 机器人在正常作业过程中，控制面板对应指示灯会显示（　　　　）。

A. 绿色 B. 黄色 C. 红色 D. 蓝色

15. 作业完成后需对机器人进行清洗，清洗部件不包括（　　　　）。

A. 车轮 B. 刮板 C. 振捣板 D. 电控箱

二、判断题

1. 地面整平机器人用于混凝土地面精密找平，尤其适用于楼层混凝土地面浇筑施工。
（　　　　）

2. 浇筑板混凝土的虚铺厚度应大于板厚 5～10mm，利用铁插尺检查混凝土厚度，厚度达到要求后方可整平。（　　　　）

3. 地面整平机器人需用塔式起重机运输到作业面，吊装作业需固定 1 个吊点。
（　　　　）

4. 地面整平机器人的机器备用充电时，工作人员不在充电现场，也可以长时间充电。
（　　　　）

5. 地面整平机器人整平完混凝土表面平整度应达到 −5～8mm 要求。（　　　　）

6. 整平机器人整平时，利用标定杆（数字激光接收器）对楼板水平度随整随测。
（　　　　）

7. 遥控发射器界面 1 号档位，挡位旋钮每加一个挡位车轮运行速度加 50mm/s。
（　　　　）

8. 浇筑混凝土时振捣棒采用"交错式"方法进行振捣，振捣棒移动间距不得大于 300mm。（　　　　）

9. 地面整平机器人作业模式由"Pad"和"遥控"共同控制。　　　　（　　　）

10. 地面整平机器人主要由底盘、控制箱、整平机构、遥控器四部分组成。　（　　　）

三、论述题

1. 整平机器人有哪些优势?

2. 简述地面整平机器人的整机结构组成及其构件的保养维护要求。

3. 地面整平机器人的施工工艺流程是什么?

4. 地面整平机器人施工的质量标准是什么?

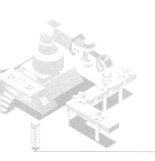

项目 **3** 地面抹平机器人 >>>

【知识要点】

　　本项目主要介绍地面抹平机器人的功能、结构组成、特点；施工工艺、施工要点、质量标准；维修保养、常见故障及处理办法。

【能力要求】

　　本项目针对混凝土地面抹平的施工难点，介绍了一款能够有效提高建造工效、改善成品质量、节约施工成本的机器人——地面抹平机器人。

　　通过学习要求学生掌握地面抹平机器人的施工工艺和操作方法，有能力对施工质量进行有效控制，并具有对施工质量进行评定的能力，能识别此款机器人的常见故障，掌握处理和维修保养方法。

单元 3.1　地面抹平机器人性能

任务 3.1.1　地面抹平机器人概况

1. 地面抹平机器人简介

地面抹平机器人（简称抹平机器人），专为在建筑工业环境中进行混凝土高精度地面施工而设计。该机器人结合 GNSS 导航系统技术，控制履带差速底盘行走，牵引整机沿着规划路径自动导航运动。机器后端设置的自适应振捣机构，在振动电机的激振力作用下，对地面进行持续振动提浆，可实现浆液的自动振动平整。如图 3-1 所示。

图 3-1　地面抹平机器人

配套的激光找平系统，通过实时激光收发信号，保持抹平刮板在水平可控标高线范围内，利用浮浆进行地面高精度抹平作业，保证抹平施工后混凝土地面的平整度偏差、水平度极差控制在可接受范围以内。

2. 地面抹平机器人需求背景与研发思路

（1）需求背景

首先，高强度的施工进度要求、严格的施工质量标准，要求在进行楼栋主体结构施工时，必须提前进场，实现全专业无缝高效穿插施工。

其次，在进入装修阶段时，更需要加快装修进度、缩短总建造周期。

通过研制地面抹平机器人，可提高混凝土地坪施工完成面平整度，免除地面铺贴及木板安装前的二次砂浆找平多余工序，达到降本增效的目的。

另外，当前建筑市场人口老龄化严重，年轻人从事建筑行业的意愿性较差，企业面临用工荒的紧迫感越来越强，人口红利越来越少。

当前进行机器人的研制，并尽快实现大规模应用，可解决人员减少、进度紧张、成本增加的普遍难题，经济社会效益将非常巨大。

（2）研发思路

通过研究混凝土裂缝形成机理，我们发现，混凝土表面裂缝在初凝后终凝前，往往产生显著增长。其数量出现得最多，面积最大。要避免混凝土表面收缩及温度裂缝的出现，进行表面二次振捣整平尤为重要。

为达到减少混凝土表面裂缝的目的，地面抹平机器人需要在混凝土初凝后终凝前，进行二次表面再处理。

研发思路如下：

第一步，释放混凝土表面的应力集中，减少裂纹形成，降低开裂风险；

第二步，去除裂纹、表面毛刺，降低开裂风险；

第三步，对表面进行揉压，使表面更加密实，减少缝隙；

第四步，摩擦打磨、挤压提浆，挤压出表面的孔隙水，收光压实；

最后，多余浮浆再进行分布摊平，进一步提高混凝土地面的平整度。

任务 3.1.2　抹平机器人功能

1. 适用范围

地面抹平机器人适用于大面积楼层住宅楼面的高精度地面施工。其广泛应用于大型工业厂房、车间、自动化立体仓库；电子电器、食品材料、医药等洁净厂房；大型仓储式超市、物流中心、会展中心；框架结构大面积楼层、楼面、双层双向钢筋网现浇板；码头、集装箱堆场、货场堆场；机场跑道、停机坪、停车场；广场、住宅楼面、市政路面、高速服务区；体育场、运动跑道等建设项目。产品性能参数详见表3-1。

产品性能参数　　　　　　　　　　　　　　　　　　　　表3-1

序号	功能名称	性能参数
1	机器整机重量	140kg
2	机器人尺寸（长 × 宽 × 高）	1200mm × 1000mm × 1500mm
3	抹平板宽度	1000mm
4	设备供电方式	48V40Ah 快充锂电池，支持快换
5	续航时间	持续工作时间≥4h
6	额定速度	0～500mm/s
7	最大爬坡角度	15°
8	最大越障高度	20mm
9	防护等级	整机防护等级 IP54
10	刮板运动行程	刮板上下运动的行程为80mm ± 1mm
11	转弯半径	转弯半径≤1100mm
12	作业覆盖率	实际作业面积与实际需要作业面积的百分比≥90%
13	作业平整度	单个房间控制在 3mm/2m 内
14	作业水平度	单个房间水平度偏差值控制在 7mm 内

序号	功能名称	性能参数
15	室外定位精度	GNSS 自动导航功能，定位精度为 ±100mm
16	作业效率	作业面积与作业时间的比值≥100m²/h
17	安全功能	前后端安装有安全触边
18	自动导航功能要求	轨迹精度 120mm
19	工作环境	工作环境温度 0～40℃，湿度 25%～90%
20	贮存环境	贮存环境温度 −10～60℃，湿度 25%～90%

2. 主要功能

（1）混凝土高精度地面抹平功能；

（2）混凝土振捣提浆功能；

（3）全自动导航功能；

（4）防水功能；

（5）自动停障功能；

（6）爬坡功能；

（7）越障功能；

（8）转向横移功能。

任务 3.1.3　抹平机器人结构

1. 整机结构（图 3-2）

图 3-2　整机结构示意（一）

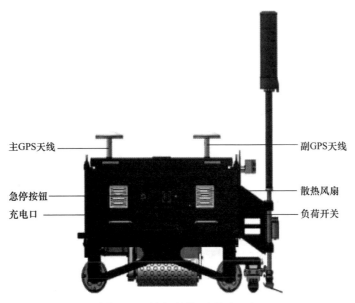

主GPS天线

副GPS天线

急停按钮

散热风扇

充电口

负荷开关

图 3-2 整机结构示意（二）

2. 驱动底盘（图 3-3）

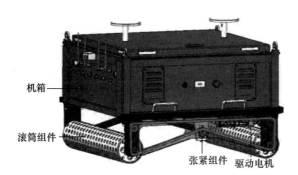

机箱

滚筒组件

张紧组件 驱动电机

图 3-3 驱动底盘示意

3. 升降转向组件（图 3-4）

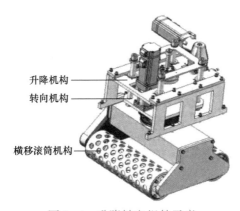

升降机构

转向机构

横移滚筒机构

图 3-4 升降转向组件示意

4. 抹平组件（图 3-5）

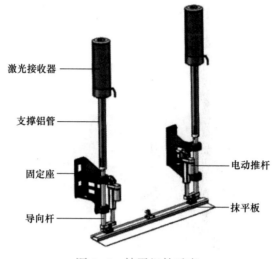

图 3-5　抹平组件示意

5. 振捣机构（图 3-6）

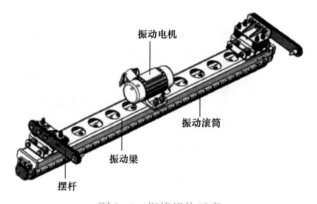

图 3-6　振捣机构示意

6. 电气系统框图（图 3-7）

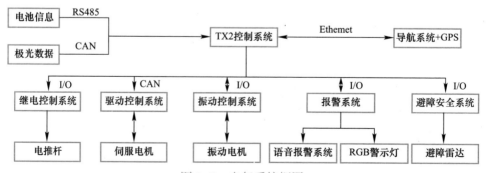

图 3-7　电气系统框图

7. 指示灯状态

本产品安装有 LED 警示灯，通过不同颜色灯光的组合来显示不同的信息，产品指示灯状态信息详见表 3-2。

指示灯状态　　　　　　　　　　　　　　　　　　　　　　　　　　　　　　表3-2

颜色	含义	产品状态	操作者的动作
红	紧急	故障状态	立即动作去处理危险情况
黄	正常	待机状态	注意
绿	正常	正常运行、自动模式暂停	任选

任务 3.1.4 抹平机器人特点

1. 传统施工

传统高精地面抹平施工根据楼面大小配 3 名收面师傅进行整平，同时配 2～3 名专业实测人员配合整平，不断实测、纠偏，直至楼面平整度误差值分别控制在 3mm 和 7mm 以内，最终达到房间可直接铺贴木地板的要求。

户内客厅、走道及公区地面采用薄贴工艺，平整度要满足薄贴工艺要求。如图 3-8 所示。

①浇筑

②混凝土摊铺

③标高控制

④铝合金刮尺初平地面

图 3-8 传统高精度地面抹平施工工艺（一）

⑤L形砂浆振动机找平

⑥4h地面初凝二次收边

⑦铝合金刮尺收平

⑧混凝土一次二次收光

⑨纠偏及不合格区域修复

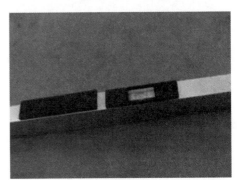

⑩标高复测

⑪第三方进行复测，合格率≥90%

⑫完成后实测、整改、复测、移交

图 3-8　传统高精度地面抹平施工工艺（二）

地面抹平施工传统工艺存在一系列应用痛点：

首先，如想提高地面平整度，必须借助于工人精细施工水平的提高才能实现。这样，就必须培养并长期雇佣一批高技能产业工人。

为达到此目标，必须花费大量精力在职业教育上。相应的，职业待遇和职业认可度也需要大幅度提高。这样势必造成人工成本的大幅度提高。

其次，高精度施工通常使用二次砂浆找平或者打磨，以实现二次施工平整。这样就需要进行二次施工，无论在材料和人工方面都增加了额外成本。

目前我国的住宅建筑市场，普遍进入了精装修交楼阶段。对于铺设木地板或高档石材的地面，必须采用高精度施工才能达到平整度要求。

再次，传统工艺在工人的人身安全、职业发展、工作强度、工作效率方面，也存在一系列痛点：

（1）工作环境恶劣。工人工作环境通常比较恶劣，常年经受日晒雨淋。打一层混凝土，通常会浑身布满混凝土泥浆。皮肤长时间接触混凝土碱性材料，会使皮肤受损伤。

（2）职业技能要求高。进行这项工作，需要工人的经验非常丰富，懂得浇筑顺序、浇筑流程、整平要点、细部施工方法。一般人如没有经过长期培训，通常无法胜任这项工作。而且，人员构成复杂，流动性大，老龄化严重，严重缺乏晋升机制。

（3）劳动强度大。高精度地面的质量要求很高，在无法提高生产效率的情况下，只能通过延长劳动时间达到要求。

2. 地面抹平机器人施工

采用整平 - 抹平 - 抹光间歇式施工方法，结合高精度激光找平系统、底部振捣电机激振力提起混凝土浮浆，进行混凝土高精度地面自动化施工作业，每道工序施工工艺如图 3-9 所示。

3. 机器人施工工艺对比传统施工工艺的优势

人员配置优势，如图 3-10 所示。

①智能跟随混凝土布料

②地面自动刮平、提浆、整平

图 3-9 地面抹平机器人施工工艺介绍（一）

| ③地面自动滚压、提浆、抹平 | ④地面自动抹平、收光 |

图 3-9　地面抹平机器人施工工艺介绍（二）

图 3-10　人员配置优势对比图

施工工艺对比详见表 3-3。

施工工艺对比　　　　　　　　　　　　　　　　　　　　表3-3

施工方法	抹平阶段人工数量（人）	抹平人工+机器成本（元/m²）	分析总结
传统高精度地面施工工艺	≥6	4.7	人工需求多、控制基准难、效率低
地面抹平机器人高精度地面施工工艺	2	2.43	人工需求少、水平标高控制精确

机器人理论与试验工效对比详见表 3-4。

理论与试验工效对比　　　　　　　　　　　　　　　　　表3-4

	施工效率	上机条件	作业时间	覆盖率
理论工效	≥100m²/h	凹痕 2mm	4h	90%
试验工效	≥50m²/h	整平后 4h	2	30%

单元 3.2 地面抹平机器人施工

任务 3.2.1 抹平机器人施工准备

1. 作业条件

（1）混凝土楼面达到初凝状态，表面硬度达到要求（人行走不留下深痕）；

（2）前置作业面湿态平整度达到 [−5，+10] mm 范围内；

（3）混凝土施工作业面无较明显凸起部分，无大件杂物。

2. 机器、工具准备

（1）机器人起吊前检查机身四个吊环状态是否正常；

（2）机器人调校状态良好，确认电量是否充足；

（3）检查机器激光接收器定位座位置是否有上下偏移，标准高度是否为要求设定高度（定位座顶部至刮板最低端距离 1000mm），安装激光接收器至两根固定杆上，激光接收器底部与定位座接触后，螺母固定牢固。如图 3-11 所示。

（4）人工配合的作业工具准备就位，施工后清洗机器保养。

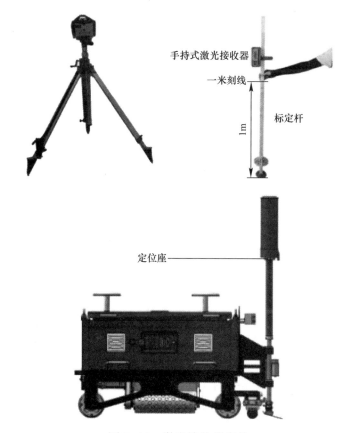

图 3-11 激光接收器定位

3. 人员准备

（1）地面抹平机器人作业班组就位，现场管理及辅助人员就位。

（2）生产人员组成：

1）多能工技师。负责操作和管理机器人、对机器人进行日常维护、管控机器人施工工序质量、针对机器人施工工序中无法覆盖的部位进行补充施工。

2）传统劳务工人。负责机器人施工工序以外的所有施工作业、与机器人施工工序穿插进行。

机器人施工工人详见表3-5。

机器人施工人员一览表

表3-5

抹平机器人	施工员	1人	现场统筹
	塔司、指挥员	2人	调运机器人
	机器人操作人员	2人	操作机器人施工及协助施工工作
	机器人保障人员	1人	及时维护机器工作

（3）人员培训：

1）岗位培训。在新员工入职期间，参与岗位培训。

2）施工安全培训。项目部安全负责人对工地人员进行专门的安全培训，在培训完成后进行相应的安全培训考核。

3）机器人应用理论培训。对员工进行机器人相关知识的培训，具体内容包括但不限于机器所适用的建筑工艺概述、机器人的概况、功能介绍、结构介绍、操作说明、施工作业流程、维护操作流程、施工质量判定等。

4. 技术准备

（1）对作业班组进行作业安全、技术交底；

（2）对班组人员进行考核培训，考核合格才可入场操作施工。

5. 场地准备

（1）水平通道

1）通道地面平整结实，无障碍物，无积水，地面有破损需及时维护，地面坡度≤10°，地面越障≤30mm，地面沟宽≤50mm；

2）地下室结构顶板封顶后，物流通道设置在地下室结构顶板上，物流通道与人行安全通道独立设置；

3）物流通道宽度≥2.4m，人行通道≥2m，高度一般为3.5～4.5m；

4）在物流通道与人行通道交叉行走部位，采用机器人优先通过制，保障机器人行走安全；

5）园林绿化阶段，地下室顶板覆土后，物流通道可与永久道路路线一致。

（2）垂直通道

1）主体施工至7层时，开始安装智能升降电梯；主体施工至9层时，智能升降电梯投入使用。

2）爬架和智能升降电梯的施工方案必须联合审核，智能升降电梯口位置爬架必须预留高度不小于 7.5m（即两层半）的缺口以满足 4.5m 的冲顶高度，确保智能升降电梯入爬架内一层，即 N-3 层。

3）施工升降梯的位置一旦确定，不要轻易更改，否则爬架的方案和物料也会跟着调整，增加成本，影响爬架的安装及整体工程进度。

（3）辅助设施

移动式充电小车。在楼层内工作，一般服务于指定的机器人（有多次充电需求，工作时间长），可在楼层之间进行周转，能第一时间满足机器人的充电需求。

集装箱式充电房。置于室外的充电房，能满足整个项目的机器人电池充电。

6. 设备操作

（1）设备开机

打开机器人电源控制盒，将机器人侧面负荷开关（图 3-12）置为 ON 状态，机器人上电，内部控制系统启动，等待约 70s，系统启动完成，机器人将发出"机器人启动，请注意"提示声音。

图 3-12　机器人电源控制按钮

（2）权限获取

首次进入 APP 的时候，需要确定一些权限的使用，当拒绝权限的时候会导致一些功能无法正常使用。未授权会一直停留在授权界面。位置权限获取，选择"始终允许"，文件读取权限获取，也选择"始终允许"。

（3）机器人连接

权限授予后，会进入到机器人连接界面。若已经手动连接了 Wi-Fi，APP 会自动连接机器。如"Wi-Fi"处信息为未连接，则表示没有连接 Wi-Fi，点击"设置 Wi-Fi"会跳转到系统的 Wi-Fi 连接界面进行 Wi-Fi 的连接（图 3-13）。

（4）停机

如图 3-14 所示，遇到突发情况时：

1）可按下【急停】按钮，停止当前动作。

2）扭动电源【负荷开关】，强行断电关机。

（5）手动模式

图 3-13　Wi-Fi 连接界面

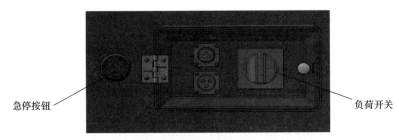

图 3-14　按钮开关

在模式选择中，选择手动，激光调整开关切换到手动，机器人处于手动模式。

1）机器人前进。先长按升降按钮"向下"箭头，确保机身完全降下，之后长按方向盘"向前"箭头，机器前进，松开机器人前进停止。

2）机器人后退。先长按升降按钮"向下"箭头，确保机身完全降下，之后长按方向盘"向后"箭头，机器后退，松开机器人后退停止。

3）机器人左平移。先长按升降按钮"向上"箭头，确保机身完全升起，再长按方向盘"向左"箭头，机器左平移，松开按钮机器左平移停止。

4）机器人右平移。先长按升降按钮"向上"箭头，确保机身完全升起，再长按方向盘"向右"箭头，机器右平移，松开按钮机器右平移停止。

5）机器人顶升。长按顶升按钮，机器人顶升，松开机器顶升停止。

6）机器人下降。长按降落按钮，机器人下降，松开机器下降停止。

7）机器人左转。长按左旋转按钮，若此时机身被顶起，则机器人左旋转机身，若此时机身降下，小滚筒收起，则左旋转小滚筒，松开机器旋转停止。

8）机器人右转。长按右旋转按钮，若此时机身被顶起，则机器人右旋转机身，若此时机身降下，小滚筒收起，则右旋转小滚筒，松开机器旋转停止。

9）推杆上下控制

①左推杆。激光切换到手动模式时，长按"左推杆上箭头"，左推杆将向上运动，长按"左推杆下箭头"，左推杆将向下运动。

②右推杆。激光切换到手动模式时，长按"右推杆上箭头"，右推杆将向上运动，长

按"右推杆箭头",右推杆将向下运动。

③ 左右推杆。长按"左右推杆上箭头",左推杆和右推杆同时向上运动,长按"左右推杆下箭头",左推杆和右推杆同时向下运动。如图 3-15 所示。

图 3-15 手动操作界面

10)振捣电机开关

如图 3-16 所示,在没有急停报警和振捣调频器通信中断报警的状态下,按振捣钮将启用振动电机,再次按下振捣按钮电机停止振动。

若开启振捣功能后,振动电机没有振动,则点击左侧"机器状态"查看当前振捣频率大小是否设置得太小,如果数值太小,则适当手动调大,建议振捣频率大小范围设置为:1500～2800r/min。

图 3-16 机器状态操作界面

(6)半自动模式

如图 3-17 所示,将 Pad 界面模式选择按钮切换到半自动模式。

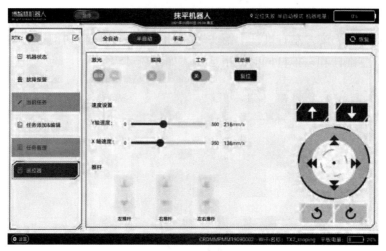

图 3-17　半自动状态操作界面

在模式选择中，选择"半自动"，激光调整开关切换到自动，机器人处于半自动模式。

1）工作开关。在半自动模式下，控制抹平机激光找平和振捣的启停。

2）机器人前进。方向盘"向前"箭头方向长按，机器自动调整状态前进，松开机器前进停止。

3）机器人后退。方向盘"向后"箭头方向长按，机器自动调整状态后退，松开机器后退停止。

4）机器人左平移。方向盘"向左"箭头方向长按，机器自动调整状态左平移，松开机器左平移停止。

5）机器人右平移。方向盘"向右"箭头方向长按，机器自动调整状态右平移，松开机器右平移停止。

6）机器人左旋转。长按左旋按钮，机器会自动升起机身，然后左旋转，松开按钮旋转停止。

7）机器人右旋转。长按右旋按钮，机器会自动升起机身，然后右旋转，松开按钮旋转停止。

（7）全自动模式

在模式选择中，选择全自动，激光找平切换到自动，机器人处于自动模式。当 APP没有任务的时候会提示无任务，需要创建任务而后才能下发，如图 3-18 所示。

使用全自动作业任务前，需要查看确认以下两项内容：

1）保证机器能正常访问附近范围内的差分基站，如果机器距离基站距离太远（超过了 10km），会导致定位精度下降，出现较大偏差的可能性会加大。根据基站配置情况，可切换为距离较近的使用，以提高采集杆采点和机器全自动导航时的定位精度，具体操作配置步骤如下：

①点击【当前任务】按钮，会弹出如图 3-19 所示 RTK 设置界面（RTK 采集杆定位和机器定位使用同一个差分基站服务器）；

图 3-18 全自动操作界面

图 3-19 RTK 设置界面

② 根据实际基站的参数信息，修改对话框中的服务器 ip、端口号、用户名、密码（具体基站信息可拨打售后电话，并提供机器人当前所在位置进行咨询）；

③ 点击"获取基站列表"，根据获取到的信息选择实际基站的名称；

④ 点击"下发"，将该配置信息下发到配置文件；

⑤ 点击确定并重启机器。

配置完并重启后融合模块会加载最新的配置信息，获取新服务器的差分数据，从而实现更精准的定位。

2）根据现场激光高度测试抹平机器人尾板自动调平后是否刚好接触到地面（可在手动模式下将激光自动打开后使其自动调平确认），并对地面有一定的压力，若需要小范围的微调，点击机器状态切换到如图 3-16 所示的状态界面，在"激光水平仪高度调整"处输入微调数值，可在现有激光标准高度的基础上使刮板调整到对应的高度。

（8）任务创建

在全自动操作界面点击【菜单】创建任务区域边界，第一步创建机器人构造任务界面，第二步选择路径规则设置，选择路径算法和运行方式（图3-20）。

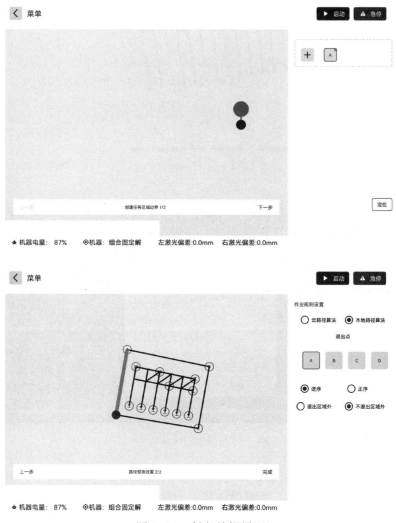

图3-20　任务编辑界面

（9）连接采集杆，采集坐标点

1）接通RTK采集杆电源，打开RTK设备列表添加设备（图3-21）。

2）点击【基站参数设置】进行坐标点参数设置（图3-22）。

3）RTK连接创建完毕，建图采集"机器人工作路径"，点击"＋"号，依次采集4个点构成四边形，选择"地图下发"，完成路径创建。如图3-23、图3-24所示，四点路径任务路径效果示例。

注意：当任务点处于ABCD中间的时候为正常的任务。若超过ABCD外围则异常，请谨慎下发。点击启动，出现启动弹窗确定后，即可下发任务到机器人。

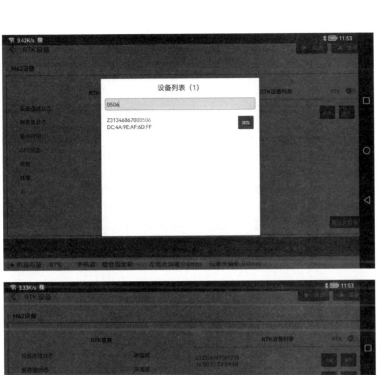

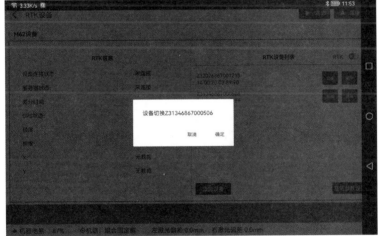

图 3-21　连接 RTK 采集杆（一）

结构工程机器人施工

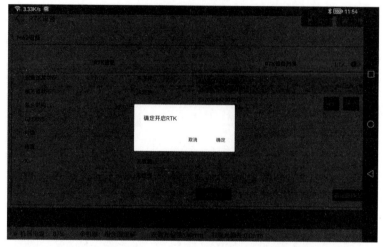

图 3-21　连接 RTK 采集杆（二）

图 3-22　RTK 连接状态显示界面

图 3-23　建图采点界面

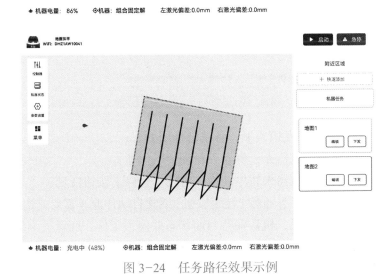

图 3-24 任务路径效果示例

（10）任务管理

1）查看当前选择任务。进入任务管理界面，查看当前选中任务。如图 3-25 所示。

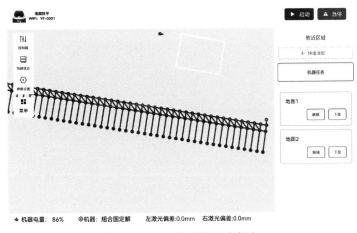

图 3-25 查看当前选中任务

2）任务选择。在任务管理界面，点击【启动】，选择地图下发，如图 3-26 所示，完成任务选择。

图 3-26　当前任务与控制界面

3）任务下发。在任务下发模式下，各按键作用如下：

①【启动】下发任务到机器人，机器人自动导航作业；

②【暂停】暂停任务，机器人暂停动作，再按【暂停】按钮恢复；

③【停止】中止任务，不可通过"继续按钮"继续自动作业（需要二次确认）；

④【急停】用于紧急情况，机器保持当前状态并停止工作，底盘、上装断电，恢复运行需按"复位"按钮才可以继续操作。

7. 故障报警页面

故障报警分为当前故障报警和历史故障报警。

（1）当前故障报警（图 3-27）

图 3-27　当前故障报警

该界面可查看当前报警故障、故障描述、故障发生时间和故障结束时间信息。

（2）历史故障报警

点击图 3-27 所示【历史故障】键，可切换到历史故障报警界面，查看所有历史故障分类和清除，按【当前事故】键返回前事故键界面，如图 3-28 所示。

图 3-28　历史故障报警

任务 3.2.2　抹平机器人施工要点

1. 施工作业流程

地面抹平机器人施工作业流程如图 3-29 所示。

图 3-29　地面抹平机器人施工作业流程

2. 激光发射器安装调试

（1）选择施工空旷无遮挡的场地架设激光发射器三脚架，安装激光发射器；

（2）将手持标定杆上的一米刻线对齐现场一米标高线，保持标定杆垂直，调整激光发射器高度，直至手持标定杆上激光接收器读数居中；

（3）安装激光接收器至机器人两根固定杆上，激光接收器底部与定位座接触后，拧紧激光接收器螺母把手，如图 3-30 所示。

3. 确认前置条件

（1）清理现场可移走的杂物或障碍物，修复混凝土面较明显凸起部位；

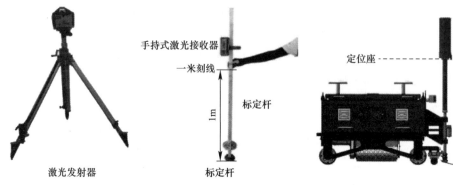

手持式激光接收器

一米刻线

定位座

1m

标定杆

标定杆

激光发射器

图 3-30　标高调试

（2）使用手持杆测量，前置板面水平度数据，确保平整度在 -5～8mm 之间；

（3）用脚轻踩混凝土面，确认踩痕在 5～12mm 左右，如图 3-31 所示。

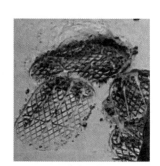

清除杂物　　　　　　　　测量前置水平度　　　　　　　试验踩痕

图 3-31　前置条件确认

4. 标高标定

（1）按要求安装调试激光发射器。

（2）将机器开至前置板面标高数据合格区域。

（3）机器开启激光自动调节功能，如图 3-32 所示。

图 3-32　激光自动调节

（4）将机台控制面板的手/自动旋钮切换到手动模式。标高前确认遥控器上的手/自动拨杆处于激光手动位置，然后将激光发射源放置空旷平整处，并调至合适高度且水平。使用手持激光接收器定好标高杆高度，然后将机器刮板调至已定的高度，反复调整两边激光接收器高度，使其显示为"一"，最后将激光手自动拨杆拨到激光自动位置，如图3-33所示。

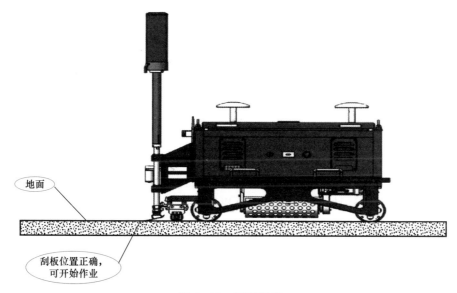

图3-33 标高标定

5. 遥控器抹平作业（图3-34）

（1）手动模式操作

操作前准备。旋转遥控器电源开关置于"ON"，遥控器电源开启，长按"启动"按钮信号指示灯亮"绿灯"，遥控器与机器人通信完成，方可操控机器人。

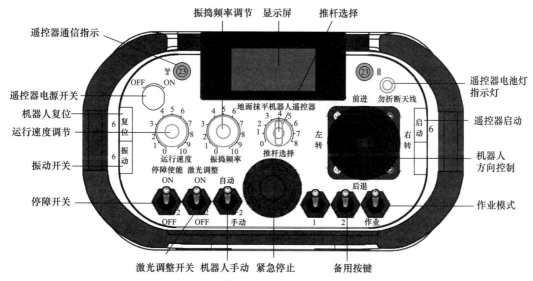

图3-34 遥控器面板界面

1）机器人底盘方向操作。将开关拨到手动，机器人处于手动模式，机器人各动作可以单独控制。

2）机器人紧急停止。按下遥控器"急停"按钮。

3）底盘方向控制

① 机器人前进。拨动摇杆往"前进"方向推（前推），旋转"运行速度"旋钮，机器人将以设定的速度保持前进，再次拨动摇杆往"前进"方向推（前推），机器人将停止。

② 机器人后退。拨动摇杆往"后退"方向推（后推），旋转"运行速度"旋钮，机器人将以设定的速度保持后退，再次拨动摇杆往"后退"方向推（后推），机器人将停止。

③ 机器人左转。拨动摇杆往"左转"方向推（左转），旋转"运行速度"旋钮，机器人将以设定的速度左转，松开拨动摇杆，机器人将停止。

④ 机器人右转。拨动摇杆往"右转"方向推（右转），旋转"运行速度"旋钮，机器人将以设定的速度右转，松开拨动摇杆，机器人将停止。

4）速度控制。旋转"运行速度"旋钮，调节机器人运行速度。

备注：在控制底盘运动时，应优先调节机器人的运行速度（速度 0~5 范围内合适），如图 3-35 所示。

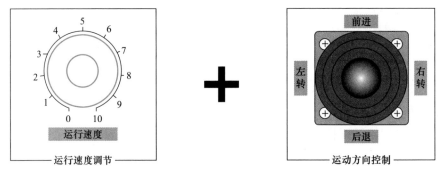

图 3-35　速度控制示意图

5）推杆控制

① 推杆上升。旋转"推杆选择"，选择推杆号码"1""2""3"等，"0"默认无推杆。拨动摇杆往"前进"方向推（前推），对应推杆将上升。

② 推杆下降。旋转"推杆选择"，选择推杆号码"1""2""3"等，"0"默认无推杆。拨动摇杆往"后退"方向推（后推），对应推杆将下降。

备注：1号推杆为左推杆；2号推杆为右推杆；3号推杆为左右推杆同时动作；在选择推杆编号后，摇杆方向中的"左转"和"右转"功能将失效，如图 3-36 所示。

6）激光调平控制

① 激光调平。拨动"激光调平"开关，上推至"ON"，开启激光调平功能；下推至"OFF"，关闭激光调平功能，如图 3-37 所示。

② 振捣。按下"振动"按钮，机器人开启振捣功能，旋转"振捣频率"开关，机器人将改变振捣频率，再次按下"振动"按钮，机器人关闭振捣功能，如图 3-38 所示。

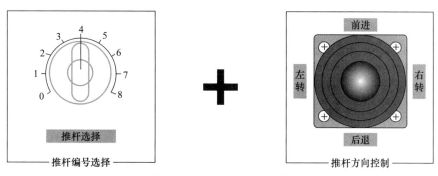

图 3-36 推杆控制示意图

图 3-37 振捣控制   图 3-38 振捣控制示意图

（2）自动作业模式

机器人在抹平作业中，将自动打开激光调平和振捣功能，操作人员只需控制底盘方向和运行速度即可。

1）自动模式操作流程

①将"手动／自动"拨动开关拨到自动挡位，机器人处于自动模式状态；

②将"激光调整"，拨到 ON 状态；机器人处于激光自动调平功能模式；

③拨动"作业"开关，机器人将处于自动作业模式；如需停止自动作业模式，则再次拨动"作业"开关，机器人将停止作业模式，上装功能将回到原点并停止动作；

④选择合适速度并控制底盘方向运动，如图 3-39 所示。

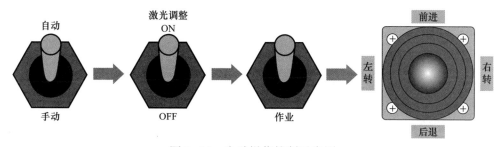

图 3-39 自动操作控制示意图

2）状态显示

遥控器显示屏将实时显示机器人运行速度、电池电量、报警代码和信息，有助于用户了解机器人当前状态。

复位：故障复位功能；当机器人处于故障状态时，在解决故障后需要按下遥控器端"复位"按钮，来解除报警状态。

6. 机器人清洗

每次施工作业后，振捣滚筒可能会进入混凝土，刮板与履带容易附着混凝土，作业完毕后必须进行清洗，否则混凝土凝固后难以清理，会造成机器重量增加，精度不够，影响下次作业。

1）抹平板组件清洗

① 将机器人遥控移动至空旷地带；

② 将刮板结构升起，转动刮板上的铰链结构，翻起刮板；

③ 用水枪清洗刮板上附着的混凝土，尤其是底面。

2）振捣滚筒清洗

① 选择"3"推杆档位，拨动摇杆往"后退"方向推（后推），将抹平刮板适当降低，使振捣电机与刮板接触部分脱离；

② 打开振捣开关，调低振捣频率；

③ 用水清洗振捣滚筒以及抹平刮板。

7. 机器人回库充电

（1）拆卸部件时，机器必须断电关机，激光接收器与发射器必须放置在专用箱内；

（2）施工及充电时（充电时间隔超过一个小时需有人看护）；

（3）机器人充电必须在指定位置并使用专用配套的充电器。

8. 施工组织及优化

（1）路线规划

将浇筑模块分区，整体浇筑完墙柱再浇筑梁板，整平机器人先按照平面流水顺序作业，在整平后4h左右上抹平机器人，5～6h之间布置抹光机器人。

（2）场地布置

1）仓库和起吊点布局

仓库应在塔式起重机覆盖范围之内，同时起吊点应尽可能挨近仓库。如前期布置无法覆盖仓库，后期可调整至地库出料口附近作为仓库，起吊点改至出料口。

2）场内道路

场内道路必须贯通，同时设置双大门保证进出连贯。当出现断头路时，必须设置硬化回车场。常规泵车架设位置应扩大硬化，避免混凝土运输车的拥堵。

3）作业路线

施工应优先机器人作业，必须提前扫清所有机器人工作面上的阻碍因素。在前期交底时，即明确各方清除责任，同步划分机器人现场作业保障区。

（3）工序交接

1）工/机况检查

形成出库前检查清单，机器人出库前清单销项合格；机器人作业前增加工况条件检查，扫平机器人作业障碍，保证作业连续。

2）薄膜覆盖

薄膜覆盖提前于整平后可延长抹平、抹光机器人作业周期，但要避免薄膜覆盖对抹平和抹光机器人的施工阻碍，抹光后可再次覆盖薄膜。

3）工作界面划分

合理划分机器人施工范围，提高机器人整体施工覆盖率，重点解决边角施工等覆盖难点，充分发挥机器人最大效益。

划分技工、技师、机器人的工作范围，不能出现人机混乱、责任不清、管理打架的情况。

（4）施工工艺优化

1）作业面干湿度优化

① 混凝土整平完成，如上机时间延迟，可通过润水改善干湿度，提升机器人作业效果；

② 混凝土整平完成，硬度较高的情况，可通过洒水改善作业效果。

2）刮痕

机器人刮板刮痕对干湿度要求较高，控制不好将出现大面积难去除刮痕。为避免出现此等质量问题，需要在前期实验阶段，通过人工修平刮板痕的方式辅助技师作业，进而通过提高人机配合的熟练程度达到质量要求。

任务 3.2.3 质量标准及安全管理

1. 整体面层的允许偏差和检验方法

抹平机器人施工质量应满足《建筑地面工程施工质量验收规范》GB 50209—2010第 5.2 条规定，且平整度符合高精度地面要求。整体面层的允许偏差和检验方法，详见表 3-6。

整体面层的允许偏差和检验方法 表3-6

项次	项目	允许偏差（mm）						检验方法
		混凝土面层	水泥砂浆面层	普通水磨石面层	高级水磨石面层	水泥钢（铁）屑面层	防油渗混凝土和不发火（防爆的）面层	
1	表面平整度	5	4	3	2	4	5	用 2m 靠尺和楔形塞尺
2	踢脚线上口平直	4	4	3	3	4	4	拉 5m 线和用钢尺检查
3	缝格平直	3	3	3	2	3	3	

（1）面层的强度等级应符合设计要求，且水泥混凝土面层强度等级不应小于 C20；水泥混凝土垫层兼面层强度等级不应小于 C15。

（2）面层与下一层应结合牢固，无空鼓、裂纹。

（3）空鼓面积不应大于 $400cm^2$，且每自然间（标准间）不多于 2 处可不计。

（4）面层表面不应有裂纹、脱皮、麻面、起砂等缺陷。

（5）面层表面的坡度应符合设计要求，不得有倒泛水和积水现象。

（6）水泥砂浆踢脚线与墙面应紧密结合，高度一致，出墙厚度均匀。

（7）局部空鼓长度不应大于 300mm，且每自然间（标准间）不多于 2 处可不计。

（8）楼梯踏步的宽度、高度应符合设计要求。楼层梯段相邻踏步高度差不应大于 10mm，每踏步两端宽度差不应大于 10mm；旋转梯梯段的每踏步两端宽度的允许偏差为 5mm。楼梯踏步的齿角应整齐，防滑条应顺直。

2. 场地验收标准

抹平后单个房间水平度偏差控制在 7mm 以内，平整度控制在 3mm/2m 以内，且终凝地面质量合格率均不小于 80%。详见表 3-7。

场地验收标准 表3-7

适用楼面	目标平整度	目标水平度	标高差	合格率
标准层高精度地面	3mm/2m	7mm	−5mm，+8mm	80%
标准层非高精度地面	5mm/2m	8mm	−5mm，+8mm	80%
非标层（含地下室）高精度／非高精度地面	5mm/2m	8mm	−5mm，+8mm	80%

3. 测点控制

面积较大的板面每跨测 9 个点，面积较小的板面每跨测 5 个点，如图 3-40 与图 3-41 所示。

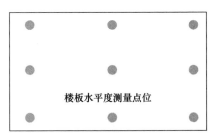

每块楼板测量9个点　　　　面积较小楼板测5个点

图 3-40　楼板水平度测量点位

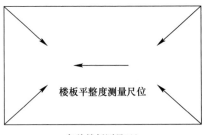
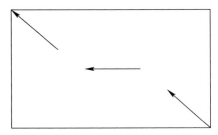

每块楼板测量5尺　　　　面积较小楼板可测3尺

图 3-41　楼板平整度测量点位

4. 验收测量方法

（1）平整度测量。使用靠尺 + 塞尺进行平整度检测，确保区域抽样均匀合理（每 2m 测量 5 个点，约 40cm 测量一个点，至少应选择长、宽、对角线三条测量线）。如图 3-42 所示。

图 3-42　平整度测量现场

（2）水平度测量。使用全站仪或塔尺 + 激光水准仪进行水平度测量，应选择楼面 4 个角（多点平均）和 1 个中心点，记录所有点水平度。如图 3-43 所示。

图 3-43　水平度测量现场

5. 抹平机器人安全管理

（1）机器人应在班组进场前进行总包三级安全教育交底；

（2）落实机器人的吊装安全管控及现场信息管控工作；

（3）作业人员进入施工现场前必须按要求穿戴好劳动保护用品：安全帽、反光衣、劳保鞋等；

（4）机器人执行检修、更换零件等操作时，机器人必须为断电或急停状态，禁止启动；

（5）机器吊装前，仔细检查吊环情况，若有损坏或松动，禁止使用，吊装时应四个吊环同时起吊；

（6）操作机器运动前，检查急停按钮，若急停功能失效，禁止使用；

结构工程机器人施工

（7）严格按照《地面抹平机器人用户手册》作业；

（8）未经培训考核合格，严禁操作机器人；

（9）机器人作业时，作业范围内 1m 严禁进入；

（10）请使用专用电源适配器给机器人充电；

（11）施工及充电时（充电时间隔超过一个小时需有人看护）远离热源、火花、明火、热表面；

（12）清洗时严禁水流直冲风扇口，请勿使用易燃易爆有毒化学品作为洗涤溶剂；

（13）图 3-44 为机器与工地中一些常见安全标识，需要标识指示执行。

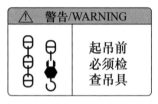

注意 NOTES

1.请遵守作业场所安全管理规定；
2.未经培训考核合格，禁止操作机器人；
3.严格按照《地面抹平机器人用户手册》作业；
4.机器人作业时，作业范围内1m禁止进入；
5.突发情况，迅速拍下急停按钮或者Pad上点击"急停"；
6.请使用专用电源适配器并确保是否正常接地，严禁使用自配适配器；
7.清洗时禁止水流直冲风扇口，请勿使用易燃易爆有毒化学品作为洗涤剂。

图 3-44　常见安全标识

130

单元 3.3　地面抹平机器人维修保养

任务 3.3.1　抹平机器人维护

1. 抹平机器人日常维护

（1）机器人维护保养应参照《地面抹平机器人维保手册》规定要求；

（2）为准确掌握设备状态，延长设备使用寿命，设备使用者使用前，必须按地面抹平机器人点检表（表3-8）对设备进行日常检查；

地面抹平机器人点检表　　　　　　　　　　　　　　　　表3-8

博智林机器人
Bright Dream Robotics　　　　　地面抹平机器人点检表

机器编号：_____		日期：_____		
序号	检查项	状态完好 / 无异常	异常 / 已修复	点检人
1	检查机身两侧保护罩固定螺栓是否锁紧			
2	检查振动组件所有螺栓是否锁紧			
3	检查振动组件是否与其他部件有干涉			
4	检查振动组件推杆是否锁紧			
5	检查抹平板固定螺栓是否锁紧			
6	检查抹平组件固定螺栓是否锁紧			
7	检查激光接收器导向杆两端是否锁紧			
8	电推杆有无异常			
9	检查所有 R 销是否安装到位			
10	检查链条是否张紧（长、短滚筒）			
11	轴承、链轮链条有无异常			
12	检查灯带是否脱落			
13	检查升降、旋转同步带是否张紧以及磨损情况			
14	检查升降旋转组件固定螺栓是否锁紧			
15	急停按钮是否正常			
16	电量显示是否正常			
17	检查电机、急停、电源、控制器接线端子有无松动			
18	机器运行是否正常			

（3）施工过程中，严格安装操作规程进行操作，发现问题及时处理；

（4）施工结束后，对设备进行及时清洗擦拭，并将设备使用情况做好记录，在检查中如发现问题，一般性简单设备故障，由设备使用人员解决；

（5）难点较大的故障隐患，要及时报修，由专业维修人员负责解决；

（6）维护人员必须经过正规的机器人维护保养及安全培训，并考核合格后，才能对机器人进行维护和维修；

（7）禁止非专业人员、培训未合格的人员维护机器人，以免对该人员和机器人设备造成严重损害；

（8）维护设备前必须按要求穿戴好劳动保护用品：安全帽、劳保鞋、反光衣、防护眼镜；

（9）维护人员应熟读机器人维保手册，并认真遵守；

（10）设备上不得放置与作业无关物品，禁止作业现场堆放影响机器人安全运行的物品，禁止任何人在机器人作业范围内停留；

（11）机器人维护运行过程中，严禁维护人员离开现场。

2. 抹平机器人定期维护

（1）机器使用企业应按地面抹平机器人定期维护表（表3-9）做设备的定期维护，维护记录由维修保养人员填写，在维护保养过程中发现问题，要做好记录，并及时反馈；

（2）所有机器的润滑部位，禁止将不同规格的润滑油/脂混合使用，禁止注入使用不清洁、变质、带有腐蚀性的润滑油/脂。

地面抹平机器人定期维护表

表3-9

类型	部件名称	耗时（min）	操作要求说明	保养周期
清洁保养	履带底盘组件	5	高压水枪清洗（施工完，即刻冲洗）	每次施工后
	抹平板	5	高压水枪清洗（施工完，即刻冲洗）	每次施工后
	振捣滚筒	5	高压水枪清洗（施工完，即刻冲洗）	每次施工后
	振捣滚筒旋转轴	5	加注黄油	每月
维护保养	报警灯	2	检查报警灯是否正常	每次施工前
	电动推杆	2	检查动作是否灵活，有无异响等	每月
	振动电机	2	检查振动电机是否正常工作	每次施工前
	电箱内部	5	清洁灰尘，检查电子元器件是否正常	每季度
	整机外部	5	外部清洁（干抹布清洁/气吹）	每半月
	伺服电机	5	检查动作是否灵活，有无异响等	每月
	行星减速机	5	检查动作是否灵活，有无异响等	每月
	履带轮系	10	检查是否损坏，磨损过度	每月
	履带	5	检查有无磨损过度，老化，开裂现象	每月
	振捣滚筒	5	检查滚筒有无变形、磨损	每月
	整机螺栓	20	建议各型螺栓涂敷防松胶，定期检查整机各型螺栓有无脱落、松动等	每月
	锂电池	5	定期测试电池充放电是否正常	每三月
	搬运吊环	15	定期检查上端四个搬运吊环是否正常，做吊装搬运测试,确保安全可用（每次吊装前也要再次确认）	每月

3. 抹平机器人易损件

易损件清单如表 3-10 所示，用户应根据清单内容进行储备。

易损件清单   表3-10

编号	名称	型号	每台用量（件）
1	橡胶减震器	NHE02-2020-M6	16
2	抹平板焊件	CA1904MM-42001	1
3	胶皮	CA1904MM-42004	2
4	振动梁	CA1904MM-30001	1
5	履带	ZDFC-150	2
6	密封条	J-HGY11-8.4-L3	1

任务 3.3.2　地面抹平机器人常见故障及处理

常见故障及处理方法详见表 3-11。

常见故障及处理办法   表3-11

序号	报警	报警原因	解决措施
1	GPS 无信号	1.GPS 接收天线被遮挡 2. 融合模块连接 GPS 天线的线路接触不好	1. 将机器移至天线上方无遮挡的开阔空间； 2. 检查模块与天线之间的连接线路
2	GPS 无差分信号	1. 融合模块 4G 网络异常 2. 差分服务器出现异常	1. 检查当前环境下 4G 网络环境情况，同时检查融合模块 4G 网络天线是否接触良好； 2. 检查差分服务器当前是否运行正常
3	GPS 坐标浮点解	当前 GPS 数据不稳定	检查 GPS 天线周围是否有遮挡物干扰
4	电池通信中断	控制器与电池通信线断开或软件监控节点出现异常	检查控制器与电池之间的通信线或者重启机器
5	电池电量低	控制器检测到电池电量≤20%	请检查设备电池电量，并及时充电
6	电机驱动器故障	伺服驱动器异常	1. 检查报警驱动器、电机线缆接触是否良好； 2. 检查电机是否过载； 3. 重新按下遥控器复位按钮，复位驱动器
7	电机驱动器通信中断	控制器与伺服驱动器通讯异常	检查控制器与电机驱动器之间的通信线缆是否连接良好
8	激光自动调平超时	电推杆控制刮板按激光标高调平超过设定时长	检查激光发射器与激光接收器高度，可能激光高度偏高或偏低，重新调整激光高度
9	激光接收器通信中断	控制器超过一定时间未接收到激光接收器发出的数据信息	1. 检查激光接收器是否完好接入到对应机器插头上； 2. 检查机器内部控制器 CAN1 口激光接收器的通信线是否接线良好
10	激光接收器无激光信号	激光接收器接收不到激光信号	1. 激光发射器未开启； 2. 激光发射器高度过高或过低，超出激光接收器接收范围
11	机器人遥控急停	遥控器急停按钮被按下或开路	检查遥控器急停按钮是否被按下或信号线路开路异常

续表

序号	报警	报警原因	解决措施
12	机器人面板急停	机身面板上的急停按钮被按下急停信号开路	检查机身急停是否被按下，或信号线路开路异常
13	运动方向障碍物报警	触边检测到障碍物触发停障	检查机器周边是否有障碍物并及时清除
14	移动网络异常	控制器 4G 网络异常	1. 检查路由器是否正常运行以及天线线路是否正常； 2. 确认当前环境下 4G 信号是否稳定

小结

经过本项目的学习，学生能够对地面抹平机器人的功能、结构、特点具备初步的认识。能够在进行施工工作之前，完成完备的安全检查及隐患调查。将安全质量隐患消灭在萌芽状态，在施工过程中，做好机器人的准备工作，掌握其施工要点和质检要求，在此基础上，进一步完成人机组织优化和改进工作。

同时，能够在机器人施工过程中出现的故障进行识别与原因分析，进而完成故障的修理与处理。

巩固练习

一、单项选择题

1. 地面抹平机器人，专为在建筑工业环境中，进行（   ）施工而设计。

A. 砂浆地坪　　　　　　　　　　B. 混凝土高精度地面

C. 木地板　　　　　　　　　　　D. 固化地坪

2. 机器后端设置的（   ），在振动电机的激振力作用下，对地面进行持续振动提浆，可实现浆液的自动振动平整。

A. 扫平仪　　　　　　　　　　　B. 激光标高控制系统

C. 自适应振捣机构　　　　　　　D. 振捣板

3. 地面抹平机器人，抹平阶段人工数量为（   ）。

A. 2 人　　　　　　B. 3 人　　　　　　C. 4 人　　　　　　D. 5 人

4. 地面抹平机器人，前置作业面湿态平整度达到（   ）范围内。

A. $[-4, +10]$ mm　　B. $[-5, +9]$ mm　　C. $[-5, +10]$ mm　　D. $[-4, +9]$ mm

5. 地面抹平机器人的通道地面应平整结实，无障碍物，无积水，地面有破损需及时维护，地面坡度应（   ）。

A. ≤20°　　　　　　B. ≤15°　　　　　　C. ≤30°　　　　　　D. ≤10°

6. 地面抹平机器人的通道地面应平整结实，无障碍物，无积水，地面有破损需及时维护，地面越障应（   ）。

A. ≤20mm   B. ≤10mm   C. ≤40mm   D. ≤30mm

7. 地面抹平机器人的通道地面应平整结实，无障碍物，无积水，地面有破损需及时维护，地面沟宽应（   ）。

A. ≤20mm   B. ≤50mm   C. ≤40mm   D. ≤30mm

8. 根据《建筑地面工程施工质量验收规范》GB 50209—2010，整体面层表面平整度的允许偏差应（   ）。

A. ≤5mm   B. ≤4mm   C. ≤10mm   D. ≤6mm

9. 根据《建筑地面工程施工质量验收规范》GB 50209—2010，水泥混凝土面层表面平整度的允许偏差应（   ）。

A. ≤5mm   B. ≤4mm   C. ≤10mm   D. ≤6mm

10. 地面抹平机器人点检表，共有点检（   ）项。

A. 18   B. 20   C. 16   D. 17

二、多项选择题

1. 抹平机器人，施工准备前置条件是（   ）。

A. 混凝土楼面达到初凝状态，表面硬度达到要求（人行走不留下深痕）

B. 前置作业面湿态平整度达到［−5，+10］mm 范围内

C. 混凝土施工作业面无较明显凸起部分，无大件杂物

D. 施工前抹光机器人自动作业范围设定与确认

2. 抹平机器人，机器作业前置条件是（   ）。

A. 机器人起吊前检查机身四个吊环状态是否正常

B. 机器人调校状态良好，确认电量是否充足

C. 检查机器激光接收器定位座位置是否有上下偏移

D. 人工配合的作业工具准备就位，施工后清洗机器保养

3. 以下描述正确的是（   ）。

A. 地下室结构顶板封顶后，物流通道设置在地下室结构顶板上，物流通道与人行安全通道独立设置

B. 物流通道宽度≥2.4m，人行通道≥2m，高度一般为 3.5～4.5m

C. 在物流通道与人行通道交叉行走部位，采用机器人优先通过制，保障机器人行走安全

D. 园林绿化阶段，地下室顶板覆土后，物流通道可与永久道路路线一致

4. 以下描述正确的是（   ）。

A. 面层的强度等级应符合设计要求，且水泥混凝土面层强度等级不应小于 C20

B. 水泥混凝土垫层兼面层强度等级不应小于 C15

C. 面层与下一层应结合牢固，无空鼓、裂纹

D. 空鼓面积不应大于 $400cm^2$，且每自然间（标准间）不多于 2 处可不计

5. 以下描述正确的是（   ）。

A. 机器人应在班组进场前进行总包三级安全教育交底

B. 落实机器人的吊装安全管控及现场信息管控工作

C. 作业人员进入施工现场前必须按要求穿戴好劳动保护用品：安全帽、反光衣、劳保鞋等

D. 机器人执行检修、更换零件等操作时，机器人必须为断电或急停状态，禁止启动

三、简答题

1. 地面抹平机器人包括哪些功能？

2. 地面抹平机器人的整机结构包括哪几部分？

3. 地面抹平机器人施工作业条件包括哪些内容？

4. 地面抹平机器人对维护保养人员有哪些要求？

水泥混凝土整体面层工程检验批质量验收记录　　　　　附表1

编号：□□□

工程名称		分项工程名称		项目经理	
施工单位		验收部位			
施工执行标准名称及编号	《建筑地面工程施工质量验收规范》GB 50209—2010			专业工长（施工员）	
分包单位		分包项目经理		施工班组长	

质量验收规范的规定			施工单位自检记录	监理（建设）单位验收记录
主控项目	1	粗骨料其最大粒径不应大于面层厚度的2/3，细石混凝土面层采用的石子粒径不应大于15mm。		
	2	面层的强度等级应符合设计要求，且不应小于C20；水泥混凝土垫层兼面层强度等级不应小于C15。		
	3	面层与下一层应结合牢固、无空鼓裂纹裂纹。（空鼓 $S<400cm^2$，≤2处/每间）		

一般项目	1	面层表面不应有缺陷。（5.2.6条）															
	2	面层坡度。（5.2.7条）															
	3	踢脚线。（5.2.8条）															
	4	楼梯踏步高度、宽度。（5.2.9条）															
	5	允许偏差（mm）	表面平整度	5														
			踢脚线上口平直	4														
			缝格平直	3														

施工操作依据	
质量检查记录	

施工单位检查结果评定	项目专业质量检查员：	项目专业技术负责人： 　　　年　月　日
监理（建设）单位验收结论	专业监理工程师： （建设单位项目专业技术负责人） 　　　　　　　　　　　　　　　　　　　年　月　日	

找平层检验批质量验收记录

编号：□□□

工程名称				分项工程名称			项目经理	
施工单位				验收部位				
施工执行标准 名称及编号			《建筑地面工程施工质量验收规范》GB 50209—2010				专业工长 （施工员）	
分包单位				分包项目经理			施工班组长	
质量验收规范的规定				施工单位自检记录			监理（建设）单位验收记录	

		质量验收规范的规定		施工单位自检记录	监理（建设）单位验收记录
主控项目	1	材料应符合规定。（4.9.6条）			
	2	水泥砂浆体积比或水泥混凝土强度等级应符合设计要求。（4.9.7条）			
	3	有防水要求的建筑地面工程的立管、套管、地漏处应符合要求。（4.9.8条）			

		检查项目		允许偏差（mm）	实 测 值												
一般项目	1	找平层不得有空鼓。（4.9.9条）															
	2	找平层表面应密实，不得有缺陷。（4.9.10条）															
	3	表面平整度	沥青玛瑅脂	3													
			水泥砂浆	5													
			胶粘剂	2													
	4	标高	沥青玛瑅脂	±5													
			水泥砂浆	±8													
			胶粘剂	±4													
	5	坡度		≤2‰，且≤30													
	6	厚度		在个别地方≤设计的1/10													

施工操作依据		
质量检查记录		

施工单位检查 结果评定	项目专业 质量检查员： 　　　　　　　年　　月　　日	项目专业 技术负责人：
监理（建设） 单位验收结论	专业监理工程师： （建设单位项目专业技术负责人） 　　　　　　　年　　月　　日	

水泥砂浆面层检验批质量验收记录

编号：□□□

工程名称			分项工程名称		项目经理	
施工单位			验收部位			
施工执行标准 名称及编号		《建筑地面工程施工质量验收规范》GB 50209—2010			专业工长 （施工员）	
分包单位			分包项目经理		施工班组长	

		质量验收规范的规定			施工单位自检记录	监理（建设）单位验收记录
主控项目	1	水泥强度等级不应小于32.5，不同品种、不同等级的水泥严禁混用。砂应为中粗砂，当采用石屑时，其粒径应为1～5mm，且含泥量不应大于3%。				
	2	水泥砂浆面层的体积比（强度等级）必须符合设计要求；且体积比应为1∶2，强度等级不应小于M15。				
	3	面层与下一层应结合牢固，无空鼓、裂纹。				
一般项目	1	面层表面的坡度应符合设计要求，不得有倒泛水和积水现象。				
	2	面层表面应洁净，无裂纹、脱皮、麻面、起砂等缺陷。				
	3	踢脚线与墙面应紧密结合，高度一致，出墙厚度均匀。				
	4	楼梯踏步的宽度、高度应符合设计要求。（5.3.8条）				
	5	允许偏差（mm）	表面平整度	4		
			踢脚线上口平直	4		
			缝格平直	3		
		施工操作表格				
		质量检查记录				

施工单位检查 结果评定	项目专业 质量检查员： 　　　　　　　　　项目专业 技术负责人： 　　　　　　　　　　　　　　　　　年　　月　　日
监理（建设） 单位验收结论	专业监理工程师： （建设单位项目专业技术负责人） 　　　　　　　　　　　　　　　　　年　　月　　日

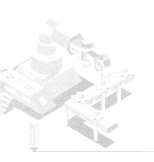

项目 **4** 地库抹光机器人 >>>

单元 4.1　地库抹光机器人性能

任务 4.1.1　地库抹光机器人概论及功能

1. 概论

浇筑完的混凝土初凝后需进行抹光处理，以提高混凝土表面的密实度、耐磨性和观感。伴随着混凝土硬化过程的持续推进，同一作业面需间隔性抹光 3 遍左右，传统大面积

地库抹光机器人

混凝土抹光作业主要由工人采用手扶式抹光机进行作业，待混凝土浇筑完到初凝后，工人通常需要通宵熬夜做完所有浇筑面积。施工环境差，劳动强度大，噪声污染严重，基于传统施工痛点，地库抹光机器人（图 4-1）应运而生。

图 4-1　地库抹光机器人

地库抹光机器人（简称抹光机器人）基于传统人工手扶式抹光机作业工艺，通过远程遥控或路径自动规划实现智能化施工作业。通过自研遥控器上的控制杆，机器人可实现前进、后退、向左平移、向右平移、原地顺时针或逆时针等功能。遥控器设置有调节旋钮，可调节机器人移动速度、抹刀或抹盘旋转速度，提升抹光质量和观感效果。自动作业模式中融合了机器人组合导航技术和博智林自研的智能运动控制和路径规划算法，作业时仅需记录作业面四个边角点位，如图 4-2 所示，即可完成作业面的路径规划。操作人员启动按钮，机器人根据事先规划好的路径进行全自动、精准抹光作业，混凝土表面更加密实、耐磨。地库抹光机器人采用锂电池续航，施工作业更环保，且作业效率可达 350m²/h，效率更高。可适用于地库、标准厂房、广场、商城等框架式楼房等建筑需大面积混凝土收面工作的地坪施工。

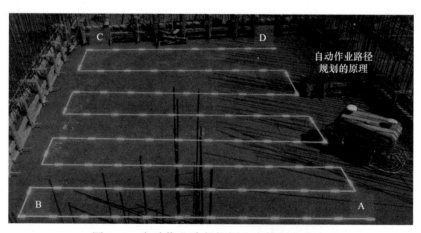

图 4-2　自动作业路径规划 4 个控制角位点

2. 功能

该产品融合了 GNSS 导航技术、IMU 姿态控制技术，并通过作业区域路径规划，实现混凝土地面抹光作业的自动化施工。该产品通过自适应模糊控制、PID 控制算法、先进滤波算法实现自主纠偏、自动抗扰，大幅提升产品的运控控制性，其主要功能及说明见表 4-1。

抹光机器人主要功能及说明   表4-1

序号	功能	说明
1	抹光作业	通过抹刀快速旋转，对混凝土表面进行抹光，提高表面观感和表面硬度，提高耐磨性
2	区域自动作业	选定待作业区域后，机器人完成该区域自动作业
3	自动路径规划	选定待作业区域后，机器人自动生成该区域的作业路径
4	手动遥控操作	通过人工遥控操作方式，进行作业施工
5	防护设计	机器人本体机箱防护等级 IP54
6	安全设计	配备急停按钮，机械防护栏等安全装置
7	声光报警	配备三色指示灯（带蜂鸣器），提供声光报警功能
8	电池管理	电池电量显示，电池状态监控

任务 4.1.2　抹光机器人结构

地库抹光机器人主要由机架与机箱、护栏、辅助轮、抹刀组件、倾角调节组件、控制系统、电池组件、主传动组件等组成。如图 4-3 所示。

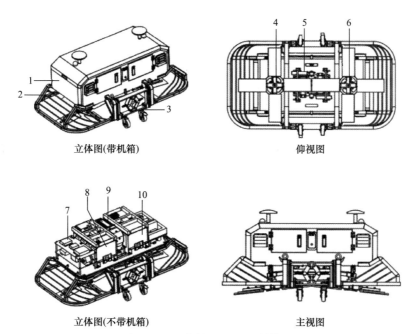

立体图(带机箱)   仰视图

立体图(不带机箱)   主视图

图 4-3　地库抹光机器人结构图

1—机架与机箱；2—护栏；3—辅助轮；4—左抹刀组件；5—倾角调节组件；6—右抹刀组件；

7—控制系统；8—第一电池组件；9—主传动组件；10—第二电池组件

1. 主传动组件

主传动组件主要由安装底板、张紧链轮、链轮、链条、伺服电机、行星减速机、润滑口等组成。其主要功能是通过齿轮传动、链轮链条传动、行星减速机将伺服电机的动力减速增扭之后，传递给左右抹刀组件。如图 4-4 所示，该传动结构共配备三个润滑口，分别用于对齿轮传动结构、左链轮链条结构、右链轮链条结构进行润滑。

（注意：定期的润滑有助于减少磨损、提高传动效率，降低噪声；维护周期可以参照点检表）

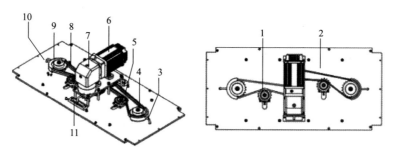

图 4-4　主传动组件结构图

1—安装底板；2—张紧链轮；3—右链轮润滑口；4—右链轮；5—左链条；6—伺服电机；7—行星减速机；
8—左链条；9—左链轮；10—左链轮润滑口；11—齿轮润滑口

2. 倾角调节组件

倾角调节组件主要由伺服电机、行星减速机、小齿轮、大齿轮、偏心轮和连杆等零件组成；该组件用于调节抹刀盘相对于地面的倾斜角度，控制地面对机器人摩擦反力的大小和方向，从而实现对机器人运动状态的实时动态调整，如图 4-5 所示。

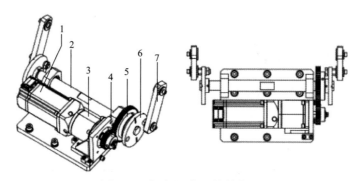

图 4-5　倾角调节组件结构图

1—伺服电机；2—转轴；3—行星减速机；4—小齿轮；5—大齿轮；6—偏心轮；7—连杆

3. 抹刀组件

抹刀组件主要由连杆、轴承座、传动轴、压盘、十字轴、抹刀等零部件组成。抹刀组件具备以下三个功能，其一是通过传动轴将主传动系统的动力传递至四片抹刀，带动抹刀旋转实现地面抹光功能；其二是通过连杆及摆动轴将倾角调节组件的动力传递至轴承座，带动整个抹刀盘相对于地面的倾斜角度实时动态调整；其三是通过调节压盘的上下位置，可以改变抹刀本身相对于地面的倾斜角度，从而适应不同干湿程度的作业工况。如图 4-6 所示。

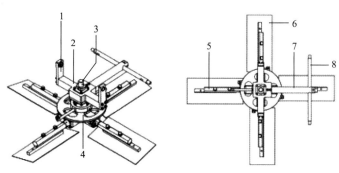

图 4-6 抹刀组件结构图

1—连杆；2—轴承座；3—传动轴；4—压盘；5—十字轴；6—抹刀；7—摆动轴；8—连杆

4. 机架与机箱

机架与机箱主要由机箱以及外部元件组成，如急停按钮、GPS 天线、三色指示灯、电源开关、吊环等元件。机架与机箱主要有三个功能，其一是提供机器人与外部交互的接口；其二是为控制系统、主传动系统提供防护功能；其三是实现整机外观造型设计。如图 4-7 所示。

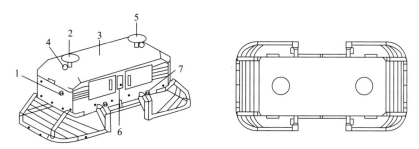

图 4-7 机架与机箱结构图

1—急停按钮；2—GPS 天线一；3—机箱；4—三色指示灯；5—GPS 天线二；6—电源开关；7—吊环

5. 技术参数

地库抹光机器人技术参数详见表 4-2。

地库抹光机器人技术参数表 表4-2

序号	指标名称	指标含义	指标值
1	重量	整机重量	237kg
2	外形尺寸	长 × 宽 × 高	1700mm×1000mm×880mm
3	抹刀转速	抹刀旋转主轴的转速	0～60r/min

序号	指标名称	指标含义	指标值
4	抹面直径	单个抹面的直径	702mm
5	行驶速度	行驶速度	0～600mm/s
6	工作电压	机器供电电压	48V
7	工作温度	工作时环境温度	0～45℃

任务 4.1.3　抹光机器人特点

1. 传统施工流程

用插入式振捣棒或平板振捣器、耙子、刮杠、大抹子及抹光机（图4-8、图4-9）完成对水泥混凝土的振捣、摊铺、刮平、振实和提浆，并通过多个标注在竖向钢筋上的控制点进行标高控制，反复实测经过多次收面来控制混凝土的平整度以达到较高的精度要求。传统施工流程如图4-10所示。

由于传统的手动抹光机质量轻，很难将提出的水泥砂浆回压至混凝土内，致使浆液覆盖在混凝土地坪表面，造成后期环氧地坪漆及金刚砂地坪工艺易引起地坪开裂、空鼓等通病，同时由于水泥砂浆强度低，后期环氧地坪漆及金刚砂地坪施工前要对地坪重新进行固化处理，无形之中加大了工程成本。

传统的手扶式抹光机和座驾式抹光机采用汽油机为动力，作业时候产生的噪声大，对空气有一定的污染，施工质量与操作者的熟练度相关。

图 4-8　手扶式抹光机

图 4-9　座驾式抹光机

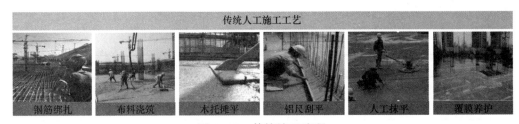

图 4-10　传统施工流程

2. 机器人施工流程

地库抹光机器人是一款应用于建筑工业环境中大面积地坪混凝土抹光作业的机器人，能够在现浇式建筑混凝土表面自动施工，进行压实、抹光作业，使混凝土表面更加密实、耐磨，并提升观感效果。该产品机器人施工流程如图 4-11 所示。

图 4-11 机器人施工流程

抹光机器人通过抹盘或抹刀的高速旋转，对混凝土表面进行打磨提浆，提高混凝土表面密实度、表面观感表面硬度、耐磨性。抹光机器人得益于较大的自重，在作业过程中产生的摩擦力大，能对不平整的局部产生较大的作用力，可使作业质量大幅提高，同时也可通过自重回压水泥砂浆到混凝土内部，浮浆不再覆盖混凝土表面，后续环氧地坪漆及金刚砂地坪工艺不需再对地坪表面进行固化处理，也从根本上解决了环氧地坪漆及金刚砂地坪空鼓、开裂等施工难题。相对传统人工作业方式，施工效率提升两倍，施工质量可靠性更高，完成面表面密实度、耐磨度、光整度更好。同时，该产品操作简便、劳动强度大幅降低，各项指标处于先进水平。

3. 抹光机器人施工主要特点

（1）通过远程遥控或路径自动规划实现智能化施工作业。

（2）安装 IMU 传感器，能实时检测机器人的姿态。

（3）拥有全球导航卫星系统技术，囊括所有卫星导航系统，包括美国的 GPS、欧洲的 Galileo、中国的北斗系统，以及相关的增强系统，如日本的 MSAS，保证建筑机器人在户外、空旷场地等大型施工现场，能够建立全套坐标系统，使施工"有法可依"。

（4）实时动态载波相位差分技术，利用基准基站接受 GNSS 信息，并将位置信息发送给建筑机器人，确认机器人在坐标系中的作业位置，实现机器人在施工现场的精确定位及全自动导航施工。

（5）保证了施工质量，提高了光整度和密实度。

（6）施工效率更高，工人劳动强度低，综合施工成本更低。

传统施工与抹光机器人施工作业参数对照见表 4-3。

传统施工与抹光机器人施工作业参数对照表　　　　　　　　表4-3

项目	传统施工	抹光机器人施工
观感	较差	好
混凝土密实度	一般	密实

续表

项目	传统施工	抹光机器人施工
作业效率（m²/h）	160～180	350
作业人员配置（1000m²/人）	2～3	1
表面固化	要	不要
空鼓、开裂	有	无
综合成本	高	低

单元 4.2 地库抹光机器人施工

任务 4.2.1 抹光机器人施工准备

1. 作业条件

（1）水泥混凝土地坪抹平机器人施工完成；

（2）混凝土保护层厚度≥20mm，防止出现非正常露筋；

（3）地库顶板临边区域设置可靠围挡，围挡宜用木模板，厚度≥10mm，高度≥100mm；

（4）影响抹光机器人行走的突出钢筋头、砂石、螺钉等明显突出异物已经清除；

（5）临时道路通畅，临水临电到位，夜间施工照明良好。

2. 机械、工具准备

（1）机器人起吊设备运转正常；

（2）机器人调校状态良好、机器人已正常开机并与遥控器连接；

（3）机器人电量满足施工需求机器人抹刀作业面等部位已清洗干净，无混凝土残渣；

（4）人工配合的作业工具准备就位。

地库抹光机器人施工设备见表4-4。

地库抹光机器人施工设备一览表　　　　　　　　　　　　　　　表4-4

序号	设备名称	规格	用途
1	地库抹光机器人		地库混凝土地面抹光
2	装卸工具	≥2t	设备装卸（项目配合）
3	电箱	220V50Hz	设备充电及作业照明
4	木搓板	常规	边角压实
5	铁抹	常规	边角压光

3. 人员准备

地库抹光机器人作业班组就位，现场管理及辅助人员就位。

地库抹光机器人施工班组及现场管理及辅助人员见表4-5。

地库抹光机器人施工班组及现场管理及辅助人员一览表　　　　表4-5

序号	人员	数量	用途
1	现场施工员	1人	现场沟通协调、操机、资料整理及其他
2	机器人操作人员	1人	操作机器人、收边收口
3	电工	1人	项目电工配合
4	机器人作业保障人员	1人	生产厂家（多机、多项目）

4. 材料准备

施工现场应准备抹光机器人施工完成后覆盖用塑料薄膜。

5. 技术准备

（1）对施工人员进行安全教育，作业前进行安全交底，增强作业人员的安全意识。

（2）施工技术人员熟悉图纸，根据设计需要，编制月、周施工进度计划，报公司审核通过，报甲方、监理审批后再去实施。

（3）明确工程质量、工期、文明施工要求。

（4）商品混凝土公司根据混凝土设计强度等级，提供试验室混凝土配合比。

（5）制定混凝土抹光顺序，布设好机器抹光路径。

6. 作业前检查

为确保作业安全以及作业质量，在每次正式施工作业前，需进行作业前的检查，检查内容见表4-6。

地库抹光机器人作业前检查表 表4-6

序号	类别	要求说明
1	前置条件	检查作业面是否有裸露的钢筋、石子等其他障碍物
2	前置条件	作业区域四周边界若无可靠围挡，则需预留1.5m安全距离
3	吊装安全	装前，检查吊环与机架连接是否牢固
4	机器状态	检查抹刀、抹盘工作面磨损程度以及是否有残留异物
5	机器状态	检查电池状态显示功能，机器人及遥控器电池电量≥50%
6	机器状态	检查机器人本体和遥控器上急停按钮功能是否正常
7	试运转	低转速（低于30rpm）操作行走功能和转弯功能是否正常

任务 4.2.2　抹光机器人施工要点

1. 本体操作指示元件布置（图4-12）

正式施工作业前，需检查三色指示灯状态，详见表4-7。

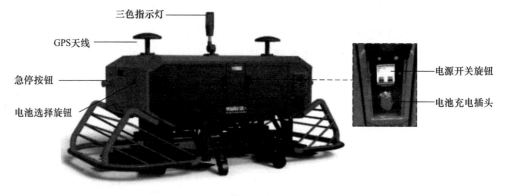

图4-12　本体操作指示元件布置

三色指示灯状态   表4-7

序号	指示灯状态	含义
1	红灯闪烁	故障报警
2	黄灯常亮	准备就绪
3	黄灯闪烁	待机状态
4	绿灯常亮	运行中
5	绿灯闪烁	点位采集记录

2. 机器人上电

（1）遥控器操作面板（图4-13）

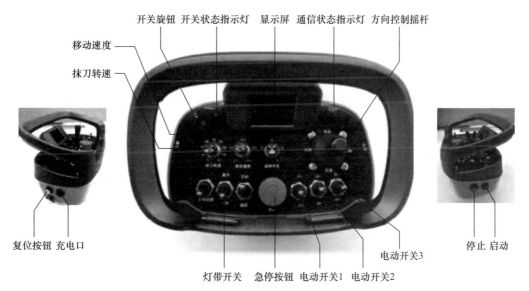

图4-13 遥控器操作面板功能图

【抹刀转速】：该旋钮用于调节抹刀旋转速度；

【开关旋钮】：该二位选择开关用于控制遥控器通电和断电；

【移动速度】：该旋钮用于调节机器人前进或后退时，移动速度的最大值，正常设定0.3m/s；

【开关状态指示灯】：用于指示遥控器开关状态；

【显示屏】：用于机器信息显示；

【通信状态指示灯】：用于指示遥控器与接收器的通信状态；

【方向控制摇杆】：向前推对应前进，向后推对应后退，向左推对应左转，向右推对应右转；

【点动开关3】：用于左倾角调节电机的点动调节；

【点动开关2】：用于右倾角调节电机的点动调节；

【点动开关1】：用于主轴电机的点动调节；

【急停按钮】：紧急情况下进行紧急停车，机器人停止一切动作；

【灯带开关】：用于控制灯带的打开与关闭；

【充电口】：用于遥控器电池的充电；

【复位按钮】：开机后长按 3 秒，机器人进入待机状态。

（2）遥控器通电、连接机器人

1）遥控器开机前确保抹刀转速与移动速度设置为 0；

2）将开关旋钮打到"开"（正常情况下，约 3～5 秒钟），开关状态指示灯和通信状态指示灯都变为绿色，机器人上的三色指示灯变为黄色闪烁，表示遥控器已经和机器人通信连接；

3）若开关状态指示灯显示红色，表示遥控器电池电量低，若通信状态指示灯显示红色，证明遥控器和机器人没有连接；

4）长按复位按钮 3 秒以上使抹光机处于待运行状态，这时抹光机上三色指示灯显示黄色长亮状态。

（3）遥控器参数设定

1）抹刀转速设定。通过调节抹刀转速旋钮设定抹刀转速值，总调速范围 0～80r/min；正常作业时，建议将抹刀转速设定至 40～60r/min 范围。

2）移动速度设定。通过调节移动速度旋钮设置机器人前进或后退的移动速度，调节范围 0.1～0.5mm/s；正常作业时，建议将移动速度设定值 0.3m/s 左右。

（4）手动遥控作业模式

机器人、遥控器准备就绪并设定后，移动机器人至作业面，操作机器人作业。

1）方向控制摇杆操作。该摇杆用于控制机器人的前进、后退、左转、右转运动。该摇杆为模拟量信号，即推动摇杆幅度大，对应移动速度大；推动摇杆幅度小，对应移动速度小。松手后摇杆自动回零，抹刀旋转运动停止。

2）移动速度的动态调整。在作业面平整度较好的情况下，可以将【移动速度】设定为固定值；当遇到作业面平整度不佳存在坡度，影响机器人移动速度稳定性，可手动动态调整【移动速度】，配合【方向控制摇杆】控制机器人移动速度。动态调整的原则是：遇到上坡时，增大【移动速度】；遇到下坡时，减小【移动速度】；当需要机器人原地悬停实现局部打磨时，将【移动速度】调整为 0。

（5）自动作业模式

自动作业模式下，选定并记录待作业区域后，机器人自动生成作业路径。操作人员仅需一键启动，机器人自动完成该作业面的施工。自动作业时，对应的遥控操作如图 4-14 所示。

自动作业流程如下：

1）待作业面选择。选取的自动作业区域需满足以下三个条件，一是该作业区域中间没有墙柱钢筋等障碍物；二是该作业区域混凝土保护层厚度大于 2cm，确保没有外露钢筋；三是需要选择在作业面混凝土初凝后、终凝前的合适作业窗口期作业。

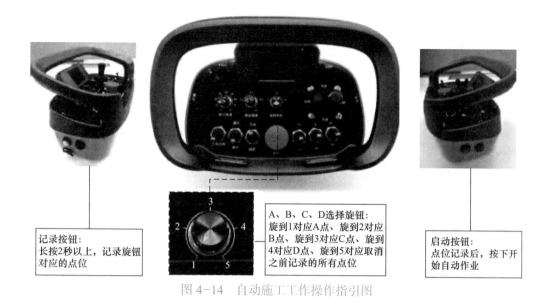

图 4-14 自动施工工作操作指引图

2）作业区域 A 点采集。采用遥控操作方式将机器人待作业区域的 A 点，将【点位选择】旋钮旋至 "1" 附近，长按【记录按钮】2 秒钟，完成 A 点采集。

3）作业区域 B 点采集。采用遥控操作方式将机器人待作业区域的 B 点，将【点位选择】旋钮旋至 "2" 附近，长按【记录按钮】2 秒钟，完成 B 点采集。

4）作业区域 C 点采集。采用遥控操作方式将机器人待作业区域的 C 点，将【点位选择】旋钮旋至 "3" 附近，长按【记录按钮】2 秒钟，完成 C 点采集。

5）作业区域 D 点采集。采用遥控操作方式将机器人待作业区域的 D 点，将【点位选择】旋钮旋至 "4" 附近，长按【记录按钮】2 秒钟，完成 D 点采集。

6）一键启动自动作业。采用遥控操作方式将机器人行驶至 A 点附近，按下【启动】按钮，此时机器人开始自动作业。如图 4-15 所示。

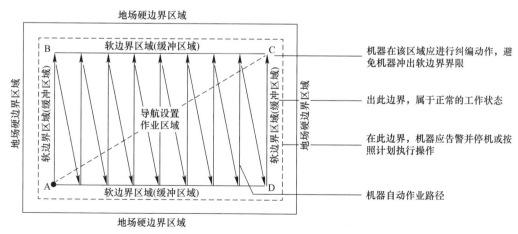

图 4-15 自动作业区域设定示意

注：上述第2）～5）步点位采集成功时，机器人指示灯呈绿色闪烁状态，同时语音播报器提示："X点记录完成"（X分别代表A、B、C、D）。自动作业完成后如需回复至遥控操作模式，长按【复位】按钮3秒即可。

3. 收尾工作

（1）关机。作业完毕后，将机器人驶出作业场地，向下拨动电源开关使机器人断电；同时将遥控器开关旋钮切换至"关"状态。

（2）运输。机器人可采用施工现场塔式起重机进行垂直运输，或采用平板车进行水平运输，机器人本体所配备的辅助轮仅用于路况平整的情况下使用，仅可进行短距离运输。通过以上方式，将机器人运输至存放地点。

（3）冲洗。作业完毕后，可采用高压水枪对抹刀、护栏等部位进行冲洗，防止混凝土凝固后影响下一次作业施工。

（4）充电。检查机器人电池电量，如果电量低于50%，则需要进行充电，以备下一次使用。

（5）存储。机器人存储地点应便于运输，便于充电、清洗，不妨碍其他工序施工作业；若在施工现场露天临时存放，需用雨布遮盖；若要长期存放，则需选择干燥、防潮的室内。

4. 机器人施工作业需要注意的事项

（1）操作人员必须经培训考核合格后方能上岗。

（2）对前置工作进行确认验收，未达到标准不予进行抹光作业。

（3）对机器人进行检查，确保机器人各部件完好。

（4）使用过程中如出现问题，应及早排除后再使用。

（5）某些区域混凝土已经出现硬化而影响作业时，可人工适当洒水进行湿润后再进行抹光作业。

（6）混凝土面存在一些裸露的钢筋无法去除时，需要注意避让。

（7）机器人运转中严禁任何人员进入本机器动作范围内，且请勿任意用手触碰机器运转部分，以免发生危险。

（8）墙柱边缘，预埋件周边、局部空间狭小及边缘等机器人遗留未抹光部位需技师配合进行混凝土抹光工作（距墙20～50cm）。

任务4.2.3 抹光机器人质量标准

地库混凝土地面混凝土工程的养护时间一般为14d，在养护的过程中需要应用塑料薄膜材料铺盖在混凝土表面，然后对其进行浇水处理，浇水的时间一般为2次/d。施工人员还要对商品混凝土坍落度严格控制在120mm到140mm之间。

机械人抹光时，操作人员应在现场守候。水泥的水化作用初期，凝胶未全部形成，此时提浆抹光过早，游离的水分相对较多，混凝土表面会有水光，易造成表面水灰比过大。如提浆抹光过迟，水泥已经终凝硬化，操作困难，且会破坏已经硬结的表面，造成表面起砂。混凝土表面整平后静置4h左右，用手指按压无指痕或脚踩脚印深度约5mm，表面无明显水光并渐有泛白，以此判断混凝土达到提浆抹光较佳时机。抹光时，若发现板面有凹坑或者石子露出表面，应用工具及其铲平、剔除，并在相应位置补浆修整。为达到地库地面抹光质量要求，需要满足以下需求。

1. 实测实量指标（详见表 4-8）

实测实量指标 表4-8

项目	指标	测量方法
地面平整度	混凝土面层的平整度控制在 0~3mm/2m	面积较大的板面每跨测 9 个点，面积较小的板面每跨测 5 个点
地面水平度	地面水平度控制在 0~7mm	使用激光扫平仪，在测量地面上打出来一条水平基准线，选取地面中心 1 点，分别测量找平层地面与水准线之间的 5 个垂直距离。选取其中最低的点为基准点，其他点与其比较，差值控制在 7mm 以内为合格
裂缝/空鼓	地库地面不裂缝、不起砂；地面要平整、无明显色差	目测无裂缝、不起砂、无明显色差

2. 验收质量标准

（1）地面的颜色要一致，无明显色差。

（2）地面平整度和水平度要符合设计要求，不应有积水、倒泛现象。

（3）混凝土面层干净、无裂缝、脱皮、起砂和麻面等现象。

（4）面层和基层的结合要牢固，不要出现空鼓现象。

（5）抹光机达不到的边角位置进行手动抹光，将突出的石子和不光的地方抹平。

3. 抹光机器人质量保证措施

（1）抹光机器人工作前，需要对前置工作进行确认验收，未达到标准不予进行抹光作业。

（2）抹光机器人进场后，需要对机器人进行检查，确保机器人各部件完好。

（3）抹光机器人开机后，需要对机器人进行开机自检，确保无问题后进行后续相关操作。

（4）必须按照说明书的指示使用抹光机器人作业，且操作人员应经过培训。

（5）抹光机器人在使用过程中如出现问题，应及早排除后再使用。

（6）抹光作业时，如果存在某些区域混凝土已经出现硬化而影响作业时，可人工适当洒水进行湿润后再进行抹光作业。

（7）局部空间狭小及边缘部位需要人工配合进行混凝土抹光作业。

任务 4.2.4 抹光机器人安全管理

安全管理是施工项目实现顺利安全生产进展的管理活动。对施工现场进行安全管理，落实安全管理决策与目标，可以消除事故的发生，避免事故伤害，减少事故损失。抹光机器人安全管理包括以下内容。

1. 作业前安全检查

具体检查内容详见表 4-9。

作业前安全检查 表4-9

序号	类别	要求说明	备注
1	前置条件	检查作业面是否有裸露的钢筋、石子等其他障碍物	
2	前置条件	作业区域四周边界若无可靠围挡，则需预留1.5m安全距离	
3	吊装安全	吊装前，检查吊环与机架连接是否牢固	
4	吊装安全	吊装前，必须拆下抹盘，严禁带抹盘吊装	
5	机器状态	检查抹刀、抹盘工作面磨损程度以及是否有残留异物	
6	机器状态	检查电池状态显示功能，机器人及遥控器电池电量≥50%	
7	机器状态	检查机器人本体和遥控器上急停按钮功能是否正常	
8	试运转	低转速（低于30r/min）操作行走功能和转弯功能是否正常	

2. 安全文明施工

（1）施工单位应设有严密的施工组织和施工安全责任人。

（2）场地物料摆放整洁有序、安全道路畅通，施工垃圾随时清运，无污水和油污。

（3）施工作业人员进工地前需穿戴好安全帽、反光背心及安全鞋，如图4-16所示。

（4）所有操作人员必须经过安全教育培训考核合格后方能上岗。

（5）请于每日启动工作前，预先检查各部件是否正常。

（6）机器人应用班组进场前需进行三级安全教育及交底。

（7）落实机器人的吊装安全管控及现场信息管控工作。

（8）机器人施工完成后必须转移到指定地方进行清洗工作。

（9）电池充电必须关机，必须接触良好，整个充电过程必须有人值守。

（10）非经训练之专业人员，请勿随意进行维修，如需维修请找经过训练之专门人员，维修时请注意安全。

（11）机器人运转中严禁任何人员进入本机器动作范围内，且严禁任意用手触碰机器运转部分，以免发生危险。急停按钮、触边开关，碰到异常紧急情况可一键停机。

图4-16 常见安全标识

（12）机械运转中请随时注意是否有异常之声响发生，如果有请加以处理，以避免机械受到损坏。

（13）机器人执行检修、更换零件等操作时，机器人必须为断电或急停状态，禁止启动。

3. 施工用电

（1）临时电缆的布置应无摩擦、碾压、碰撞和高温的损坏。

（2）电气设施要设置专人管理。

（3）非电工人员，严禁处理接线、更换保险和处理电气设施故障。

4. 吊装

吊装示意如图 4-17 所示。

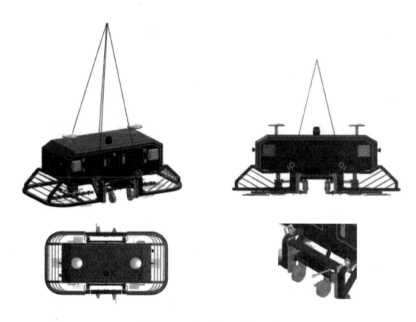

图 4-17 机器人吊装示意

（1）机器人吊装说明

1）本地库抹光机器人质量约 237kg，其上已配置好 4 个吊环；吊装时需准备符合要求的 4 根吊带或吊装钢缆和相应的卸扣；

2）吊装前，必须检测吊点是否牢固；另外，需要试吊，即设备吊离地面 100mm 左右时，停止起钩，观察钢丝绳的受力情况是否良好，设备是否受力均匀；

3）考虑到建筑工地的塔式起重机一般只配置两根吊装钢缆和卸扣，此种情况下吊装时需将钢缆卸扣与机器上对角的两个吊环进行安装；

4）设备吊装进施工作业场地前，需将脚轮上升到最高点，让抹刀组件和地面接触作支撑；

5）降落着地过程应平稳缓慢，不得快速着地致使抹刀组件大力撞击地面。

（2）注意事项

吊装作业现场管理及操作流程参考《建筑施工安全技术统一规范》中对吊装作业的

规定。

5. 包装运输与贮存要求

（1）在测试调试场地路面平整、路况良好的情况下，可使用辅助轮进行短距离水平运输，如图 4-18 所示。

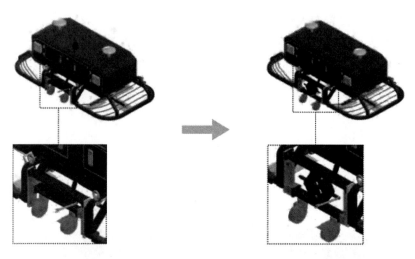

图 4-18　辅助轮短距离运输示意

注意事项：

1）将脚轮下降时，注意要降落到最低端直到不能再下降为止；

2）转移时需注意避开地面上的坑沟或石头等障碍物，需扶持机器缓慢越过，不可大力推动机器冲锋式越过。

（2）如需在施工现场路面不平、路况较差的情况下进行水平运输，需用平板车等运输工具进行转运，如图 4-19 所示。

图 4-19　运输工具进行转运

注意事项：

1）由于机器本体较重，需使用施工现场塔式起重机辅助将机器吊装放到运输工具上；

2）平板车长度 × 宽度需达到 2m×1m 以上。

（3）如需要将机器进行跨市、跨省等长距离转运时，需利用专用包装箱和货车进行运输，如图 4-20 所示。

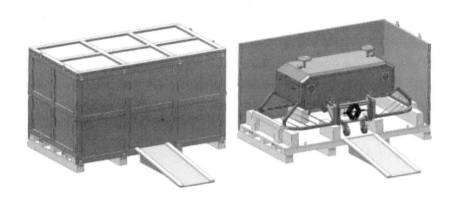

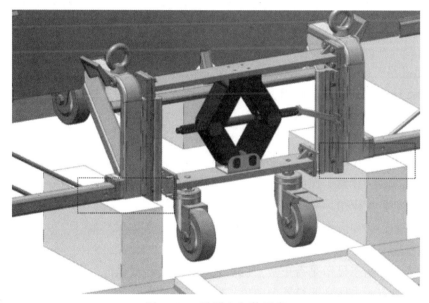

图 4-20 机器人包装示意

注意事项：

采用垫块固定的方式时，着力点是在机器的两个横梁底部，不可将脚轮或防护支架作为着力点，否则很有可能在运输过程中因为颠簸而损坏相应零部件。

（4）在运输或储存包装状态下，设备必须在下列范围的环境条件：

1）储存温度：−10～60℃；

2）湿度：25%～90%；

3）需要长期存放的设备，要具有良好的贮存条件：库房应清洁干燥，通风良好，周围不得有腐蚀性气体，相对湿度不大于80%，设备应该在包装箱内。

单元 4.3　地库抹光机器人维修保养

任务 4.3.1　地库抹光机器人维护

1. 维护人员

（1）维护人员必须经过正规的机器人维护保养及安全培训，并考核合格后，才能对机器人进行维护和维修。禁止非专业人员、培训未合格的人员维护机器人，以免对该人员和机器人设备造成严重损害。

（2）维护设备前必须按要求穿戴好劳动保护用品：安全帽、劳保鞋、反光衣、防护眼镜。

（3）维护人员应熟读机器人维保手册，并认真遵守。

（4）设备上不得放置与作业无关物品，禁止作业现场堆放影响机器人安全运行的物品，禁止任何人在机器人作业范围内停留。

（5）机器人维护运行过程中，严禁维护人员离开现场。

2. 抹光机器人日常维护

为了保证抹光机器人正常使用，工作人员要做好日常维护。机器人的日常维护分为日检、周检、月检进行。

日检：

（1）检查机器人作业面是否有裸露的钢筋、石子等其他障碍物；

（2）检查抹刀、抹盘工作面磨损程度以及是否有残留异物（如干混凝土块）；

（3）吊装前，检查吊环与机架连接是否牢固；

（4）吊装前，必须拆下抹盘，严禁带抹盘吊装；

（5）检查抹刀安装螺栓是否紧固；

（6）检查电池状态显示是否正常，机器人本体及遥控器电池电量≥50%；

（7）检查机器人本体和遥控器上急停按钮功能是否正常；

（8）检查指示灯、语音播报器功能是否正常；

（9）检查机器人安全触边开关功能是否正常；

（10）检查主轴转速调节功能是否正常；

（11）检查移动速度调节功能是否正常；

（12）手动低速（转速低于 30r/min）操作行走功能和转弯功能是否正常。

周检：

（1）检查抹刀工作侧的磨损严重程度，是否需要更换抹刀；

（2）检查抹盘工作面的磨损严重程度，是否需要更换抹盘。

月检：

（1）检查倾角调节组件齿轮组件，是否需要补充润滑油；

（2）检查主传动齿轮、链轮链条组件，是否有污脏异物，是否需要补充润滑脂。

3. 抹光机器人定期维护

为了保证抹光机器人正常工作，需要做好进行定期维护保养工作。定期维护保养工作包括以下几点：

（1）机器人维护保养应参照《地面抹平机器人维保手册》规定要求。

（2）为准确掌握设备状态，延长设备使用寿命，设备使用者使用前，必须做好检查。

（3）施工过程中，严格安装操作规程进行操作，发现问题及时处理。

（4）施工结束后，对设备进行及时清洗擦拭，并将设备使用情况做好记录，在检查中如发现问题，一般性简单设备故障，由设备使用人员解决。

（5）难点较大的故障隐患，要及时报修，由专业维修人员负责解决。

（6）机器使用企业应按表 4-10 做设备的定期维护，维护记录由维修保养人员填写，在维护保养过程中发现问题，要做好记录，并及时反馈。

（7）所有机器的润滑部位，禁止将不同规格的润滑油/脂混合使用，禁止注入使用不清洁、变质、带有腐蚀性的润滑油/脂。

地库抹光机器人定期检查维护   表4-10

序号	检查内容	检查频次
1	检查抹刀工作侧的磨损严重程度，是否需要更换抹刀	每周点检
2	检查主传动齿轮、链轮链条组件，是否需要补充润滑油	每月点检
3	检查倾角调节组件齿轮组件，是否需要补充润滑油	每月点检

（8）抹刀更换步骤

1）用扶手推车组件将机器撑起来，让抹刀悬空；

2）用活动扳手或 13mm 开口扳手拆下固定抹刀的两颗 M8×40 六角头螺栓；

3）更换新的抹刀，将两颗 M8×40 六角头螺栓重新锁紧。

（9）主传动机构补充润滑脂步骤

1）用扶手推车组件将机器撑起来，让抹刀悬空；

2）打开电池仓门，将电池从电池仓取出来暂时放到一边；

3）用毛刷给齿轮组件、链条链轮组件刷上适量的润滑脂；

4）用手拉动执行组件旋转，让齿轮组件、链条链轮组件转动起来变换位置，继续涂刷润滑脂即可；

5）齿轮和链轮链条都均匀涂抹上润滑脂，最后装回电池，关闭仓门。

任务 4.3.2   地库抹光机器人常见故障及处理

1. 抹光机器人常见事故处理办法详见表 4-11。

抹光机器人常见事故处理办法表　　　　　表4-11

序号	故障信息	故障原因	处理办法
1	在抹光机前进/后退速度调节旋钮恒定情况下，抹光机前进和后退移动速度不一致，差别很大	抹光机动态原点变动	需重新调整动态原点
2	主轴伺服电机过载报警，机器不能运转	由于地面因素导致主轴伺服电机运行时过载，电机自我保护而停止运行	先按下机身上的急停按钮，再拔起来，然后再长按遥控器复位按钮3秒以上
3	主轴通信失败	通信线路出现松动或损坏	1. 检查驱动器通信线路； 2. 检查驱动器工作是否异常
4	倾角轴R通信失败	通信线路出现松动或损坏	1. 检查驱动器通信线路； 2. 检查驱动器工作是否异常
5	倾角轴L通信失败	通信线路出现松动或损坏	1. 检查驱动器通信线路； 2. 检查驱动器工作是否异常
6	IMU通信故障	通信线路出现松动或损坏	检查IMU通信线路
7	GPS模块通信故障	通信线路出现松动或损坏	检查GPS模块通信线路
8	语音播报器通信故障	通信线路出现松动或损坏	检查GPS模块通信线路
9	左电池电量过低	左电池电量过低	切换到右电池
10	右电池电量过低	右电池电量过低	切换到左电池
11	电量耗尽，请充电	左右两边电池都没电	需要进行更换电池或充电
12	急停（电柜侧）	急停按钮按下	1. 检查急停按钮是否按下； 2. 检查急停线路有没有松动或破损
13	急停（遥控器侧）	急停按钮按下	1. 检查急停按钮是否按下； 2. 检查急停线路有没有松动或破损
14	伺服报警（主轴）	1. 伺服驱动器电源断开； 2. 检查伺服驱动器IO线插头松动或破损	1. 检查伺服驱动器供电侧电压是否正常； 2. 检查供电线路有没有松动或破损； 3. 检查IO线插头有没有松动或破损
15	伺服报警（倾角轴R）	1. 伺服驱动器电源断开； 2. 检查伺服驱动器IO线松动或破损	1. 检查伺服驱动器供电侧电压是否正常； 2. 检查供电线路有没有松动或破损； 3. 检查IO线有没有松动或破损
16	伺服报警（倾角轴L）	1. 伺服驱动器电源断开； 2. 检查伺服驱动器IO线松动或破损	1. 检查伺服驱动器供电侧电压是否正常； 2. 检查供电线路有没有松动或破损； 3. 检查IO线有没有松动或破损
17	主轴堵转	主轴电机旋转时候遇到钢筋或其他物体，导致负载率升高	检查主轴旋转地方是否遇到钢筋或其他物体，处理掉钢筋和其他物体后进行复位即可
18	遥控器通信失败	遥控器本体或接收器电源断开	检查遥控器本体和接收器是否正常
19	左电池通信故障	1. 电池侧的航空插头线路松动或损坏； 2. KA3继电器工作异常	1. 检查电池侧的航空插头线路松动或损坏； 2. 检查KA3继电器工作是否异常

序号	故障信息	故障原因	处理办法
20	右电池通信故障	1. 电池侧的航空插头线路松动或损坏； 2. KA3 继电器工作异常	1. 检查电池侧的航空插头线路松动或损坏； 2. 检查 KA3 继电器工作是否异常

2. 抹光机器人遥控器故障处理办法详见表 4-12。

抹光机器人遥控器故障处理办法 表4-12

序号	故障现象	处理办法
1	电柜急停 L	确保安全后，松开电柜左侧【急停按钮】
2	电柜急停 R	确保安全后，松开电柜右侧【急停按钮】
3	急停 _ 遥控器	确保安全后，松开遥控器【急停按钮】
4	主轴报警	按下【急停按钮】，2s 后松开，再按【复位按钮】即可消除常规故障； 若仍报警，请在主轴驱动器面板查看驱动器具体报警代码，对照驱动器手册查找具体报警原因
5	伺服报警 J1	按【复位按钮】即可消除常规故障； 若仍报警，请通过驱动器上位机查找具体原因
6	伺服报警 J2	按【复位按钮】即可消除常规故障； 若仍报警，请通过驱动器上位机查找具体原因
7	伺服报警 J3	按【复位按钮】即可消除常规故障； 若仍报警，请通过驱动器上位机查找具体原因
8	电池通讯故障	电池控制线未接或接触不良
9	Axis1 通信失败	按【复位按钮】即可； 若仍报警，请检查 CAN 通信线
10	Axis2 通信失败	按【复位按钮】即可； 若仍报警，请检查 CAN 通信线
11	Axis3 通信失败	按【复位按钮】即可； 若仍报警，请检查 CAN 通信线
12	IMU 通信超时	请检查 IMU 线路
13	GPS 模块通信故障	请检查 UB482 模块线路
14	主轴通信故障	按下【急停按钮】，2s 后松开，再按【复位按钮】即可消除常规故障； 若仍报警，请检查主轴 485 通信线
15	机器出边界	1）作业面坡度太大 2）作业原点异常，手动操纵机器运行，看是否正常，若异常，请重新记录作业原点 3）GPS 天线主从反接，将机器前进方向朝东，通过上位机查看航向角是否为 90° 左右
16	自动运行中定位数据丢失	按【复位按钮】即可
17	路径未规划	自动作业点位未记录
18	轴 1 正限位报警	长按【复位按钮】回零点
19	轴 2 正限位报警	长按【复位按钮】回零点

序号	故障现象	处理办法
20	轴 3 正限位报警	长按【复位按钮】回零点
21	轴 1 负限位报警	长按【复位按钮】回零点
22	轴 2 负限位报警	长按【复位按钮】回零点
23	轴 3 负限位报警	长按【复位按钮】回零点

小结

通过本项目的学习，学生能够对地库抹光机器人的功能、结构、特点有初步的认识。在使用抹光机器人施工作业之前，能够进行设备的安全检查及隐患排查，能够做好施工前的各项准备工作。使用抹光机器人施工过程中，能够按照施工要点和质检要求完成施工作业，在此基础上，进一步完成人机组织优化和改进工作。同时，能够进行抹光机器人的故障识别与原因分析，进而完成故障的修理与处理。

巩固练习

一、单项选择题

1. 地库抹光机器人工艺顺序描述正确的是（　　　　）。

A. 提浆、压实、抹光　　　　　　　　　　B. 压实、提浆、抹光

C. 压实、抹光、提浆　　　　　　　　　　D. 提浆、抹光、压实

2. 地库抹光机器人续航时间正确的是（　　　　）。

A. 2h　　　　　　B. 3h　　　　　　C. 4h　　　　　　D. 5h

3. 地库抹光机器人有（　　　　）个吊装点。

A. 2　　　　　　　B. 3　　　　　　　C. 4　　　　　　　D. 6

4. 地库抹光机器人一般充电（　　　　）时间，可满足工作要求。

A. 1h　　　　　　B. 2h　　　　　　C. 3h　　　　　　D. 4h

5. 地库抹光机器人三色灯状态描述错误的是（　　　　）。

A. 红灯常亮——故障报警　　　　　　　　B. 黄灯常亮——准备就绪

C. 黄灯闪烁——待机状态　　　　　　　　D. 绿灯常亮——点位采集记录

6. 地库抹光机器人试运行建议转速为（　　　　）。

A. 30r/min　　　　B. 40r/min　　　　C. 50r/min　　　　D. 60r/min

7. 地库抹光机器人抹盘规格是（　　　　）。

A. 300mm　　　　B. 400mm　　　　C. 500mm　　　　D. 600mm

8. 地库抹光机器人自动作业路径规划有（　　　　）个控制角位点。

A. 2　　　　　　　B. 3　　　　　　　C. 4　　　　　　　D. 5

9. 地库抹光机器人移动速度设置在（　　　　）为宜。

A. 0.1m/s　　　　　　B. 0.2m/s　　　　　　C. 0.3m/s　　　　　　D. 0.5m/s

10. 地库抹光机器人抹平后水平度偏差控制在（　　　　）以内。

A. 1mm　　　　　　B. 3mm　　　　　　C. 5mm　　　　　　D. 7mm

二、多项选择题

1. 地库抹光机器人可以运用的场景环境有（　　　　）。

A. 商场　　　　　　B. 地下车库　　　　　　C. 厂房　　　　　　D. 广场

2. 关于抹光机器人充电正确的描述有（　　　　）。

A. 机器人充电采用配套专用充电器，不可与其他机器人混用

B. 现场充电不可私自拉接电线

C. 充电现场做好安全防护，无积水、杂物

D. 充电过程中需人值守，严禁无人看护，充满电后及时整理充电现场

3. 以下关于地库抹光机器人三色灯状态描述正取的有（　　　　）。

A. 红灯闪烁——故障报警　　　　　　B. 黄灯常亮——准备就绪

C. 黄灯闪烁——待机状态　　　　　　D. 绿灯闪烁——点位采集记录

4. 地库抹光机器人施工准备工作包括（　　　　）。

A. 机器准备工作　　　　　　B. 人员准备工作

C. 材料准备工作　　　　　　D. 技术准备工作

5. 机器人的日常维护分为（　　　　）。

A. 日检　　　　　　B. 周检　　　　　　C. 月检　　　　　　D. 年检

6. 地库抹光机器人的收尾工作包括的步骤有（　　　　）。

A. 关机　　　　　　B. 运输　　　　　　C. 冲洗

D. 充电　　　　　　E. 存储

7. 地库抹光机器人主要功能有（　　　　）。

A. 抹光作业　　　　B. 手动路径规划　　　　C. 声光报警　　　　D. 区域自动作业

8. 以下是组成地库抹光机器人的部件有（　　　　）。

A. 机架与机箱　　　　B. 抹刀组件　　　　C. 倾角调节组件

D. 电池组件　　　　E. 主传动组件

9. 地库抹光机器人的施工作业的优点有（　　　　）。

A. 光整度密实度更加不均匀　　　　　　B. 综合施工成本低

C. 施工效率高　　　　　　D. 工人劳动强度高

10. 以下（　　　　）属于抹光机器人安全文明施工要求。

A. 所有操作人员必须经过安全教育培训考核合格后方能上岗

B. 请于每日启动工作前，预先检查各部件是否正常

C. 机器人应用班组进场前进行总包三级安全教育交底

D. 施工单位应设有严密的施工组织和施工安全责任人

三、判断题

1. 机器人执行检修、更换零件等操作时，机器人必须为断电或急停状态。　　　（　　　）
2. 抹光机器人通过抹盘或抹刀的高速旋转，对混凝土表面进行打磨提浆。　　（　　　）
3. 抹光机器人施工作业前要进行安全检查。　　　　　　　　　　　　　　（　　　）
4. 抹光机器人自动作业路径规划仅需 2 个控制角位点。　　　　　　　　　（　　　）
5. 抹光机器人的抹刀磨损严重，但仍能工作，不需要更换抹刀。　　　　　（　　　）
6. 如果遥控器通信失败，需要检查遥控器本体和接收器是否正常。　　　　（　　　）
7. 抹光机器人安装 IMU 传感器，能实时检测机器人的姿态。　　　　　　（　　　）
8. 抹光机器人可采用施工现场塔吊进行垂直运输，或采用平板车进行水平运输。

　　　　　　　　　　　　　　　　　　　　　　　　　　　　　　　　（　　　）
9. 遥控器开机前确保抹刀转速与移动速度设置为 0。　　　　　　　　　　（　　　）
10. 抹光机器人吊装前，要检查吊环与机架连接是否牢固。　　　　　　　（　　　）

四、简答题

1. 地库抹光机器人施工对比传统施工方式有什么优点？
2. 地库抹光机器人施工需要的作业条件有哪些？
3. 地库抹光机器人开机前检查包括哪些内容？
4. 地库抹光机器人施工的安全管理事项包括哪些内容？
5. 地库抹光机器人自动施工工艺包括哪些内容？
6. 地库抹光机器人定期检查维护的主要内容是什么？
7. 地库抹光机器人收尾工作包括哪些内容？
8. 地库抹光机器人的遥控器参数如何设置？
9. 地库抹光机器人主要功能有哪些？
10. 地库抹光机器人三色指示灯状态代表什么含义？

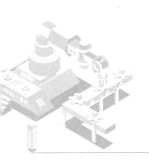

项目 **5**   螺杆洞封堵机器人 >>>

【知识要点】

　　本项目主要结合机器人的施工特性，对螺杆洞封堵机器人的功能、结构组成、特点进行讲解；并对机器人的施工工艺、施工要点、质量标准，维修保养、常见故障及处理办法进行解读。

【能力要求】

　　通过学习能正确操作螺杆洞封堵机器人进行施工作业，也能对螺杆洞封堵机器人进行维修保养，并对常见故障进行判断与处理。做到会操作、会维护保养、会简单的事故处理和施工管理。

单元 5.1　螺杆洞封堵机器人简介

任务 5.1.1　螺杆洞封堵机器人概论及功能

1. 概论

在建筑施工行业中，常使用带有套管的穿墙螺杆对混凝土剪力墙模板进行固定，模板拆除后，穿墙螺杆回收留下的套管洞就是螺杆洞，为保证后续工艺的实施，需使用砂浆对螺杆洞进行封堵，并确保一定的质量及表面平整度，即为螺杆洞封堵工艺。

随着中国人口老龄化的加剧，行业的工人有减少的趋势，直接影响建筑行业的工程质量、成本和效率。为缓解此类问题，机械化、智能化、数字化是一个重要发展方向。在此方向下，能提高效率、质量，代替人工封堵工作的螺杆洞封堵机器人便成了施工企业迫在眉睫的需求（图 5-1）。

螺杆洞封堵机器人

图 5-1　螺杆洞封堵机器人

螺杆洞封堵机器人（简称封堵机器人）用于住宅和办公建筑的室内墙区域，进行螺杆洞封堵作业。其显著特点是高续航、高效率和高质量，可以保障机器人在不需要人工的情况下自动规划路径行驶并完成螺杆洞封堵作业。螺杆洞封堵机器人具备螺杆洞封堵、泵料输送、泵料清洗、自动定位和导航、自建地图、路径规划、自动避障防撞等功能。具体指标详见表 5-1。

螺杆洞封堵机器人性能指标表　　　　　　　　　　　　　　　表5-1

序号	指标名称	指标含义	指标值
1	空载重量	机器人不带料状态下自身重量	440kg

续表

序号	指标名称	指标含义	指标值
2	最大作业高度	机器人工作状态下的末端执行机构与地面的高度差上限	2.8m
3	外形尺寸	整机最大尺寸（长×宽×高）	1208mm×780mm×1750mm
4	单次最大上料量	机器人自带料桶的容量	>35kg
5	施工效率	每小时作业螺杆洞数量	100个/h
6	充电器供电电压	机器人充电器充电时的电压	AC 220V
7	电池额定电压	机器人电池工作时的额定电压	DC 48V
8	电池容量	电池容量	100Ah
9	平均功率		
10	最大功率	机器人全部电器件额定功率之和	4kW
11	自动导航定位精度	机器人能够定位的最大误差	40mm
12	工作环境温度	机器人工作环境温度	5～45℃
13	工作环境湿度	机器人工作环境湿度	25%～90%
14	防护等级	整机防水防尘等级	IP54
15	续航时间	机器人在额定负荷下可作业时长	≥4h

2. 功能

（1）自动封堵。机器人通过末端的手眼相机识别孔洞大小并精准定位孔洞位置，根据相机反馈的空洞大小自动匹配封堵参数，实现砂浆的全自动封堵作业。

（2）自主导航。机器人通过 3D 雷达实时扫描定位位置，实现已有地图范围内自动导航功能，并通过底盘周边安装的避障雷达，实时探测环境情况，实现自主导航时的自动避障功能。

（3）自动清洗。机器设计有清洗水路系统，作业结束后可以一键开启自动清洗功能。自动清洗功能会结合料斗内残余砂浆的量首先排空残余，节省水的同时也提高了清洗效率。

（4）实时监控。机器能够通过 4G 网络与远程调度系统连接，实现机器状态及作业数据的远程传输，也可以通过远程调度系统，实现远程启动停止等。

任务 5.1.2 封堵机器人结构及特点

1. 机器人整机结构（图 5-2）

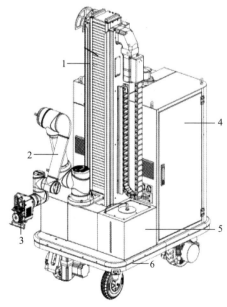

图 5-2 螺杆洞封堵机器人整机结构

1—升降机构；2—六轴机械臂；3—末端执行机构；

4—电控柜；5—水箱组件；6—AGV 底盘

（1）AGV 底盘

AGV 底盘是螺杆洞封堵机器人的主要载体，由舵轮机构、万向轮机构、避障机构、底盘支架等几大块组成，如图 5-3 所示。

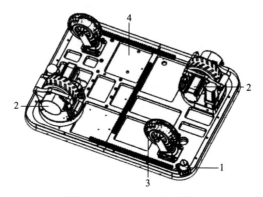

图 5-3　AGV 底盘结构

1—避障机构；2—舵轮机构；3—万向轮机构；4—底盘支架

1）避障机构。采用激光避障，使得机器人能够感知周围的障碍物，并将采集到的数据反馈给控制系统。

2）舵轮机构。即主动轮，它为本机器人提供行走动力，调节机器人行走速度、角度，是机器人的"双脚"；它根据控制系统程序下发的指令执行动作。舵轮由伺服电机及减速器驱动，工作时通过控制伺服电机的启停来控制 AGV 行走，可实现前进、后退、左右转弯、原地自旋等功能。

3）万向轮机构。即从动轮，跟随机器人行走、转动，起支撑底座以及载荷的作用。

4）底盘支架。由型钢焊接组成，经过承载受力分析，在满足受力要求的同时最大化的做到轻量化。

（2）升降机构

升降机构固定于 AGV 底盘之上，为机械手提供准确的上下行走动作，以确保机器人的工作范围，具有快速响应、性能稳定等特点。如图 5-4 所示。

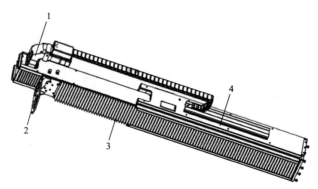

图 5-4　二级升降机构

1—驱动电机；2—机械手底座；3—风琴罩；4—支架结构

（3）执行系统

执行系统主要包含末端执行机构和六轴机械臂两大块，如图5-5所示。

1）末端执行机构

末端执行机构有注浆板和刮平板，且设有工业相机，能够结合导航小车移动自动定位螺杆洞。其结构原理图如图5-6所示。闸管阀控制管路的通断，可以减少砂浆的泄露，注浆板内部通过弹簧支撑，可以减少与墙面的冲击。刮板采用塑料，可以贴紧墙面，改善刮平效果。

2）六轴机械臂

六轴机械臂符合螺杆洞封堵要求。

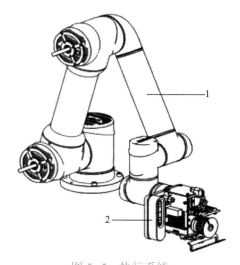

图5-5 执行系统

1—六轴机械臂；2—末端执行机构

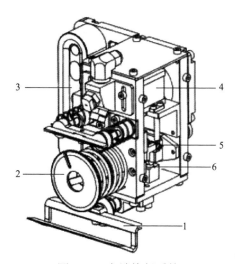

图5-6 末端执行系统

1—刮板；2—贴面板；3—相机；4—电机；

5—限位开关；6—闸管阀

（4）砂浆储存及泵送系统

1）拌料桶。拌料桶用于装载砂浆，是浆料泵送的前置储存工艺，拌料桶采用圆筒锥底结构，便于浆料流动及积聚；搅拌装置用于持续搅拌均匀浆料，保证浆料活性，防止砂浆离析；搅拌桨具备搅拌＋预压功能，可提高出浆效率及浆料的流动性。其结构如图5-7所示。

2）泵送系统。用于泵送砂浆，其进料口具备高真空度、强自吸性、无需预灌流体等特点；进出料口采用快速管箍扣紧，管件安装方便；前置螺旋预压工艺，可实现高密实性物料泵送；软管具有高弹性、耐磨损、耐腐蚀等特性，清洗容易、寿命高；可实现正反泵操作。其结构如图5-7所示。

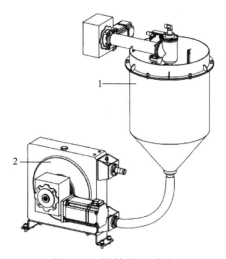

图5-7 搅拌泵送系统

1—拌料桶；2—泵送系统

（5）控制系统

螺杆洞封堵机器人控制系统主要由 BIM 系统、逻辑主控、运动控制及导航系统、PLC 控制、视觉系统、电池几个部分组成。

1）BIM 系统。即 BIM 控制系统，为机器人的上位机管理系统，负责为机器人进行路径规划、调度管制等。根据现场环境和机器人位置，BIM 可规划出从当前位置到螺杆洞封堵位置的最佳路径，并将该路径以节点链表的形式下发给机器人端的 APP，同时根据现场实际工况，对机器人的启停状态进行强制管控。

2）逻辑主控。即主控系统，为机器人的逻辑控制模块，负责多模块之间的通信对接、机器人任务的解析、启停逻辑控制、IO 控制、故障。

3）运动控制及导航系统。根据当前的动作节点信息，进行直线、自旋等运动控制，同时根据导航系统提供的偏差数据，进行实时纠偏，保证机器人沿着目标路线进行移动。导航系统利用激光、IMU、里程计等数据，通过 SLAM 算法为机器人提供可靠的导航数据，包括当前位置姿态、当前位置姿态偏差和节点到达信号等。

4）PLC 控制。控制搅拌、挤压泵、提升等上装工艺执行以及末端出料压管阀等。

5）视觉系统。BIM 信息中会给出每个作业点的大概坐标位置，通过视觉进行精准定位，提供给机械臂准确的作业坐标信息。视觉系统主要由 3D 相机及光源组成。

6）电池。本机器人采用泰坦品牌的 AGV 磷酸铁锂动力电池，重量 38kg，具有自动切断充/放电、实时反馈电池电量状态等功能。

2. 封堵机器人特点

螺杆洞封堵机器人用于住宅和办公建筑室内墙区域，进行螺杆洞封堵作业。其具备螺杆洞封堵、泵料输送、泵料清洗、自动定位和导航、自建地图、路径规划、自动避障防撞等功能。可以保障机器人在不需要人工的情况下自动规划路径行驶并完成螺杆洞封堵作业。螺杆洞封堵机器人的特点如下：

（1）自动化程度高。机器人在外墙定位系统支持及程序控制下，能自动运行到施工作业面进行粗定位，之后在视觉的引导下，封堵头能准确运动至螺杆洞中心位置，实现精准定位、供料堵浆并抹平洞口，实现外墙螺杆洞自动封堵功能。

（2）效率高、覆盖范围大。传统封堵施工由人工完成，平均 60s 封堵一个螺杆洞；而机器人封堵能将整体效率提高 3 倍，达到 20s/ 个，效率得到极大提升。该机器人封堵适应范围极大，可以覆盖环轨车所及的外墙面 90% 以上的螺杆洞。

（3）封堵密实、防渗可靠。通过自动化程序控制，配合特定送料机，能定量、带压将砂浆泵送到螺杆洞内部，保证洞内砂浆充实、封堵严密；堵头抹盘刮抹，使洞口平整，保证封堵后的洞口和墙面的观感一致。

单元 5.2　螺杆洞封堵机器人施工

任务 5.2.1　封堵机器人施工准备

1. 前置条件

（1）在机器人入场作业前完成数据输出

数据处理的两种路径如图 5-8 所示。

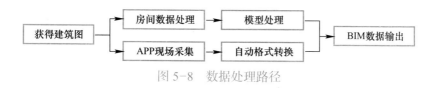

图 5-8　数据处理路径

（2）场地要求

1）人货梯运输 / 室内电梯。要求人货梯 / 室内电梯开门高≥1800mm，宽≥900mm，人货梯 / 电梯出入门口坡度≤10°，越障高度≤30mm。

2）水平运输。运行通道尺寸高≥1800mm，宽≥900mm。

3）仓库。长宽尺寸适中，温度湿度适宜，仓库门开门高≥1800mm，宽≥900mm，并安装门锁。

4）水。确保楼栋中施工时间段供水，确保每层都有水源接驳。

5）电。220V 供电，供电功率 5kW，确保每隔三层提供接电处。

（3）作业面要求

1）墙面要求。留有螺杆洞墙面及飘窗墙面洁净，无除螺杆洞外的孔洞、裂缝等缺陷，螺杆洞内套管已完全取出，螺杆洞洞口及周围无胶套、管套、钢筋、螺钉等凸起物，无爆模缺陷，墙面移交标准。

2）地面要求。地面干净，无较大建筑垃圾等障碍物，预埋钢筋已清理干净，传料口已封堵；机器人进出通道和工作区域内，地面台阶高度≤30mm，越沟坡度≤10°。

2. 机械、工具准备

（1）机器人起吊设备运转正常；

（2）机器人调校状态良好；

（3）进场后检查机器人上是否有异物遮挡视觉或末端，检查是否有元器件脱落等异常；

（4）工作前打开电源，检查是否有足够的电量（当电池电量低于 10% 时，系统不能作业），如图 5-9 所示；

（5）为应对堵管的突发情况，在作业现场需配备好常用工具，用于拆除管道进行维护；

（6）机器人作业完成后需立即清洗，确认现场有足够的水（＞50L）；

（7）快动阀、砂浆输送管、末端机构等需随机器人配备一套，以备紧急时使用；

（8）根据点检表清单对机器人各个机构的状态进行检查，确保可正常工作。

图 5-9 启动界面

3. 人员准备

螺杆洞封堵机器人作业班组就位，现场管理及辅助人员就位，详见表5-2。

螺杆洞封堵机器人现场管理及辅助人员一览表　　　　　　　　　　　表5-2

序号	人员	数量	用途
1	现场施工员	1	封堵机器人无法作业的孔洞
2	机器人操作人员	1	拌料、机器人操机及维护

4. 技术准备

已对作业班组进行作业安全、技术交底。

5. 物料准备

物料准备详见表5-3。

机器人施工物料准备表　　　　　　　　　　　表5-3

类别	序号	名称	品牌	用量	备用
原材料	1	抗裂砂浆	工地提供	800g/m²	骨料＞30目；抗裂砂浆
	2	缓凝剂	灰霸	0.38g/m²	/
	3	水	/	177g/m²	现场提供
设备	1	Pad	/	1个/台	随机器人配套
	2	备用电池	泰坦	1	SAB-48V100Ah
	3	排线（16A）	/	1	电池充电器插口需16A（充电器最大输入电流15.1A）

续表

类别	序号	名称	品牌	用量	备用
设备	4	充电器	泰坦	1	与电池配套
	5	搅拌器	/	1	2800W 人工搅拌器
	6	水泥刮刀	/	2	
	7	料桶	/	5	拌料筒>25L,定容量桶用于加料（4 个）
	8	水枪套装	/	1	水管加水枪
	9	手持式作业工具	自研	1	/
数据	1	路径文件（机器人）	/	1 栋 1 份	路径规划组提供
	2	施工区域（人工）	/	1 栋 1 份	项目组提供

6. 砂浆准备

（1）配料时搅拌桶应干燥，桶壁不含有水分，如含有水分，水要按含水量减少。

（2）砂浆适合螺旋洞封堵作业的最佳砂浆稠度：8～85cm。

任务 5.2.2 封堵机器人施工工艺

1. 施工流程

本机器人在现场施工流程详见表 5-4。

螺杆洞封堵机器人现场施工流程   表5-4

序号	步骤	内容
1	开机	手动将电源开关旋到开机位置，机器自动开机，开机完成后系统自动进入主页面
2	拌砂浆	根据机器人作业指定的配比准备砂浆和水，并搅拌均匀
3	热机	将搅拌好的砂浆倒入料桶中，点击触摸屏上的热机按钮，机器自动进入热机状态，热机时间为 2 分钟，热机过程中可以手动观察砂浆出料情况，连续稳定后即可手动停止热机
4	启动作业	Pad 连接机器，开启 APP，手动将机器移动至第一个作业点，下发任务，进入自动模式，启动机器进行作业
5	结束任务	任务完成后机器会自动停止作业，如果任务没有完成的情况下需要手动停止作业，机器会停在当前位置
6	清洗	作业完成后需要对机器进行清洗，进入手动模式，在系统设置页面有清洗按钮，机器自动进入清洗模式。注意，清洗前需要手动先排空料桶中的砂浆，可以用热机按钮进行砂浆排空，清洗过程系统自动控制，无需人工干预
7	关机	清洗完成后将电源开关旋到关的位置，系统自动进入关机状态。关机大约需要 1 分钟

注意：

（1）搅拌砂浆严格按配比加料，搅拌时间应大于 5min，搅拌完成后用水泥铲刀检查底部是否有未搅拌均匀浆料，如有应继续搅拌直到均匀；

（2）加料时避免砂浆溅落到机器人上，若有请立即清理，否则砂浆干结后将难以处理；

（3）开启程序及作业过程中，关注机器人的动作，若有异常立即拍下急停键；

（4）机器人工作时不允许有物体遮挡视觉，否则会导致作业异常；

（5）加水时应避免大量的水流到机器人机身上。

2. 清洗

（1）清洗时泵送机构为全速开启状态，请勿站立在末端机构前端；

（2）开启清洗程序后若机器无法进行自动清洗，请检查末端压管阀是否正常开启；

（3）清洗时将料斗内壁、搅拌机构、末端机构、快动阀机构清洗干净，反复冲刷，直到出水清澈无杂质为止；

（4）使用高压水枪冲洗，不可将水大面积地溅射至元器件上；

（5）清洗时关注料仓搅拌状态，注意安全；

（6）机器人完成作业或转场时间大于 1h 时，需立刻进行清洗，否则易导致管道堵塞。

3. 后勤保障

（1）机器人清洗完毕后方可退场；

（2）退场前确认机器人上无悬挂或放置任何物件；

（3）退场前确认机器人是否处于停止状态，机械手臂是否已经完全收回到机器本体内；

（4）退场前将机器人行走路径上杂物清除。

任务 5.2.3　封堵机器人施工要点

1. 机器人控制按钮及触摸屏功能

（1）机器人面板控制按钮

机器人面板控制按钮共有四个：电源开关、电源指示、复位开关及急停开关。如图 5-10 所示。

图 5-10　面板控制按钮

1）电源开关。该开关为选择开关，控制整个电控柜供电回路，开启将开关向右旋转，关闭将开关左旋至初始位置。

2）电源指示。用于显示机器的 24V 供电回路是否正常。

3）复位开关。长按 3 秒该按钮，将发送一个复位指令，提升机及机械臂将复位至事先设计的安全位置，短按该按钮，可以取消复位操作。

4）急停开关。为红色按钮，当机器出现紧急情况时，可以拍下急停开关，机器会停止运动；紧急情况解除需先将急停开关复位，才能恢复机器人主电源。

（2）机器人操作面板功能

1）系统开机界面

① 电源开关打开使系统上电，直接进入开机界面，开机界面上方显示系统时间、电池电量、设备状态。

② 60秒钟后自动弹入主界面，主界面显示操作模式系统状态报警信息、提升机和底盘当前位置、机器人当前站点以及当前任务。

③ 系统设置包括对特殊工艺模式的调整，用户登录功能和系统测试功能。

④ 手动界面显示在手动模式下提升机、泵送电机、搅拌电机操作及位置状态信息。

⑤ 参数设定显示手动状态下速度、位置等信息。

⑥ IO信息显示PLC的IO状态信息。

⑦ 报警信息显示设备当前报警界面，可以跳转到历史报警界面。

⑧ 用户登录显示用户名和密码，针对仅有权限界面的授权操作。不同用户名和对应密码会有不同的操作权限等级。一般分为三类，即操作人员、维修人员、开发人员：

操作人员：只能操作主界面以及报警界面。

维修人员：在操作人员可操作界面的基础上还可以操作调试界面和IO界面。

开发人员：可以对所有界面、按钮进行操作。

参数设定界面仅限登录事先设置有操作权限账号进入该界面进行相应操作。

2）系统主界面

① 主界面上方显示系统时间、电池电量、设备状态，电量显示的是当前蓄电池的电量，当电量过低时会提醒充电，如图5-11所示。

② 主界面中部显示操作模式系统状态报警信息、提升机和底盘当前位置、机器人当前站点任务。

③ 主界面右侧显示操作模式按钮，界面的下方显示了设备滚动报警条，单击报警条可以进入报警界面。

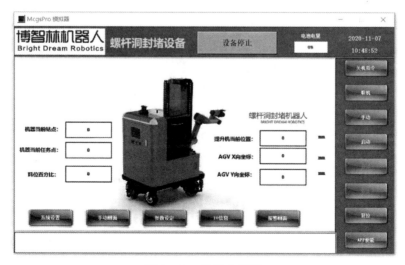

图 5-11　系统主界面

④ 脱机 / 联机按钮。脱机模式下整机接受本地任务文件，联机模式下本机接受多机调度任务。

⑤ 启动。用于自动启动作业，在自动模式下按下启动按钮整机开始自动运行。

⑥ 暂停。当系统处于自动作业时可通过暂停按钮暂停当前作业。

⑦ 停止。停止自动作业。

⑧ 复位。长按 3s 该按钮，提升机和机械臂回到安全位置。

⑨ 安全复位。在按下急停按钮后，还需按下安全复位按钮才能使安全继电器复位。

3）系统设置界面（图 5-12）

系统设置界面分为系统测试、工艺测试和用户登录等部分。

系统测试功能：

① 红灯、黄灯、绿灯按钮，测试三色灯亮灭是否正常；

② 蜂鸣器按钮测试蜂鸣器是否正常响停；

③ 相机照明按钮为预留按钮（相机光源已取消）；

④ 闸板阀按钮用于开阀到位（碰触上极限）；

⑤ 清洗水泵按钮（预留）；

⑥ 机械臂操作按钮；

⑦ 提升机周期测试按钮。

工艺测试功能：

① 单次工艺测试按钮按下，开阀泵送一次砂浆后关阀；

② 连续工艺测试按钮按下，持续进行单次工艺过程；

③ 清洗按钮按下时搅拌电机开启，闸板阀打开泵送砂浆和水，再次点击则泵送电机关闭，搅拌停止，闸板阀关闭；

④ 热机按钮是在清洗后注入砂浆再次作业前按下，用于排出软管和泵中残留水，保证砂浆黏稠度，按下热机按钮，系统自动开阀，开泵两分钟后泵阀关闭；

⑤ 蜂鸣器屏蔽，屏蔽蜂鸣器；

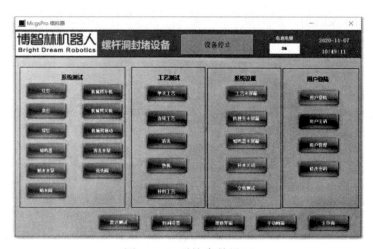

图 5-12　系统参数界面

⑥ 工艺屏蔽，底盘只进行定位，不进行工艺任务执行。

用户登录功能：

① 点击用户登录按钮，弹出用户登录界面输入用户名和密码；

② 点击用户注销按钮，注销当前用户信息；

③ 点击用户管理按钮，删除添加用户信息；

④ 点击修改密码按钮，修改用户密码。

4）手动界面（图 5-13）

① 手动界面显示在手动模式下提升机、泵送电机和搅拌电机操作时的位置状态信息。界面的上方显示了系统时间、设备运行状态、电池电量。

② Z 向提升显示了提升机当前位置，在脱机手动模式下按下上升 / 下降按钮时，提升机当前位置随之改变。当提升机故障时，整机断电需确保机器手安全。在脱机手动模式下点击操作界面"回原点"按钮重新进行原点搜索。

③ 当需手动移动提升机到固定的位置时，可在手动模式下输入定位距离，点击手动定位按钮移动到相应的位置。

④ 泵送电机显示泵送电机的当前速度，在脱机手动模式下按下电机正转 / 反转按钮实现电机正反转（带料情况下需打开闸板阀）。

⑤ 搅拌电机显示搅拌电机当前速度，在脱机手动模式下按下电机正转 / 反转按钮使电机正反转。

⑥ 步进电机显示自动速度和手动速度，按下点动开阀、点动关阀会执行开关阀动作，点动开关阀是指按住触摸屏上的开关阀按钮电机才会动作，当松开时电机就停止运动，点击自动开关阀会直接使开关阀到位（停止在上下极限）。

图 5-13　手动界面

5）参数设定界面

如图 5-14 所示的界面可进行手 / 自动工艺参数进行设定。设定完成后点击数据写入保存数据。

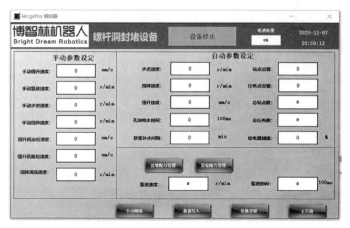

图 5-14　参数设定界面

6) IO 信息界面

IO 信息显示界面主要显示 PLC 当前输入点的通断状态（图 5-15、图 5-16）。点击 PLC 输出界面按钮，跳转到 PLC 输出界面。PLC 输出界面主要显示 PLC 当前输出点的通断状态。

图 5-15　PLC 输入输出界面（X）

图 5-16　PLC 输入输出界面（Y）

7）报警界面

报警界面显示当前报警开始的时间和日期，当复位按钮按下时将消除故障。点击历史报警进入历史报警界面。如图 5-17 所示。

图 5-17　报警界面

8）历史报警界面

历史报警界面显示报警日期、时间以及报警信息。点击返回可回到报警界面。如图 5-18 所示。

图 5-18　历史报警界面

9）报警帮助界面

报警帮助界面可查看报警序号、故障名称和处理办法，为故障的解决提供帮助。如图 5-19 所示。

10）用户帮助界面

在系统参数界面点击帮助界面按钮可以进入帮助界面。在该界面可查看版本信息、公司名称、网址、电话等信息。如图 5-20 所示。

图 5-19　报警帮助界面

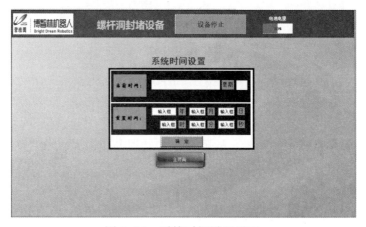

图 5-20　用户帮助界面

11）系统时间设置界面

该界面显示当前的日期和时间。输入日期、时间等信息在重置时间功能栏，再点击确认按钮，即可以重置当前系统时间。如图 5-21 所示。

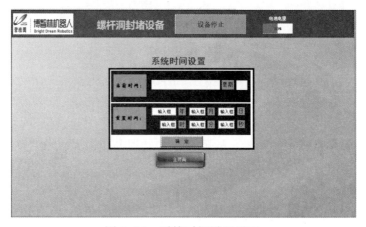

图 5-21　系统时间设置界面

2. APP 界面

（1）APP 端基本信息

1）APP 登录界面，如图 5-22 所示，首先设置系统 Wi-Fi，连接到机器对应的 Wi-Fi，其次设置 IP 地址和端口号，IP 地址和 Wi-Fi 设置成功会显示机器拼 IP 成功，点击重新连接即可进入系统操作界面。

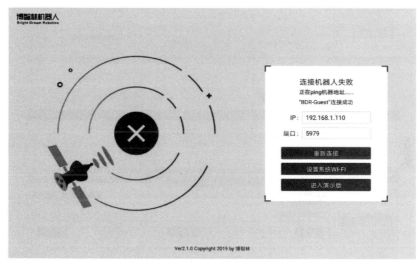

图 5-22　APP 登录界面

2）自动模式，自动模式下左边非灰色界面，点击即可进入对应界面。自动模式是常用模式，主要功能按键有启动 / 暂停 / 停止操作。如图 5-23～图 5-29 所示。

（2）APP 端手动底盘控制

在手动底盘遥控界面，可通过右边方向键控制底盘的前后左右运动，也可以通过下面旋转键控制机器左右旋转。机器移动速度可通过速度设置进行更改，如图 5-30 所示。

图 5-23　自动运行状态显示界面

图 5-24　故障报警界面

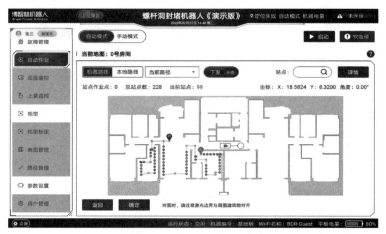

图 5-25　路径下发及选择界面

图 5-26　视觉图片显示

图 5-27　IO 显示界面

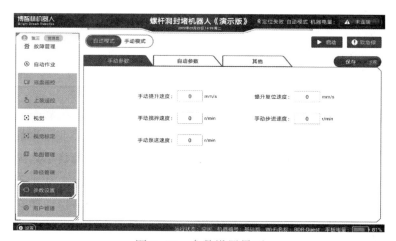

图 5-28　参数设置界面

图 5-29　系统设置界面

图 5-30　底盘手动控制界面

（3）APP 端上装手动控制

上装部分与机器工艺执行相关，主要包括二级抬升 / 闸板阀 / 搅拌电机 / 泵送电机 / 机械臂，以及系统测试的各项功能。

1）二级抬升调试。点动右边区域按钮，可控制提升机进行上升下降或者回原点等操作，如图 5-31 所示。

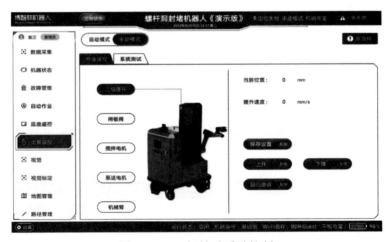

图 5-31　二级抬升手动控制

2）闸板阀控制。分别点击右边区域点动开和关按钮，可控制闸板阀开启与关闭，如图 5-32 所示。

3）泵送电机手动控制。点击右边区域正反转按钮，可控制泵送电机进行正反转运动，如图 5-33 所示。

4）机械臂手动控制。点击位置控制界面中 X、Y、Z 的控制按钮，可控制机械臂进行点动运动，如图 5-34 所示。

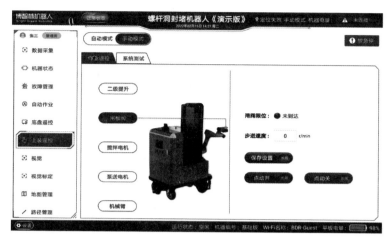

图 5-32 闸板阀手动控制

图 5-33 泵送手动控制

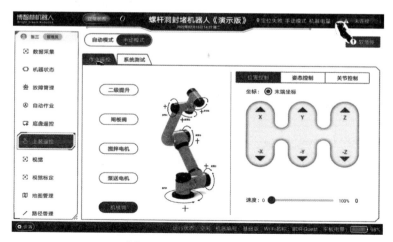

图 5-34 机械臂手动控制

5）系统测试。机械臂开机关机测试，长按开或关按钮，可控制机械臂开机和关机。在开机状态，将机械臂"示教使能"按钮打开，机械臂可实现任意拖动；其他系统测试和工艺测试都可以在该界面进行操作。如图5-35所示。

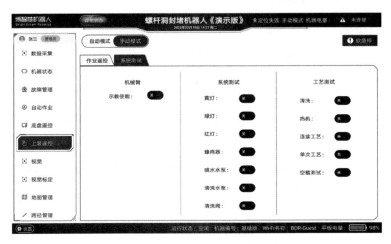

图5-35　手动系统测试

3. 机器人操作步骤

（1）机器人操作步骤概述

机器人必须严格按照规定的操作步骤来进行操作，整个操作流程如图5-36所示。

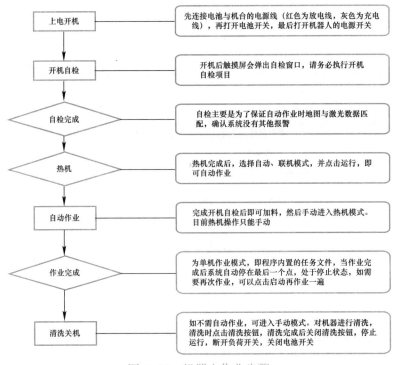

图5-36　机器人作业步骤

188

（2）机器人开机步骤

1）开机前状态检查，确保周围环境安全，机器人处于正常可运行状态；

2）料桶内有适量的砂浆；

3）水箱加满水；

4）开启机器人电源开关，面板电源指示灯亮起，触摸屏进入开机初始化界面（约需60秒），如图 5-37 所示；

图 5-37　开机初始化界面

5）APP 连接机器 Wi-Fi，并登录螺杆洞封堵控制 APP，如图 5-38 所示；

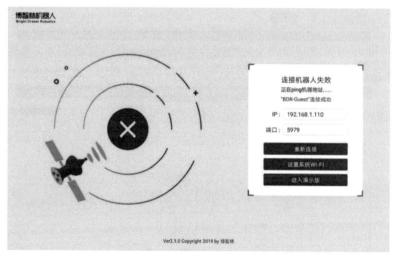

图 5-38　登录 APP 界面

6）进入手动热机模式。触摸屏：主页面→系统设置→工艺测试：热机；APP 和触摸屏均可操作（建议在 APP 上操作），触摸屏后期主要给技术人员进行调试使用。APP 操作页面如图 5-39 所示。

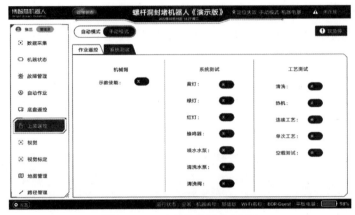

图 5-39　手动热机操作界面

7）热机完成，在 APP 上加载地图。如图 5-40、图 5-41 所示。

图 5-40　地图选择界面

图 5-41　点击使用地图

8）加载完成，地图下发路径，如图 5-42、图 5-43 所示。

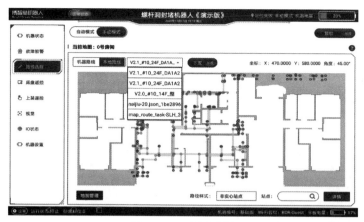

图 5-42　选择地图

图 5-43　地图下发

9）将机器移动到作业位置点，并确认作业位置点机器作业方向是否正确，可点击查看站点详情，通过站点详情中当前点的作业方向确认机器的初始方向是否正确，如图 5-44 所示。

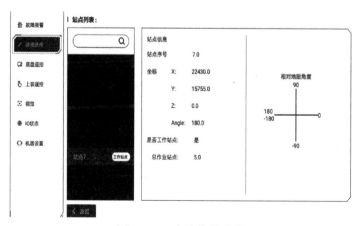

图 5-44　确认作业路线

10）在自动模式下，点击启动按钮，输入作业站点及任务点，点击确认，机器开始作业。如图 5-45 所示。

注意：机器人触摸屏和 APP 加装了权限管理，目前只有参数设置需要权限，其余都可以操作。机器人的参数一般在出厂时已经调整到最合适的状态，如果在使用过程中需要调整参数，需登录机器人操作系统后才可操作，用户名：admin，密码：111111。

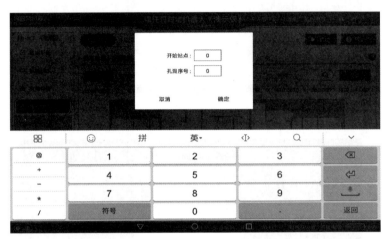

图 5-45　自动启动

4. 机器人关机步骤

（1）停止当前任务；

（2）长按复位按钮大于 3 秒，机械臂与提升机自动进入复位状态；

（3）关闭机器面板上的电源开关，触摸屏进入关机页面，显示关机进行中进度条提示关机进度，关机完成系统自动断电，如图 5-46 所示。

图 5-46　关机页面

5. 封堵机器人质量标准

关于建筑施工质量验收的相关行业标准中，没有针对螺杆洞口质量与施工的规定，但在施工过程中是必然的存在，且对建筑的外观、保温、隔热和隔声均有一定的影响。

剪力墙模板加固（包括装配式构件）留下的穿墙螺栓孔必须进行处理，而处理的方法及验收标准却没有统一的规范规定，以往的工程做法是用抹子将砂浆从穿墙螺栓孔两端填入，再抹平即可。但对于不同部位的墙体，其所处的环境条件不同，做法也应不同。

机器人封堵质量控制不包括对外墙防水处理，对外墙防水做法详见设计要求。对机器人封堵施工有以下要求：

（1）封堵螺杆洞时所用水泥砂浆中的膨胀剂与防水剂，应根据工程性质和现场施工条件选择，并事先通过试验确定掺入量。

（2）封堵砂浆配比与外加剂必须具有出厂合格证及产品技术资料，并符合机器人配料技术要求。

（3）对于有防水要求的螺杆洞，微膨胀剂的掺量直接影响砂浆的封堵质量，计量应由专人负责，允许误差一般控制在掺入量的 ±2%。砂浆应搅拌均匀，否则会产生过大或过小的膨胀，影响防水质量。

（4）施工前，先施工样板，砂浆配合比需挂牌，标明各种材料的用量。

（5）封堵螺杆洞前应该注意螺杆洞的清理，确保墙体螺栓孔洞内的杂物、浆体浮物清除干净。

（6）按照项目管理要求，施工作业前要进行技术与安全交底，施工完毕及时进行质量验收，验收表详见表 5-5。

任务 5.2.4　封堵机器人安全管理

1. 安全基础

（1）机器人应用班组进场前进行总包三级安全教育交底；

（2）落实机器人的吊装安全管控及现场信息管控工作；

（3）机器人执行检修、更换零件等操作时，必须为断电或急停状态，禁止启动；

（4）如图 5-47 所示为机器或工地中一些常见安全标识（不仅限于此），需按标识指示执行。

2. 水电安全

施工场地以及仓库用电时需要注意安全，有以下注意事项：

（1）电源接头需要注意防水，靠近窗户边及水源处插座需增加防护罩，或者将窗户锁闭，防止其他人打开窗户或者将电源接头远离这些区域；

（2）电源需要计算负载功率，大功率用电器有：搅拌器 3000W、机器人电池充电器 2500W，需要将这些大功率用电器交错使用，避免功率叠加，造成过载；或尽量通过多个电源进行供电；

（3）不允许在消火栓取水，只许用楼层间的管道自来水；

（4）使用电缆拖盘搭载大功率用电器时，需要将电缆盘全部拉开，防止热量积累（图 5-48）；

（5）施工场地的插头插座及线缆需要注意防水，避免被自来水浸泡或溅射。

螺杆洞封堵质量联合验收确认表   表5-5

| | | 验收时间 | 年 | 月 | 日 |

参与评定 工程项目	
验收部位	
评定方	
封堵类型	封堵方式：全自动封堵 工艺类型：圆孔	机器施工面积： 封堵数量：
现场施工 进度	
检查项目	1. 是否鼓包　2. 是否开裂　3. 是否不平整
验收结果	合格□　　　不合格□
评定方验 收意见	

说明：验收意见栏中"不合格"需注明原因

图 5-47 常见安全标识

图 5-48 电缆拖盘

3. 个人防护安全

（1）砂浆溅射眼部等黏膜时，需及时用大量清水冲洗干净；

（2）操作者上岗前必须经过建筑工地入场安全教育和机器人操作培训，经考核合格后方可上岗，严禁酒后、疲劳上岗，现场必须按要求穿戴好劳动保护用品：安全帽、反光衣、劳保鞋等；

（3）按照机器人操作规程进行操作，操控人员应时刻密切关注机器人的运动作业状态，避免发生机器人撞人、撞物、倾翻、长时间过载等风险和事故；

（4）设备上不得放置与作业无关物品，禁止作业现场堆放影响机器人安全运行的物品，禁止任何无关人员在机器人作业范围内停留；

（5）机器人运行过程中，禁止在机器人前进方向 3m，两侧边 1m 及转弯半径范围内逗留、打闹、嬉戏，谨防被撞，或被飞出的铁磨头砸伤。

单元 5.3　螺杆洞封堵机器人维修保养

任务 5.3.1　封堵机器人维护

1. 日常维护

定期保养机器人可以延长机器人的使用寿命。在通电时严禁触摸冷却风扇等设备，防止伤亡事故发生。日常检查维护项目详见表 5-6。

日常检查表　　　　　　　　　　　　　　　　　　　　　　　　　　　表5-6

维护设备	维护项目	维护周期	备注
机器人整体	检查机器人周围有无阻碍物	每天	
	检查除机器人本身外有无其他物件（如：螺丝刀、扳手、螺栓等）	每天	
	检查 AGV 底盘各轮子状态	每天	
	检查升降系统有无损坏	每天	
	检查送料系统的料斗有无剩料结块，检查泵送系统管路是否堵塞，需出水测试	每天	
	检查机械臂管线是否缠绕	每天	
	检查末端执行系统的快通阀工作是否正常，通断时间是否正常	每天	
	检查水箱是否漏水	每天	设备上电前检查
	检查卡箍、管接头有无缝隙和损坏	每月	
机器人控制柜	检查控制柜的门是否关好	每天	
	检查柜中器件是否损坏	每周	
	确认风扇转动	每周	打开电源时
急停键	动作确认	每周	接通伺服时
电池	确认电池有无报警显示及信息显示	每周	

2. 封堵机器人各功能部件的维护

（1）急停键的维护

急停键在控制柜门上。在机器人动作前，请使用急停键确认在伺服接通后能正常地将其断开。如图 5-49 所示。

（2）电池的维护

1）电池的日常保养

① 新购买的锂电池均有一定电量，因此，新电池可以直接使用，待剩余电量用完再充电，经过 2～3 次正常使用可完全激活锂电池活性。

② 锂电池不存在记忆效应，可随用随充，但要注意锂电池不能过度放电，过度放电会造成不可逆的容量损失。当机

图 5-49　急停键

器提醒电量低时应及时充电。

③ 日常使用中，刚充好的锂电池需搁置半小时，待电池性能稳定后再使用，否则会影响电池性能。

④ 长时间不使用机器时，务必将电池取出保存在干燥阴凉处。

⑤ 注意锂电池的使用环境。锂电池充电温度为 0～45℃，锂电池放电温度为 −20～60℃。

⑥ 不要将电池与金属物体混放，以免金属物体触碰到电池正负极，造成短路，损害电池甚至造成危险。

⑦ 不要敲击、针刺、踩踏、改装、日晒电池，不要将电池放置在微波、高压等环境下。

⑧ 使用正规的匹配的锂电池充电器给电池充电，不允许使用劣质或其他类型电池充电器给锂电池充电。

2）锂电池长期不用如何存放

① 锂电池长期不用应充入 50%～80% 的电量，从机器中取出存放在干燥阴凉的环境中，并每隔 3 个月充电一次，以免存放时间过长，电池因自放电导致电量过低，造成不可逆的容量损失。

② 锂电池的自放电受环境温度及湿度的影响，高温及湿温会加速电池自放电，建议将电池存放在 0～20℃ 的干燥环境下，如图 5-50 所示。

（3）AGV 底盘维护

1）舵轮的维护保养

① 确保在安装和运转时加到电机轴上径向和轴向负载控制在每种型号规定值以内；

② 开始维护电机和制动器之前，必须切断电源，并且采取措施防止意外接通，电机工作完毕，机器温度可能会变得非常高，用手接触可能会有烫伤的危险；

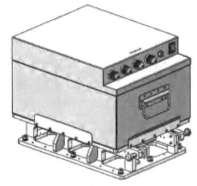

图 5-50　锂电池示意图

③ 定期检查电机的线缆表皮是否有破损，插接头是否牢固，线缆是否有卷绕、受力拉伸状态；

④ 定期清理舵轮表面的泥浆，保证电机表面散热正常；

⑤ 检查橡胶轮的橡胶包覆状态、橡胶磨损情况，及时清理粘在橡胶轮面上的杂物，确保舵轮滚动顺畅。如图 5-51 所示。

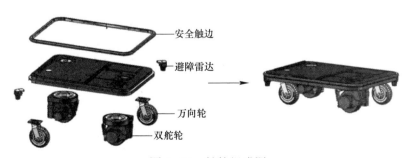

安全触边
避障雷达
万向轮
双舵轮

图 5-51　舵轮组成图

2）万向轮的维护保养

① 支架维护。如果活动转向太松，须马上更换。如脚轮中心铆钉为螺母固定，须保证其紧锁牢固。如活动转向不能自由转动，应检查滚珠处有无腐蚀或杂物。如装配有固定型脚轮，须保证脚轮支架无弯折现象。

② 万向轮保养。检查轮子磨损情况。轮子转动不畅可能与细线、绳子等杂物有关。防缠盖能有效遮挡这些杂物的缠绕。脚轮的过松或过紧亦是另一个因素，更换破损的轮子以避免不稳定的转动。检查和更换轮子之后，须确保用锁紧垫片上紧轮轴。因轮轴松动会导致轮辐与支架摩擦并卡死，应注意常备有替换轮子和轴承。

③ 润滑油保养。定期加油润滑，轮子和活动轴承就能保持长期正常使用。把润滑脂涂于轮轴、密封圈内和滚柱轴承的摩擦部位，能减少摩擦并使其转动更灵活。正常情况下每六个月进行一次润滑。

④ 支架及紧固件检查。轮轴与螺母上紧并检查焊缝或支撑板有否损坏。超载或撞击会导致支架扭曲，扭曲的支架令重载倾斜会导致轮子过早损坏。如果是插杆型脚轮，应上紧螺母或牢固铆紧，并保证设备安装支架没有弯折且插杆安装正确。安装脚轮时，应使用锁紧螺母或防松垫片。膨胀插杆型脚轮的安装需保证插杆牢固安装在套管内。

（4）升降系统维护

升降机构的竖直移动停止使用后应处于锁死状态。机械臂在停止使用后应处于锁死状态。抬升模组的维护保养包括如下内容：

1）维护保养前先把抬升模组外面的风琴罩拆除。

2）保持导轨及其周围环境清洁，微小灰尘进入导轨，也会造成导轨的磨损，振动和噪声。

3）导轨应保持润滑，维护时，用油枪油嘴注入润滑油，最少三次，第一次注入后，往前走一段再注入第二次，以此类推。

4）同步轮同步带（皮带）的检查。避免异物进入同步轮同步带，避免异物粘连在同步带上，同步带上应保持清洁。

5）定期检查抬升机构限位开关。限位开关位于提升模组的侧面，电机下方，维护前需将金属护板先拆掉。限位开关的检查包括结构的完整性和功能的完整性。结构方面，检查限位开关固定螺栓是否松动，位置是否准确，感应片是否完整，是否有干涉；功能方面，检查限位开关是否能正常工作。

（5）泵送系统维护

1）泵送系统清洗

① 作业完成后应对泵送系统进行清洗，保证整个泵送系统无砂浆；

② 清洗时点击 APP 上的清洗按钮进行清洗。

2）料斗清洗

① 检查料斗壁是否清洗干净，是否有凝固砂浆；

② 检查搅拌机构上的橡胶刮条是否有破损，如有破损，需及时更换。

（6）执行系统维护

1）压管阀的维护保养（图 5-52）

① 压管阀属于末端砂浆流量控制器件，应定期检查与维护；

② 保证压管阀电机工作正常，不得有裸露的电线；

③ 保证压管阀闸板外不得有砂浆围绕，否则容易造成阀门堵塞；

④ 每次使用完成应清洗压管阀；

⑤ 需定期更换压管阀上的压管、刮板及弹簧件；

⑥ 每次使用前应通电测试压管阀是否通断顺利，动作节拍是否稳定。

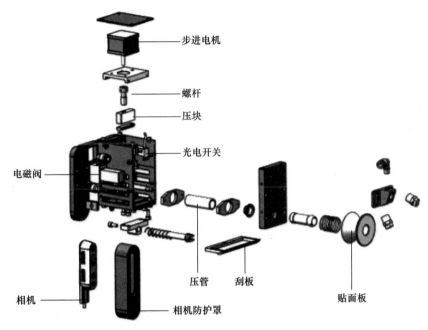

步进电机
螺杆
压块
光电开关
电磁阀
压管　刮板
贴面板
相机
相机防护罩

图 5-52　末端组成图

2）刮板的维护保养

① 刮板属于易损件，应定期更换刮板；

② 工作完毕应及时清理弹簧处砂浆，弹簧生锈后应定期更换；

③ 注浆板的大弹簧应在每次工作完成后及时清洗，避免砂浆沉积，定期更换大弹簧；

④ 使用前检查注浆管是否堵塞。

（7）易损件清单（详见表 5-7）

易损件清单　　　　　　　　　　　　　　　　　　　　　　　表5-7

物料编码	图号	名称	材料	品牌	数量	单位	使用寿命（年）
120640010001673	A20-120mm-D1000mm	安全触边	/	沃美诺	2	PCS	1
120640010001674	A46-WKL-1660	安全触边	/	沃美诺	2	PCS	1

续表

物料编码	图号	名称	材料	品牌	数量	单位	使用寿命（年）
120800010006832	CR1918M3-60024	刮板	SUS304	/	1	PCS	0.5
120800010006835	CR1918M3-60027	上刮板	SUS304		1	PCS	0.5
120920150001467	D19-14-55mm	乳胶管	/	絮而	1	PCS	0.5
120800010006877	CR1918M3-70006	滤网	SUS304	/		PCS	0.5
120920100000246	ZIG41W32	编制网管	/	怡合达	3.5	M	0.5
120920150001272	XWC39-3325	钢丝软管	/	怡合达	1	M	0.5

任务 5.3.2　螺杆洞封堵机器人常见故障及处理

1. 封堵机器人常见异常现象及处理办法

螺杆洞封堵机器人作业常见异常现象及处理办法详见表 5-8。

常见异常现象及处理办法　　　　　　　　表5-8

序号	异常现象	异常原因	处理办法
1	泵转正常无法出料	1. 进料异常，砂浆处出现大型的吸入孔洞或料斗出料口堵塞； 2. 泵送机构异常； 3. 快动阀异常，无法正常开启； 4. 管道内有异物或砂浆在管道内干结导致堵塞； 5. 管道破损	1. 检查搅拌器是否开启；检查料斗内出料口是否有异物，如有则应及时清理干净； 2. 检查泵送机构管道是否有脱离或破损的情况； 3. 检查接线是否异常；检查机构是否卡死； 4. 如排查如上问题点后仍出现不出料的异常，可断定为管道内堵塞，此时需将高压水枪接入管道进行清洗，仍旧无法解决，则需更换管道； 5. 更换输送管道
2	砂浆不受控地喷射	1. 管道内进入空气； 2. 错误操作导致管道内严重憋压	1. 检查料斗内砂浆是否出现气孔，如有则应调节搅拌或手动搅拌均匀；检查接头处是否有松脱； 2. 手动开启工艺测试，点击自动泵料按钮三次后检查是否出料正常
3	泵转不正常，无法动作	1. 电机损坏，无法使能或动作； 2. 电机无故障，能轻微转动但不能转动整圈	1. 排查是否有电机伺服报警，如果电机本身有报警故障，需联系售后人员； 2. 转动电机，看是否能够转动，如果可轻微转动则表示泵堵塞，需要拆卸掉泵体，倒出泵体中的润滑油，去掉泵管两端的结构件，APP上操作转动泵送电机，将泵管挤出，疏通管道后装回
4	停止不动	1. 路径上出现影响导航的障碍物； 2. 路径上出现不可越过的凹坑、凸起障碍物等； 3. 程序异常	1. 移开障碍物； 2. 垫平或移除凸起物； 3. 请联系技术人员到场排查问题点
5	跑偏	1. 室内有大面积板件，影响导航； 2. 程序异常	1. 移开障碍物； 2. 请联系技术人员到场排查问题点
6	原地打转	1. 舵轮转向齿轮异常； 2. 程序异常	1. 检查转向齿轮处是否有异物卡住； 2. 请联系技术人员到场排查问题点

序号	异常现象	异常原因	处理办法
7	定位偏移	1.墙面有异物或干扰孔让机器人误识别； 2.孔洞周边混凝土剥落，导致孔洞走形，影响识别精度	1.检查墙面是否有拉杆孔以外的孔洞，且形状相似，若有，请将此孔盖住继续作业并联系施工方确认是否存在墙面质量缺陷； 2.联系施工方检查是否存在墙面质量缺陷，且此种破损严重的孔洞不在本机器人的工作范围内
8	未封堵，跳过孔洞	1.孔洞周边混凝土剥落严重，导致视觉无法识别； 2.孔洞内胶套未清理； 3.孔洞内有其他异物堵塞，导致无孔洞特征	1.联系施工方检查是否存在墙面质量缺陷，且此种破损严重的孔洞不在本机器人的工作范围内； 2.清理胶套； 3.联系施工方确认是否有异物，如有则应在清理干净后进行封堵作业
9	封堵质量严重不合格	1.刮板结构件变形，导致刮平的效果不佳； 2.管道内有气泡导致封堵不密实； 3.定位偏移导致砂浆未完全注入孔洞； 4.末端机构未能有效贴靠墙面，导致砂浆外泄严重	1.更换刮板； 2.检查料斗内砂浆是否出现气孔，如有则应调节搅拌或手动搅拌均匀；检查接头处是否有松脱导致进气； 3.按如上"定位偏移"发生原因进行排查解决； 4.深度识别异常，请联系技术人员

2. 封堵机器人常见故障及解决方法

（1）开关电源的故障判定及解决

使用万用表对开关电源输出端进行电压测量，如果没有输出，则电池故障，对开关电源进行更换，常见电源故障及处理办法详见表 5-9。

常见电源故障及处理办法 表5-9

序号	故障现象	故障原因	处理办法
1	电池无输出电压	长时间没使用休眠	用充电机充电激活
		电池过放保护	把电池充满电
		开关接触不良	检查开关是否导通
		BMS 告警	用上位机软件读取 BMS 信息
		其他问题	联系售后技术支持排查故障或者更换电池
2	电池无法充电	通信不上	连接电脑核查通信协议
		充电口接错	检查接口，重新连接
		充电线接触不良	检查线路是否松动
		其他问题	联系售后技术支持排查故障或者更换电池
3	不上电	不能启动机器	连接电脑调整电池组 BMS 启动电流
		电池电量不足	重新充电后再启动
4	电池电量不准	电量运算不准	联系供应商处理
5	放电时间短	环境温度低，电池充不满	提供环境温度在 15℃以上进行充电
		电芯电压不一致	需要调整电芯一致性，联系售后

（2）伺服驱动器伺服电机故障判定及解决

上位机发送控制指令后，对应的伺服电机无动作，首先检查伺服电机及驱动器的连接线缆是否有松动情况。如无松动，查看驱动器报警指示灯是否点亮，如果报警灯有点亮，查看对应的驱动器使用手册来查找故障原因进行排查，如果最终未能解决故障，可联系驱动器厂家来进行协助解决问题，否则进行驱动器更换。

（3）限位感应器的故障判定及解决

限位感应器在带电情况下使用黑色挡片来进行检测，在黑色挡片位于感应器内部时，限位感应器会被感应而灭灯，如果灯一直常亮，没有变化，说明限位感应器损坏。如果没有挡住时，感应器没有亮灯，应该检查感应器的线缆插头是否松动，如无松动则感应器也已经损坏。感应器位于末端闸阀和提升机的侧面，检查时需拆除末端闸阀外壳板及提升机侧面限位开关保护板。

（4）激光雷达故障判定及解决

查看系统是否可接收到激光雷达的信号，如果接收不到，查看激光雷达工作状态是否正常，如果不正常查看激光雷达使用手册进行故障排查。

（5）避障雷达故障判定及解决

查看系统是否可以接收到避障信号，如果接收不到，查看雷达工作状态是否正常，如果不正常看避障雷达使用手册进行故障排查。

（6）机械臂故障判定及解决

机械臂无法按上位机发送的指令进行相应动作，且机械臂控制箱有故障代码显示，查看机械臂厂家提供的使用手册进行故障判定或者致电机械臂厂家的技术人员进行故障排查。

（7）电池故障及解决

电池无法进行充放电时，首先查看使用手册进行故障排查，如果无法解决请联系电池厂家技术人家进行故障排查。

（8）系统急停

正常启动机器如发现系统报警灯亮红色，且触摸屏上显示系统急停，检查电控柜面板上急停按钮是否被按下，如果急停按钮处于按下状态请先恢复急停按钮，再点击触摸屏上急停复位信号，该故障即可解除。

（9）泵送故障及解决

泵送管道无法正常出料，且管内出现憋压状况，点击 HMI 反泵按钮，启动反泵进行卸压（单次只允许反泵运转 2~3 周期），再启动正常泵送。

小结

本项目介绍了螺杆洞封堵机器人的功能、结构、特点；螺杆洞封堵机器人的施工准备、施工工艺、施工要点、质量标准及安全管理；螺杆洞封堵机器人的维修保养、常见故障排查及处理办法。希望通过本项目的学习，使学生能正确操作螺杆洞封堵机器人进行施工作业；能正确判定常见机器故障，并进行简单检修与维保；能配合机器人进行螺杆洞封堵；能根据实际岗位工作进行现场协调管理。希望最终能培养学生严谨、认真、刻苦、求实的学习工作态度和依照质量要求规范操作的能力；培养学生根据所学理论知识解决相关工程实际问题的能力；培养学生善于思考和积极动手的能力；培养学生具备"四懂""四会"的基本素质。

 巩固练习

简答题

1. 螺杆洞封堵机器人包括哪些功能？
2. 螺杆洞封堵机器人的整机结构包括哪几部分？
3. 螺杆洞封堵机器人施工的作业条件包括什么？
4. 螺杆洞封堵机器人施工的流程是什么？
5. 螺杆洞封堵机器人限位感应器的故障判定及解决办法包括什么？

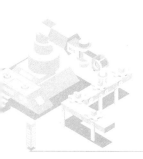

项目 **6** 混凝土内墙面打磨机器人 >>>

单元 6.1 混凝土内墙面打磨机器人性能

任务 6.1.1 打磨机器人概论及功能

1. 打磨机器人概论

（1）打磨机器人的类型

机器人打磨主要有两种方式：一种是通过机器人末端执行器夹持打磨机具设备，主动接触工件，工件相对固定不动，这种打磨机器人也称为工具主动型打磨机器人；另一种是机器人末端执行器夹持工件，通过工件贴近接触打磨机具设备，机具设备相对固定不动，这种打磨机器人也称为工件主动型打磨机器人。由于建筑构件一般是固定不动的，需要机器人主动贴近构件来完成打磨操作，因此建筑打磨机器人都是工具主动型打磨机器人。

建筑打磨机器人根据作业面的不同可以分为地坪研磨机器人、内墙面打磨机器人和天花打磨机器人，本项目主要介绍混凝土内墙面打磨机器人（简称内墙面打磨机器人或打磨机器人）的原理及应用。墙面打磨机器人主要由机器人本体、打磨机具设备、灰尘回收设备、限位器、机器人内置导航以及激光传感器等组成。

（2）内墙面打磨机器人的发展

纵观我国建筑市场，由于工人老龄化趋势日益严重，新一代工人对劳动强度降低的要求以及用人单位对人均效益提升的要求日益强烈。同时，数字化建筑、装配式建筑、智能化建筑等新型技术的推广，也要求配套的机械设备相应地具备智能化特性。因此，用智能化机器取代人工，降低劳动强度和施工成本成为迫切需要。机械设备一体化、智能化、自动化必将成为时代主流。对于混凝土内墙面打磨施工，目前主要依赖多名工人手动操控手持式电镐机进行作业，在室内墙面打磨剔凿过程中，工人通常需要高强度剔凿，灰尘满天飞施工环境差，劳动强度大，施工质量与效率较低；同时，随着工人老龄化，势必导致劳动力的供给减少，劳动成本的日益增高，整体施工成本越来越高。因此，一种能够高质量、高效率、低成本施工的智能化解决方案成为市场的迫切需求。

目前市场上能够进行全自动混凝土内墙面打磨的机器人依旧不成熟，人机辅助类的产品局限性相对较大，且不能适用于现代住宅的内墙面打磨环境。随着机器人技术的发展，核心零部件及传感器的成本逐年下降，混凝土内墙面打磨机器人的开发成本和生产成本逐步降低，对混凝土内墙面打磨机器人的市场普及起到一定的促进作用。

（3）内墙面打磨机器人简介

混凝土内墙面打磨机器人主要用于建筑内部环境内墙面区域，在内墙面垂直度和平整度不满足国家规范和企业标准的要求时进行混凝土打磨操作。内墙面打磨机器人的主要性能及关键技术详见表6-1。

2. 打磨机器人功能

混凝土内墙面打磨机器人主要对建筑内墙面墙体垂直度、平整度不满足要求的地方进

内墙面打磨机器人的主要性能及关键技术　　表6-1

序号	性能名称	单位	指标值
1	重量	kg	550
2	尺寸	mm	820×960×1800
3	作业高度	mm	80~3050
4	移动速度	m/s	0~0.5
5	导航定位精度	mm	±30mm
6	切削效率	m²/h	9（C30混凝土切深1mm）
7	打磨功率	kW	0.5~2.2
8	打磨压力	N	20~150
9	续航时间	h	≥5
10	坡角度	°	10
11	越障高度	mm	30
12	吸尘器容量	L	27
关键技术			
打磨自适应	恒压控制	深度检测	数据采集

行打磨施工。机器人作业时可利用机器人内置导航完成室内空间建图、自身定位及路径规划；然后根据规划路径（沿墙边）自动行走，在相应站点完成执行机构的位置调整；最后根据激光传感器动态调整前伸尺寸，按预定轨迹进行打磨，直至达到设定打磨量。打磨过程中机器人打磨前端同步进行灰尘自动回收。墙面打磨机器人的结构组成、功能与性能优势如图6-1所示。

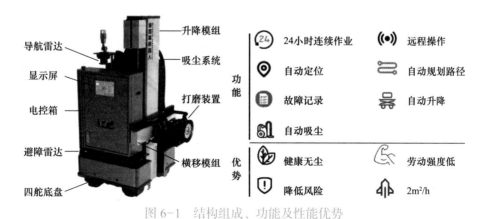

图6-1　结构组成、功能及性能优势

目前混凝土内墙面打磨机器人的功能和规格尺寸均是基于碧桂园集团五套基本户型YJ215、YJ180、YJ143、YJ140、YJ115而设计。除上述户型以外的其他户型，需根据实际户型情况确定是否适用本款机器人。

结构工程机器人施工

任务 6.1.2　打磨机器人结构

混凝土内墙面打磨机器人（图 6-2）主要由 AGV 底盘、电控柜、二级升降、横移模组、打磨头五部分组成。

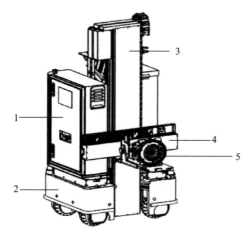

图 6-2　混凝土内墙面打磨机器人总成

1—电控柜；2—AGV 底盘；3—二级升降；4—横移模组；5—打磨头

1. AGV 底盘

AGV 底盘采用四舵轮对角布置结构，可实现横向、纵向移动，以舵轮作为驱动和转向动力单元，动力能源来自底盘动力锂电池组，底盘外形尺寸 804mm×672mm，驱动电机 400W，速比 1：40.4，转向电机 200W，速比 1：162，选用绝对式编码器，最大承载≤1200kg，行驶速度≤46m/min，定位精度±30mm/±1.0°，停止精度 ±40mm/±1.0°，最大爬坡能力 10°，最大越障高度 30mm，最大跨缝宽 50mm。底盘上还有推送机构，推送机构用于推送升降机构前行，靠近打磨墙面，运动时缩回，确保打磨头离墙安全距离，如图 6-3 所示。

图 6-3　AGV 底盘

1—舵轮；2—推送机构；3—避障雷达

2. 电控柜

电控柜由左电控柜、背部电控柜、导航雷达、吸尘器四部分组成。电控柜可拆卸，整体框架采用方钢焊接而成。导航雷达用于自动导航定位，吸尘器是打磨过程中灰尘吸收装置。每个电控柜安装有散热风扇，确保运行中电柜箱散热，防护等级为 IP54。电控柜安装于 AGV 底盘上，如图 6-4 所示。

3. 二级升降结构

二级升降结构主要包括一级升降节、二级升降节、倾角调节装置、拖链等。主要控制

混凝土内墙面打磨机器人

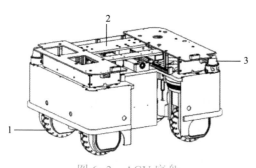

打磨盘的倾角与上升高度。一级、二级升降节均为双线轨丝杆结构，采用 400W 抱闸马达驱动。倾角调节装置通过安装在升降机构背板的角度传感器反馈数据；电推缸推动升降机构绕支撑铰链转动完成升降垂直角度调整。如图 6-5 所示。

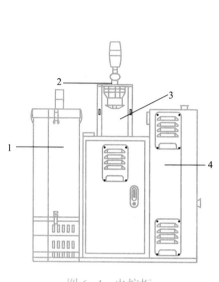

图 6-4　电控柜

1—吸尘器；2—导航雷达；3—背部电控柜；4—左电控柜

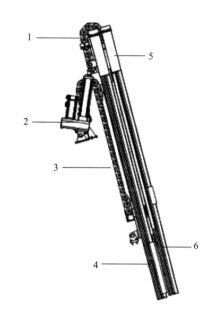

图 6-5　二级升降结构

1—倾角调节装置；2—电推缸；3—拖链；4—一级升降节；
5—400W 电机；6—二级升降节

4. 横移模组

横移模组由丝杆、线轨、拖链及滑块等组成，驱动力为 200W 不抱闸马达。主要控制打磨盘左右移动。横移模组能弥补打磨范围的不足，确保机器人在每个站点均能覆盖车身宽度的打磨范围，如图 6-6 所示。

图 6-6　横移模组

1—拖链；2—滑块；3—丝杆＋线轨模组

5. 打磨头

打磨头安装在横移轴输出端上。由打磨电机、打磨盘、防尘毛刷、随动机构、浮动机构等组成，如图 6-7 所示。其中，进给电缸控制打磨进给量；打磨电机带动打磨盘切削墙面；防尘毛刷和吸尘接口进行吸尘处理；浮动机构确保打磨盘能前后浮动；随动机构通过压缩弹簧和铰链链接，确保磨盘在一定角度范围内始终能与墙面保持平行。打磨盘更换方便，能适应不同墙面和打磨工艺。目前 C25～C35 混凝土缝隙及爆点（水平超限凹凸点、线、面，下同）打磨采用普通金刚砂打磨盘；C40～C50 混凝土缝隙及爆点打磨采用 PCD 扇形硬质合金打磨盘。

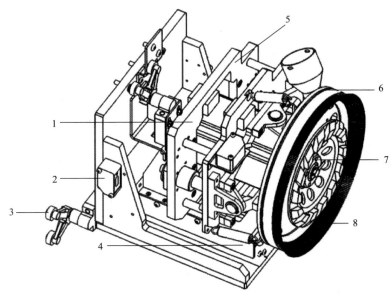

图 6-7　打磨头

1—打磨电机；2—激光测距传感器；3—行程开关；4—线轨；5—浮动机构；6—防尘罩；7—打磨盘；8—防尘毛刷

6. 随机包装物品

混凝土内墙面打磨机器人随机包装物品清单详见表 6-2。

随机包装清单　　　　　　　　　　　　　　　　　　　　　　表6-2

序号	名称	数量	重量	备注
1	机器人整机	1 套	530kg	
2	Pad	1 个	/	
3	安全帽	1 个	/	
4	反光衣	1 件	/	
5	六角扳手	1 套	/	
6	开口插销	1 袋 /50 个	/	备用
7	磨盘更换工具（开口扳手、老虎钳、套筒扳手）	1 套	/	
8	电池	1 套	50kg	1 套备用
9	充电器	1 个	25kg	
10	打磨盘	4 个	1kg	备用（两打缝 / 两打爆点）
11	防尘毛刷	1 个	/	备用
12	护目眼镜、防尘耳塞	1 套	/	

任务 6.1.3 打磨机器人特点

1. 传统人工打磨施工

传统混凝土墙面平整度、垂直度控制主要由人工手持打磨机械进行作业，其中墙面打磨以长杆式和手持式打磨机最为常见。按照工作方式主要分为分体式（打磨机＋吸尘器）和自吸尘式。

墙面人工打磨施工，以点状打磨、修补为主，修补前需对修补面进行凿毛处理。人工打磨施工工艺流程如图 6-8 所示。人工打磨施工环境如图 6-9 所示。

图 6-8 人工打磨施工工艺流程

图 6-9 人工打磨施工环境

传统人工打磨施工特征：

（1）工人素质难以保证，随着人口红利逐渐消失及老龄化人力成本增高，从业者素质参差不齐，工作质量难以保障；

（2）劳动强度大、施工效率低；

（3）作业环境恶劣，粉尘污染严重，具有职业病风险；

（4）具有登高作业、刀具伤害等施工安全风险；

（5）无法进行低成本化、数据化、可视化、系统化及专业化管理。

2. 混凝土内墙面打磨机器人施工

混凝土内墙面打磨机器人通过 APP 采集爆点、远程操控及监控，实现全户型自动 / 半自动打磨；还可利用 BIM 数字化定位技术、SLAM 雷达导航系统实现避障功能。混凝土内墙面打磨机器人具有自适应墙面调整恒压打磨头、打磨深度在线检测功能与自动吸尘系统。

混凝土内墙面打磨机器人施工流程如图 6-10 所示。打磨时，机器人首先沿墙面移动，以获取当前墙面的实际情况；针对实际墙面情况对初始打磨数据进行修正，以得到执行打磨数据，避免因墙面凹凸不平等原因导致打磨质量不达标等问题。对于单层建筑室内高度低于3100mm的单面墙而言，机器人除距顶棚80mm，地面80mm，阴角100mm以内的范围不打磨，其余区域全面覆盖。打磨机器人覆盖不到的区域、公共区域走廊墙面由人工作业补充。单层打磨区域，贴砖墙面不打磨。

图 6-10　混凝土内墙面打磨机器人施工流程

混凝土内墙面打磨机器人代替传统砂纸打磨或人工手持机械打磨，能够有效节约劳动力，保护身心健康，优化工作环境，提升工作效率，降低固有成本。传统施工与混凝土内墙面打磨机器人施工作业参数对照见表 6-3。

传统施工与打磨机器人施工作业参数对照表　　　　　　　　表6-3

项目	传统施工	混凝土内墙面打磨机器人施工
观感	有凹凸感	无凹凸感
均匀程度	一般	好
作业效率（m²/h）	12	25

机器人打磨相对传统人工打磨施工的优点：

（1）机器人打磨施工质量有保障；

（2）劳动力强度较低、施工效率高；

（3）作业环境无粉尘污染，能实现自动无尘化作业；

（4）机械替代登高作业，安全高效施工，降低施工安全风险；

（5）便于数据化、可视化、系统化及专业化管理。

单元 6.2 混凝土内墙面打磨机器人施工

任务 6.2.1 打磨机器人施工准备

1. 作业条件准备

（1）人货梯运输。人货梯 / 室内电梯开门高≥1800mm，宽≥900mm；人货梯 / 室内电梯出入门口坡度≤6°，越障高度≤30mm，当运输通道存在宽度≤50mm 的跨缝时，跨缝前后均应有 3m 范围的平坦路面。若跨缝宽度＞50mm，则应搭设钢板斜道（坡度＜10°）供机器人行走，如图 6-11 所示。

图 6-11 机器人运输通道

（2）吊装方式。设计工装箱，机器人尺寸为 820mm×960mm×1800mm。

（3）运输通道无杂物，坡度小于 10°。

（4）墙面和阴阳角不应存在明显缺陷，否则需人工用水泥砂浆修补。

（5）机器人打磨前置条件要求墙面平整度≤10mm，垂直度≤10mm。

（6）墙面钢筋异物凸起需人工切除，并按照要求进行防渗锈处理，人工将需打凿区域进行打凿修补，如图 6-12 所示。

图 6-12 异物切除

（7）按固定规则进行墙面编号，测量机器人或实测人员用靠尺实测，并将平垂度、爆点、补浆区域及墙面硬度在墙上做标记，如图6-13所示。

（8）室内地面应为干燥、经硬化平整的水泥地面或临设钢板地面，地面平整度≤10mm，不允许有过量积水，地面坡度≤5°，且不应有杂物，地面存在沉降面时需要做过渡斜面。

（9）机器人入场至完成作业过程中禁止将墙板、地砖等建材搬入场地，切除地面钢筋头，清理水泥块、木头等杂物，如图6-14所示。

图6-13　数据上墙　　　　　　　　　图6-14　地面处理

（10）在施工总平图中规划好机器人停放位置，提供220V电压、供电功率5kW，每隔三层需提供接电处；同时需提供水源，用于墙面修补砂浆拌料。

（11）室内支撑立杆需全部拆除，协调其他施工单位留出机器人作业面。

2. 机具准备

（1）机器人起吊设备运转正常；

（2）机器人调校状态良好；

（3）人工配合的作业工具准备就位；

（4）机器人入场后进行进场验收。

混凝土内墙面打磨机器人施工设备、工具详见表6-4。

混凝土内墙面打磨机器人施工设备、工具一览表　　　　　表6-4

序号	名称	数量	用途
1	Pad	若干	1台机器人配1个
2	机器人防护罩	1件/台	机器人存放时防护
3	越障工装	1套	
4	电线卷线盘	1个	
5	电池、充电器	3块/2台	

续表

序号	名称	数量	用途
6	换电池小车	1 台	
7	警戒线、警示牌	若干	
8	扫把、簸箕	1 把	
9	2m 靠尺、15mm 塞尺	1 把	
10	激光测距仪	1 个	
11	抹灰刀、油灰刀、铝合金刮尺	1 把	
12	打磨机	1 个	
13	折叠梯	1 架	
14	点检表	1 份	设备点检

3. 人员及辅助机械准备

混凝土内墙面打磨机器人施工班组人员及辅助机械见表 6-5。

施工班组人员及辅助机械 表6-5

序号	人员	数量	用途
1	打磨修补工人	1 名	修补工作以及处理机器人非工作区域
2	机器人操作人员	1 名	单台机器人操作
3	卫生清洁机	1 台	场地清洁

4. 技术准备

（1）实测实量机器人完成所有工作面缝的位置信息采集；

（2）实测实量机器人完成所有工作面爆点位置信息和打磨量采集；

（3）根据实测实量机器人采集 BIM 数据，完成缝和爆点信息整合，规划每个站点的工作任务；

（4）对作业班组进行安全、技术交底；

（5）机器人程序已调试完毕；

（6）机器人入场之前检查爆点数据，确定需打磨区域。

5. 组织准备

（1）组织机构

为确保施工机器人处于受控状态，为提供适应施工任务的机器人设备，加强机器人管理，保障机器人设备的正确、安全使用，发挥机器人效能，确保安全生产，根据国家《工程机械设备管理办法》有关规定，结合机器人施工特点及项目部实际情况，成立公司与区域机器人施工管理小组，协调组织机器人施工与管理。

（2）管理职责

1）公司机器人管理部职责

① 在公司分管领导下负责组织机器人管理工作；

② 贯彻落实国家、上级有关机器人管理政策、方针和办法；

③ 组织制定机器人设备管理办法，并进行监督、检查；

④ 建立健全机器人设备维修、保养制度，为施工任务的完成提供机器人设备保障；

⑤ 协助各分公司实施对工程所需施工机器人的选型、调配和租赁；

⑥ 根据工程所需，组织各分公司机器人管理部门编制和审核机器人设备采购计划，组织、协调机器人采购；

⑦ 负责项目工程所需机器人管理和操作人员培训；

⑧ 组织编制机器人多机型工程的施工工序分解及操作规程。

2）各区域机器人管理部门职责

① 负责公司机器人管理规定的贯彻、落实；

② 组织所属单位实施对工程所需施工机器人的进场、调配、采购和租赁；

③ 建立本级机械设备台账；

④ 应保证所属项目的机器人操作人员按有关规定持证上岗，负责按有关要求对操作人员进行安全、业务培训；

⑤ 组织所属项目进行机器人管理、使用、维护和保养，负责上场机器人的评价工作；

⑥ 负责机器人统计报表等工作；

⑦ 负责本项目基础资料（设备档案）收集整理工作；

⑧ 特殊过程中使用的机器人对质量、安全、环境有重大影响的，各区域机器人管理部门应组织相关部门在使用前进行检查、鉴定和相关评价，并做好记录。

任务 6.2.2 打磨机器人施工工艺

混凝土内墙面打磨机器人施工前必须按本单元作业准备要点处理好机器人应用前置条件，机器人才能进场作业。机器人施工流程如图 6-15 所示。

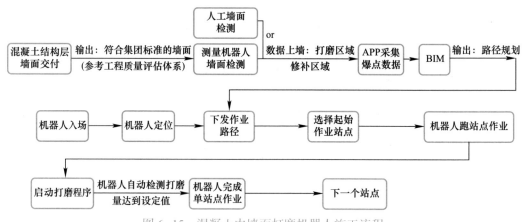

图 6-15 混凝土内墙面打磨机器人施工流程

1. 全自动作业模式

混凝土内墙面的打磨和补浆需要机器人和人工配合完成，保证墙面达到平整度

≤5mm、垂直度≤5mm 的验收标准。具体作业步骤如下：

（1）混凝土内墙面预处理。在铝膜拆装后，人工清理墙面凸出钢筋、拉片、线管等异物并作相应防渗、防锈处理。

（2）墙面数据上墙。将平垂度值、爆点区域和修补区域在墙面上标记，有两种数据采集方式。

1）实测实量机器人进场采集。通过算法分析，按平整度和垂直度要求规划出墙面凸出（爆点）和凹陷区域（图 6-16），凸出区域需打磨处理，凹陷区域需补浆处理。人工将打磨、修补区域及垂平度在墙面进行标注。

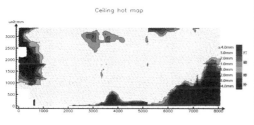

图 6-16　测量机器人数据采集

2）人工用靠尺实测墙面垂平度（图 6-17），并直接将打磨、修补区域以及垂平度在墙面标记。

图 6-17　实测数据

（3）墙面爆点输入 APP。2m 靠尺复测墙面爆点区域，卷尺测出爆点的位置尺寸、大小，规划打磨范围和深度。在 APP 中选择任务楼宇对应楼层与墙面，界面弹出该墙面的二维网格图，根据上墙数据手动框选墙面的爆点范围，点击"保存"即完成墙面的爆点数据录入。墙面数据保存后上传云端服务器进行路径规划。下载整层爆点作业路径，并通过 APP 下发作业。

（4）待墙面处理符合机器人入场条件，机器人进场实施打磨施工。对于厨房、卫生间等机器人无法正常施工区域采用传统人工方式施工。机器人完成作业，需人工处理机器人无法作业的墙面边角打磨和凹陷区域的补浆，打磨区域和补浆区域控制以测量机器人热力图数据标识位置为准。

（5）人工复检，机器人撤场。墙面打磨和修补完成之后，根据集团验收标准，由人工使用2m靠尺进行墙面复检。复检验收不合格处需人工处理，以补浆为主。验收合格，机器人离场进入下一个场地施工。

2. APP半自动模式

APP半自动施工模式适用于工地现场工况复杂，且机器人无法按照规划路径工作的情况。该模式下机器人具有高度灵活性和现场适应性，不依赖于测量机器人、BIM，能够在传统施工体系下进行穿插作业，与传统人工打磨方式高度契合。具体作业步骤如下：

（1）采用人工或测量机器人数据实测，并按要求标记墙面垂平度，对于修补和打磨区域需要在墙面标记。

（2）用Pad操作机器人至待作业墙面。当打磨盘距墙面约150～200mm、AGV底盘左右两个激光测距值相等时，将机器人车身与墙面调节至平行。在APP上框选机器人单站点爆点范围并设置打磨深度，机器人即可开始打磨作业，如图6-18所示。

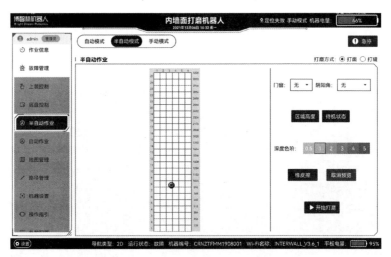

图6-18　半自动模式操作界面

（3）机器人第一次作业完成后人工用靠尺复测。如合格可进行下一站作业，否则应及时调整APP打磨区域的深度进行二次作业，直至复检合格。

3. 人工边角处理

对于单层建筑室内高度低于3100mm的单面墙而言，机器人除距顶棚80mm，地面80mm，阴角100mm以内的范围是机器人施工盲区，其余区域全面覆盖。对于以上打磨机器人覆盖不到的区域则由人工进行打磨作业。

墙面边角人工处理时，对局部墙面混凝土凸出部位采用砂轮磨光机进行打磨。有时为减少打磨工作量，先用钢钎或风镐将高出部分剔凿后再打磨整平；对于凹陷部位多数情况采用高强度等级抗裂砂浆进行修补、整平,同时为防止砂浆脱落,修补前需要对修补面进行凿毛处理。

任务 6.2.3　打磨机器人施工要点

1. APP 登录

检查机器人状况无异常,确认电池本体上的电池开关为关机状态(出厂默认是关机状态)后,将 AGV 控制箱的旋钮开关右旋到开机状态,机器人开始自动初始化,开机。登录"内墙面打磨机器人"APP,具体操作步骤如下:

(1)从演示版进入正式版

"主菜单"左下角点击"设置"按钮,点击"切换正式版"并确认,如图 6-19 所示。

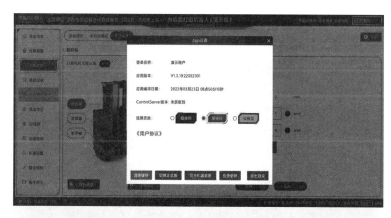

图 6-19　版本选择界面

(2)Wi-Fi 连接与登录

填写登录账号和密码,填写完成后点击"设置 Wi-Fi"并连接设备对应的 Wi-Fi。点击"连接登录",系统弹框提示确认 Wi-Fi 名称,确认无误后点击"确认",如图 6-20 所示。

(3)操作模式选择

在 APP 主页面可进行"自动模式""半自动模式"和"手动模式"的切换,如图 6-21 所示。

图 6-20　Wi-Fi 连接与登录

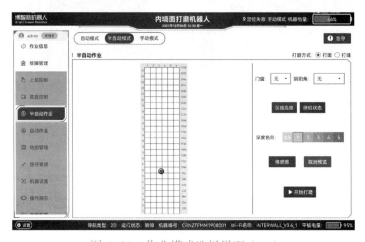

图 6-21　作业模式选择界面（一）

图 6-21 作业模式选择界面（二）

（4）故障报警及复位

各模块出现故障时上报故障信息在"故障报警"左边显示，右边则显示历史故障。在左下角有故障清除按钮，可以复位当前故障，如图 6-22 所示。

图 6-22 故障报警及复位界面

（5）作业信息

作业信息界面显示当前自动打磨状态、进给量、打磨电流等信息，如图 6-23 所示。

图 6-23　作业信息显示界面

（6）上装控制

上装控制界面控制各轴运动并显示当前位置，如图 6-24 所示。

1）目标位置模式。点击选中电机轴（例如十字 Y 轴），输入速度与目标位置后点击"下发目标位置"，机器人会以设定的速度移动到目标位置。

2）点动模式。输入速度后，长按"正向"或者"反向"按钮进行轴的正向 / 反向移动。

3）待机状态。点击"待机状态"，机器人进行打磨前的初始化待机动作。

4）上装停止。手动操作时，点击"上装停止"停止当前上装部分的动作。

5）急停。紧急停止机器人所有动作，并关闭所有驱动器电源。

6）打磨电机与吸尘器。用于手动启动和停止打磨头和吸尘器，按下启动，再按停止。

7）俯仰轴。用于调整机器人前后俯仰确保与地面铅垂。

8）水平轴。机器人底盘运动到位置后，打磨前将升降轴整体推出。

9）电缸轴。用于控制机器人打磨过程中的进给量。

10）十字 X 和 Y 轴。用于控制机器人打磨盘横向和竖向移动。

11）升降轴。用于控制机器人十字 X 和 Y 轴上下移动。

12）防撞功能。用于 AGV 本体的防撞条与障碍物接触后，设备安全报警，此时需要关闭防撞条，进行设备的紧急操作救援，此时防撞功能失效。

（7）IO 信息

IO 信息界面显示限位碰撞开关、打磨电机启动反馈等 IO 状态信息，如图 6-25 所示。

（8）初始位置定位与路线下发执行

1）点击"对图"按钮进行对图，初始化机器人位置，如图 6-26 所示。

图 6-24　上装控制界面

图 6-25　IO 信息界面

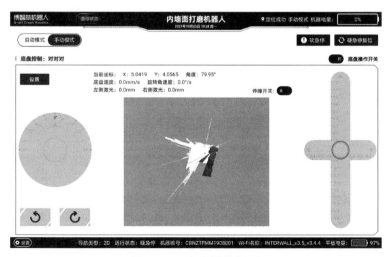

图 6-26　底盘操作界面

2）点击向标，将其拖拽到现在机器人在户型地图中的实际物理位置附近，并将圆形所指的方向与机器人实际正方向（机身电源开关所指的方向）调整一致，点击"确定"，系统进行自动微调定位。如图 6-27 所示。

图 6-27　底盘对图操作

3）等待右上角显示"定位成功"，左上角的闪烁提示由"运行异常"变为"正常状态"，确认激光扫描边缘和户型地图墙面边缘匹配完成即可点击"返回"按钮，进行下一步操作。

4）打开"自动作业"页面，点击"机器路线"选择默认路线或点击"本地路线"进行选择，此处的"本地路线"为平板电脑根目录下 /BZL/route/ 里面保存的作业路径 json 文件，如图 6-28 所示。

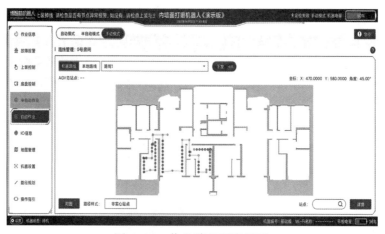

图 6-28　作业路径下发界面

5）确认路线正确，长按"下发"按钮，界面弹出提示"是否加载：路线 ×"，点击"确定"，平板将自动跳转进入"自动模式"，如图 6-29 所示。

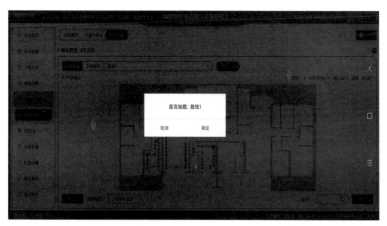

图 6-29 作业路径加载

6）机器人自动作业过程中可随时点击"暂停""停止""急停"控制任务，如图 6-30 所示。也可待机器人完成全部路线站点作业后自动结束。

图 6-30 自动作业界面

（9）底盘遥控

1）进入底盘控制界面，如图 6-31 所示。点击右上角"底盘操作开关"按钮，进入底盘控制操作界面。

2）按住左下角的"左旋""右旋"按钮控制机器人进行转向运动，按住右侧方向移动球，可以进行前后左右的方向选择及移动速度的设定。移动时会实时显示当前坐标和机身角度。

点击"设置"按钮，如图 6-32 所示，可以对角度范围和速度范围进行设置（图 6-33）。

3）在自动作业过程中，可以随时点击"暂停""停止""急停"控制任务的启停和运行，或机器人自动作业完成自动结束。

图 6-31 底盘控制界面

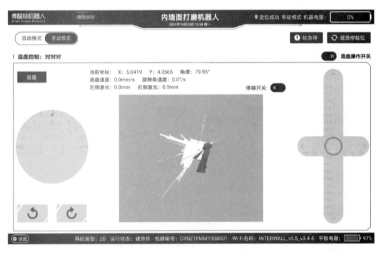

图 6-32 "设置"按钮

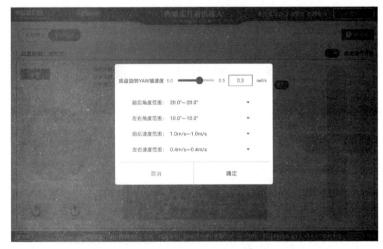

图 6-33 设置角度和速度

226

2. 半自动作业

（1）使用半自动作业模式前请确保已通过"底盘控制"使机器人到达目标墙面正前方，并且机器人打磨头角度平行于墙面，误差不超过 3°，否则将影响作业精度和作业安全。

（2）打磨面。确保机器人位置、状态正常，点击"半自动作业"进入半自动模式，如图 6-34 所示。

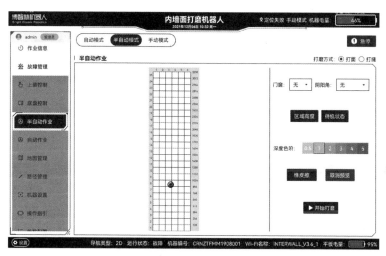

图 6-34　半自动作业界面

（3）通过右侧参数设置目标墙面高度和方格大小以及打磨深度，其中方格大小是将当前站点墙面进行网格划分的最小单元网格宽度，默认为 128mm，该参数与实际磨盘大小相关，可按照实际情况进行调整。

（4）根据爆点在墙面的实际位置点击对应要打磨的空白方格（空白方格右侧为对应墙面的实际高度）确定需要打磨的区域。点击右下角"发送作业"到机器人进行作业：当横向网格数量大于竖向网格数量时，系统会将该爆点区域判定为横向带状打磨区域，因此该区域爆点打磨将以横向打磨的方式执行；当横向网格数量小于等于竖向网格数量时，系统会将该爆点区域判定为竖向打磨区域，因此该区域爆点打磨将以竖向打磨的方式执行。例如图 6-35 中，横向网格数量等于竖向网格数量，因此将以竖向打磨方式执行。

（5）打磨缝。确保机器人位置、状态正常，点击"半自动作业"进入半自动模式，点选"打缝"，如图 6-36 所示。

（6）点击左上角"+"添加打磨的竖缝，点击右下角"+"添加横缝。点击红线并拖动到目标位置附近，通过下部和左边的刻度尺确认实际打磨的位置，确认无误后点击右下角"发送作业"，机器人开始作业。

3. 地图管理

进入地图管理界面，如图 6-37 所示，选择地图文件，可以单击每个地图后，进入地图下载界面，如图 6-38 所示。选择使用该地图，并点击"确定"，根据提示反馈下载结果；"语义编辑"为开发界面，无需用户操作。

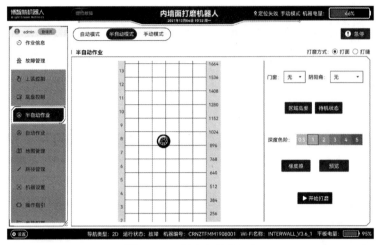

图 6-35　爆点打磨界面

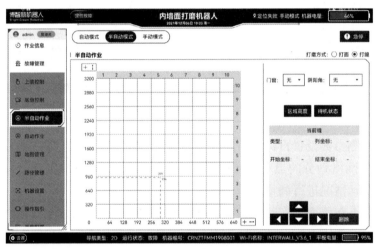

图 6-36　打磨缝界面

图 6-37　地图管理界面

图 6-38 地图下载界面

4. 机器人设置

如图 6-39 所示，机器人设置界面中，可以对打磨的升降速度、打磨类型、电量提示的阈值（临界值）进行设置。

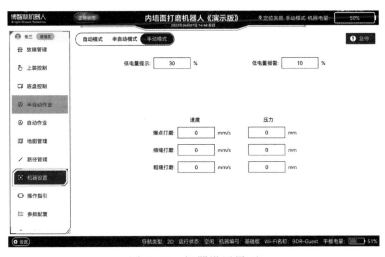

图 6-39 机器设置界面

5. APP 设置

路径规划界面为开发界面，无需用户操作；操作指引为播放本机操作的指引界面，文件在 Pad：BZL/video/；当 Pad 中存在播放文件时可以点击播放。

6. 检查更新功能

在界面的左下角点击"设置"按钮，如图 6-40 所示，出现版本更新界面，在 Pad 联网状态下，点击"检查更新"，如果有新版本将自动更新，没有将会提示已是最新版本。

7. 急停 & 复位

机器人作业时遇到紧急情况，应迅速按下红色急停开关使机器人停止。复位时，将急

图 6-40　APP 更新界面

停按钮顺时针旋转即可恢复急停开关，如图 6-41 所示。

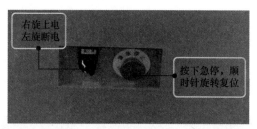

图 6-41　急停 & 复位按钮

8. HMI 工艺参数

工艺参数设置。短按"工艺参数"出现密码提示，输入等级密码：654321；进入参数设置界面。

（1）工艺参数设置界面 1（图 6-42），为无需常规操作的参数，直接按"下一页"进入工艺参数设置界面 2（图 6-43）。在此界面中，可以进行打磨缝的压力设置"打磨缝位移"（常规设置 56）；可以进行打磨爆点的压力设置"打磨爆点位移"（常规设置 54），此压力值可以根据现场微调，越小压力越大。

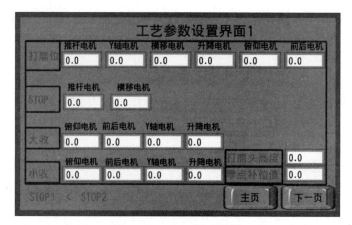

图 6-42　HMI 状态参数

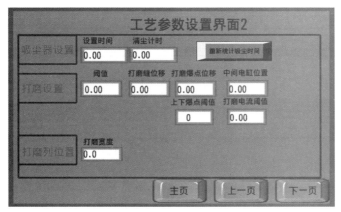

图 6-43　HMI 压力参数

（2）吸尘器满报警清除。在提示吸尘器满后，需要手动清洁集尘袋，并进入到工艺参数设置界面 2（图 6-43），长按 2 秒，"清尘计时"清零后，在主界面中按"复位"进行报警接触。

（3）保护参数如图 6-44 所示。

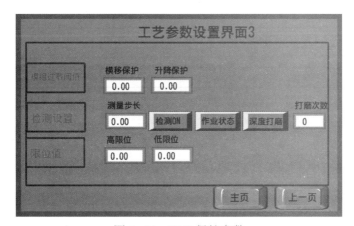

图 6-44　HMI 保护参数

任务 6.2.4　打磨机器人质量标准

1. 混凝土墙面质量检查

（1）混凝土质量检查包括施工过程中的质量检查和养护后的质量检查。

（2）施工过程中的质量检查主要包括模板的安装质量（应符合《混凝土结构工程施工质量验收规范》GB 50204—2015）和混凝土的浇筑振捣质量，详见表 6-6。

（3）养护后的质量检查主要包括外观质量、平整度和垂直度检查。

（4）混凝土表面外观质量应符合《混凝土结构工程施工质量验收规范》GB 50204—2015 第 8.2 条规定。不应有胀模、漏浆、蜂窝、麻面、孔洞、露筋、缝隙及夹层、缺棱掉角和裂缝等质量问题。如有上述质量问题，需根据实际质量缺陷程度按规范要求提出灌

现浇结构模板安装的允许偏差及检验方法 表6-6

项目		允许偏差（mm）	检验方法
墙模垂直度	层高≤6m	8	经纬仪或吊线、尺量
	层高>6m	10	经纬仪或吊线、尺量
表面平整度		5	2m靠尺和塞尺量测

浆、修补、打磨等技术处理措施。

（5）现浇混凝土墙面的容许偏差应符合《混凝土结构工程施工规范》GB 50666—2011、《混凝土结构工程施工质量验收规范》GB 50204—2015等国家规范的规定；如设计有特殊规定时，还应符合设计要求。

2. 混凝土墙面打磨验收标准

混凝土内墙面施工质量应达到《混凝土结构工程施工质量验收规范》GB 50204—2015第8.3条规定，详见表6-7。

现浇结构尺寸允许偏差及检验方法 表6-7

项目		允许偏差（mm）	检验方法
墙面垂直度	层高≤6m	10	经纬仪或吊线、尺量
	层高>6m	12	经纬仪或吊线、尺量
表面平整度		8	2m靠尺和塞尺量测

混凝土内墙面打磨机器人施工质量按碧桂园集团规定需达到平整度≤5mm、垂直度≤5mm。

任务 6.2.5 打磨机器人安全管理

1. 打磨机器人技师素质要求

（1）机器人技师"四懂"

1）懂机器人操作。努力学习机器人知识，熟悉机器人的使用，掌握机器人的性能。

2）懂简单维保。掌握机器人维护保养的技术知识，学会使用维护保养工具、仪表，充分认识日常检查的重要性，熟悉各种检查方法，能独立处理在规章范围内可以处理的故障，确保机器人运转正常。

3）懂边角处理。掌握装修工程中细部收口的标准做法，能独立完成机器人施工预留工艺边角施工。

4）懂现场协调。掌握机器人施工组织与施工工艺，能够协调现场机器人施工与管理工作。

（2）机器人技师"四会"

1）会管理。认真管理好自己所负责的设备，未经领导批准同意，不准别人随意使用。

2）会使用。按规定和操作规程使用机器人设备。

3）会保养。按规定对机器人进行维护、保养，认真检查并做好保养记录。

4）会收口。按施工验收标准要求，对机器人施工未到位之处的预留边角进行修边收口作业。

2. 打磨机器人使用原则

（1）统筹安排，保证重点，充分发挥机器人效能。

（2）机器人的型号、性能要同施工任务以及使用条件相一致，确保提供适应施工任务的机器人设备。

（3）结合机器人的施工特点及项目部的实际情况，成立公司与区域公司机器人施工管理小组协调组织机器人施工与管理，机器人使用、管理、保养等要固定专人负责，施工现场统一指挥，形成管理人员、技术人员跟班作业制度。

（4）机器人操作员实行上岗操作证制度，协调机器人施工工序的人机配合，确保机器人施工条件的实现。

（5）不同机器人操作人员必须满足相应资格要求。

（6）加强机器人管理，机器人的安装、使用、验收要符合机器人管理程序，确保施工机器人处于受控状态。

（7）建立健全的机器人档案制度，形成原始技术文件交接登记、维护修理登记、事故分析和技术改造、安全记录等资料。

3. 打磨机器人使用注意事项

（1）请勿让机器人行驶在较深的积水路面，避免产品底盘进水，否则可能引发人身伤害或机器损坏事故。

（2）机器人运行之前确认其活动范围内无任何人员；机器人在进行任何作业模式时，人员都必须保持离机身 1m 以上安全距离，防止机器人意外伤人；机器人运行过程中，禁止在机器人前进方向 3m、两侧边 1m 及转弯半径范围内逗留、打闹、嬉戏，谨防被撞；机器人在进行打磨作业的过程中，人员严禁靠近机器人作业面，以防磨盘脱落飞出伤人。

（3）如需要手动控制机器人时，应确保机器人动作范围内无任何人员或障碍物，并将移动速度由慢到快逐渐调整，避免机器人动幅过大、动作过快造成人员伤害。

（4）勿将钥匙留在机器人保护盖上，避免未经培训的人员随意使用机器人。

（5）机器人的操作必须由接受过系统培训的人员或在掌控操作流程的人员指导下操作；程序运行前，检查整个系统状态，确认各个部件的状态，状态正常再运行机器人；确认机器人的运行速度，初次操作应由小到大逐渐增加。

（6）不要将机器人一直暴露在永久性磁场中，强磁场可能会损坏机器人。

（7）机器人运行中随时观察其工作状态是否正常；一旦预见会发生危险，应迅速按下急停开关使机器人停止。

（8）使用机器人系统的各作业人员请不要穿宽松的衣服，不要佩戴首饰。操作机器人时请确保长头发束在脑后。

（9）在设备运转之中，即使机器人看上去已经停止，也有可能是因为机器人在等待启动信号而处在即将动作的状态。即使在这样的状态下，也应该将机器人视为正在动作中。

（10）长时间进行手动作业时请佩戴耳塞和防尘口罩以及护目镜，清理集尘袋时请佩戴防尘口罩和护目镜。

（11）机器人转场或手动移动时，设备需恢复到初始状态；机器人转场时严格按规定的正向行驶方向前行（平行打磨盘的方向），防止机器人因路面颠簸，重心偏移发生倾覆危险。

4. 打磨机器人电池充电安全事项

（1）严格按照充电前先把串联电池连接好（动力线和采样线都需要连接），再连接电池和充电器，最后再插交流插座的顺序。

（2）电池充电时应先开启充电器开关，再开启电池开关；充满断电时反向依次断开，后拔充电器交流插头，断开输出电池线和采样线。正确充电程序如图6-45所示。

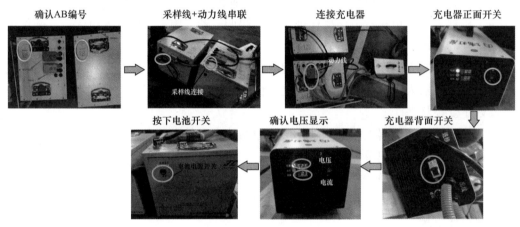

图 6-45　电池充电程序

（3）充电期间严禁触摸充电器外壳（尤其是手、脚潮湿情况下）。如需充电期间挪动充电器，建议佩戴绝缘手套。

（4）内墙面打磨机器人充电器具有防雷管设计，在打雷且接地不好的情况下，外壳可能带电。因此，在阴雨潮湿天气、打雷时尽量避免使用充电器或者佩戴绝缘手套操作。

（5）机器人电池长期不使用时，应每隔3个月将电池充电至50%～80%电量后关闭电源。

（6）蓄电池充满电时应及时断开电源，过度充电可能导致蓄电池寿命降低或损坏。

5. 打磨机器人施工现场安全管控

（1）机器人应用班组进场前进行总包三级安全教育交底。

（2）落实机器人的吊装安全管控及现场信息管控工作。

（3）机器人作业人员进入工地前必须按要求穿戴好劳动保护用品：安全帽、反光衣、劳保鞋等。

（4）机器人执行检修、更换零件等操作时，机器人必须为断电或急停状态，禁止启动。

（5）图6-46为机器或工地中一些常见安全标识，施工现场需要按标识指示执行。

图 6-46 常见安全标识

6. 打磨机器人维修保养安全事项

（1）机器人在故障维护或修理时禁止人员站在横移模组及打磨头下方，尽量把横移模组下降到底盘平台上（安装电控柜的平板），以免意外坠落伤人；

（2）机器人维修时需确保机器人处于断电状态；

（3）磨盘更换时需确保设备处于断电状态且人员正对磨盘处理，防止升降意外下坠伤人；

（4）进行磨盘更换或者其他机械维修时请佩戴防护手套。

单元 6.3　混凝土内墙面打磨机器人维修保养

任务 6.3.1　打磨机器人维护

1. 打磨机器人日常维护

混凝土内墙面打磨机器人保养维护分每日检查维护和定期检查维护，每日检查维护项目与注意事项详见表6-8。

每日检查维护　　　　　　　　　　　　　　　　　　　　　表6-8

序号	保养项目	保养标准	保养周期	建议使用工具	操作步骤和注意事项
1	限位开关	工作状态无异常无松动	1次/天	六角扳手、尺子	1. 检测限位开关是否松动，若松动则拧紧，与水平面成45°夹角 2. 检测限位开关是否正常工作，手触碰末端，观察是否及时反应，如无反应，先检查电路，确定是线路损坏或器件损坏
2	导航雷达、激光传感器	工作状态无异常	1次/天	六角扳手、气枪、纯棉抹布	1. 检查导航雷达表面是否有灰尘覆盖，紧固是否牢靠 2. 用气枪把雷达周围灰尘进行清理，再用干净干抹布把雷达表面清理干净，避免视觉镜头表面脏污导致定位不精准 3. 发现导航雷达松动，及时用内六角扳手把固定雷达螺丝紧固，避免螺丝松动导致定位问题，紧固时需要将上面的信号指示灯拆下再进行 4. 重新接线并做好绝缘处理，防止线路破损、短路、断路、接触不良造成定位问题
3	集尘袋	袋面无积尘、无破损	1次/天	气枪	1. 拆下集尘袋，观察是否有破损，若破损及时更换 2. 搬开搭扣，去除集尘袋，倒掉灰尘，用气枪反复吹洗，直至无灰尘溢出 3. 重新安装集尘袋：集尘袋松紧带需翻折套在集尘桶上，并用上盖压住、密封 4. 开机实验吸尘效果，观察是否有异响 5. 清理集尘袋里灰尘，然后用气枪吹洗，检查集尘袋是否有破损，如有破损则进行更换
4	防撞条	反应灵敏无异常	1次/天	内六角扳手	1. 检查左右两条防撞条外观是否有破损 2. 用手挤压防撞条，最少检测四个不同位置，观察是否报警正常，请勿用力敲击 3. 如发现防撞条破损，影响正常作业情况下，需要更换防撞条
5	吸尘系统	搭扣弹簧无损坏	1次/天	内六角扳手	1. 检查三个搭扣是否有松动，如果松动会使集尘桶的密封性能下降，导致吸尘不佳，漏灰等现象，如果有松动的搭扣，用内六角扳手将松动的螺钉紧固 2. 检查搭扣的弹簧是否还存在弹力搭扣，能否拉紧上下两部分 3. 若出现搭扣失效，则需要把旧搭扣切除，重新焊接搭扣

2. 日常维护保养工具

混凝土内墙面机器人技师进行日常维修保养除需做好个人防护，戴好手套、护目镜和防尘口罩以外，还经常需要使用的维保工具如图6-47所示。

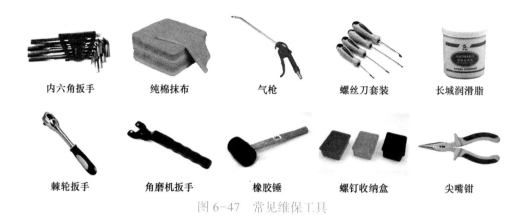

| 内六角扳手 | 纯棉抹布 | 气枪 | 螺丝刀套装 | 长城润滑脂 |

| 棘轮扳手 | 角磨机扳手 | 橡胶锤 | 螺钉收纳盒 | 尖嘴钳 |

图 6-47 常见维保工具

混凝土内墙面机器人要实行每日检查、定期检查、按需修理的检修制度。机器人检查、保养、修理的具体内容与要点详见表 6-9。

机器人的检查、保养、修理要点 表6-9

类别	方式	要点
检查	每日检查	交接班时，操作人员和例保结合，及时发现设备不正常状况
	定期检查	按照检查计划，在操作人员参与下，定期由专职人员执行全面准确了解设备及实际磨损，决定是否修理
保养	日常保养	简称"例保"，操作人员在开机前、使用间隙、停机后，按规定项目的要求进行。十字方针：清洁、润滑、紧固、调整、防腐
	强制保养	又称定期保养，每台设备运转到规定的时限，必须进行保养，其周期由设备的磨损规律、作业条件、维修水平决定
修理	小修	对设备全面清洗，部分解体，局部修理，以维修工人为主，操作工参加
	中修	每次大修中间的有计划、有组织的平衡性修理。以整机为对象，解决动力（包含电池）、传动、工作部分不平衡问题
	大修	对机器人全面解体修理，更换磨损零件，校调精度，以恢复原生产能力

3. 电池日常保养

（1）新购买的锂电池因出厂自带部分电量，用户电池首次使用时可将剩余电量用完再充电，经过两三次正常充放电可完全激活锂电池活性。

（2）锂电池不存在记忆效应，可随用随充，需注意锂电池不能过度放电，过度放电会造成不可逆容量损失。当机器人提醒低电量时需停止放电使用及时充电。

（3）日常使用中，刚充电完毕的锂电池要搁置半小时，待电性能稳定后再使用，否则会影响电池性能。

（4）锂电池使用环境。锂电池充电温度为 0～45℃，锂电池放电温度为 -20～60℃。

（5）不要将电池与金属物体混放，以免金属物体触碰到电池正负极，造成短路，损害电池甚至造成危险。

（6）不要敲击、针刺、踩踏、改装、日晒电池，不要将电池放置在微波、高压等环境下。

（7）使用匹配的锂电池充电器给电池充电，不允许使用劣质或其他类型电池充电器给锂电池充电。

（8）长时间不使用机器时，务必将电池取出保存在干燥阴凉处。

4. 打磨机器人定期保养维护

混凝土内墙面打磨机器人定期保养维护项目与注意事项见表 6-10。

定期保养维护　　　　　　　　　　　　　　表6-10

序号	保养项目	保养标准	保养周期	建议使用工具	操作步骤和注意事项
1	压缩弹簧（随动弹簧）	活动顺畅无卡顿、无异响	1次/年	压力计、六角扳手、卡尺	1. 检查弹簧弹力。可在旧与新弹簧之间垫一小块铁皮，用压力计加压一定压力比较，看其缩短程度。当新弹簧压缩到原来 2/3 长度、旧弹簧比新弹簧缩短超过 2mm，就应当更换 2. 检查弹簧原始长度，若长度比新弹簧长度偏差超过 2mm，则更换新的
2	拉伸弹簧	活动顺畅无卡顿、无异响	1次/年	拉力计、卡尺	1. 检查弹簧拉力。用拉力计恒定拉力分别拉伸新旧弹簧，当新旧弹簧拉伸后长度超过 2mm，就应当更换 2. 检查旧弹簧原始长度（原始弹簧长度为 65mm），若长度与新弹簧长度偏差超过 2mm，则更换新的
3	直线轴承	活动顺畅无卡顿、无异响	1次/年	六角扳手、气枪、润滑脂（长城 7014-1）	1. 用气枪吹洗表面灰尘 2. 检查运行是否顺畅、重新加注长城润滑脂（长城 -7014-1），若卡需更换新直线轴承
4	线轨	活动顺畅无卡顿、无异响	1次/年	扭力扳手、六角扳手、气枪	1. 线轨滑动顺畅，无异响，能达到前后极限位置 2. 清理线轨表面，重新加注长城润滑脂 3. 重新预紧紧固螺钉，预紧力（200N）
5	电动缸	活动顺畅无卡顿、无异响	1次/年	六角扳手、气枪	1. 清理电推缸表面灰尘 2. 清理伸出杆表面的积尘，重新添加长城润滑脂
6	拖链	无破损、弯曲正常	1次/季度	六角扳手、气枪	1. 用气枪清理拖链表面灰尘 2. 观察拖链伸缩、弯曲是否正常 3. 观察拖链是否有破损，若有，直接更换
7	同步带	张紧力合适、无卡滞	1次/季度	压力计、六角扳手、卡尺	1. 张紧力检测：用压力计在同步带上施加 3kg 压力，变形 5mm 合格 2. 若张紧力不合格，则用扳手重新紧固张紧螺钉直至合格 3. 同步带表面无破损，若出现破损则直接更换
8	线轨、滚珠丝杆	活动顺畅无卡顿、无异响	1次/年	六角扳手、气枪、扭力扳手	1. 丝杆和线轨滑动顺畅，无异响，能达到前后极限位置 2. 清理线轨丝杆表面，重新加注长城润滑脂（长城 -7014-1） 3. 重新预紧紧固螺钉，预紧力 18N•m（M8 螺钉）
9	底盘铰链	转动顺畅，无卡滞	1次/年	六角扳手	1. 拆下升降机构，拆下底座铰链轴，观察其内的铜衬套磨损情况，如有明显损则更换新的 2. 观察轴和铜衬套的配合间隙，设计为过渡配合，如出现卡滞或很明显晃动，则直接更换铜衬套
10	滤芯	表面无积尘	1次/月	六角扳手、气枪	1. 检查滤芯表面及周围是否有积尘，用气枪把周围灰尘清理掉 2. 用扳手拆下滤芯，用气枪反复吹洗直至无灰尘溢出 3. 重新安装滤芯，锁紧螺钉，开机实验吸尘效果，观察是否有异响

续表

序号	保养项目	保养标准	保养周期	建议使用工具	操作步骤和注意事项
11	吸尘管	管内无堵塞、无破损	1次/月	六角扳手、气枪、卡尺	1. 检查吸尘管是否有破损，若有更换新的 2. 拆下吸尘管，清理吸尘管内部积尘，直接用气枪反复吹洗和抖动 3. 检查吸尘管是否按图示，穿过卡箍布置
12	舵轮、舵轮制动器	活动顺畅无卡顿、无异响	1次/季度	扭力扳手、六角扳手	1. 扭力扳手检查舵轮固定螺钉预紧力 2. 检查舵轮橡胶轮胎磨损情况，如花纹已全部磨损则更换舵轮 3. 检查舵轮制动器，用扳手紧固
13	急停开关	工作状态无异常	1次/周	无	1. 急停按钮位于机器人正前方（交互屏左侧，与机器人开关机键一起）和导航雷达右侧电控柜上方两处，开机后按下急停按钮，检测是否有相应的反馈 2. 触碰急停开关，检测按钮是否正常
14	打磨盘	打磨盘紧固不松动，磨盘磨损不严重	不定	角磨机扳手、棘轮套筒扳手、尖嘴钳	1. 检查打磨盘是否松动 2. 检查打磨盘磨损量，磨损量大则需更换打磨盘，磨损量超允许值时，首先用尖嘴钳将插销拆下，使用角磨机扳手卡住盖板上两个定位孔，然后用棘轮扳手松动螺栓，将打磨盘拆下 3. 安装打磨盘时，盖板一面呈凹面，一面呈凸面，凹面贴近打磨盘进行安装，安装后检查是否存在松动，在紧固不松动后将插销归位
15	防尘毛刷	毛刷无断裂，毛刷间存在间隙，没被灰尘全部堵死	1次/周	六角扳手、气枪、卡尺、螺丝刀	1. 观察外观，毛刷整体结构是否完整，掉毛，毛卷曲是否严重，若是则更换 2. 观察毛间间隙是否被灰尘全部堵死，若是则轻敲毛刷边用气枪吹洗 3. 测量毛刷高出磨盘端面高度2~5mm为合格，若磨损短于2mm则更换
16	限位开关	工作状态无异常，无松动	1次/季	六角扳手、尺子	1. 检测3个限位开关是否松动，若松动则拧紧、检查限位开关伸出长度 2. 检测限位开关是否正常工作手触碰末端，观察是否及时反应，如无反应，先检查电路，确定是线路损坏或器件损坏

任务 6.3.2　混凝土内墙面打磨机器人常见故障及处理

混凝土内墙面打磨机器人是高精度、高灵敏度的自动化机械设备，它包含了传动系统、定位系统、电路系统以及转向系统等。这些系统经过长期高负荷运转或多或少会出现一些故障信息。打磨机器人在运转过程中常见故障信息主要有 Pad 无法操作机器人、激光雷达报警、打磨异响、电机报警、限位报警、三色灯异常、机身晃动、散热风扇故障等。

打磨机器人操作技师要能够识别这些故障信息，并能进行准确的故障分析，从而有效地排除机器故障，保障机器人能正常运行，提高施工质量和效益。

1. 打磨机器人故障分析

（1）Pad 无法操作机器人

Pad 无法操作机器人可能存在以下几种情况：

1）Pad 或机器人电池电量不足；

2）Wi-Fi 未连接到机台；

3）APP 使用的是演示版本，未使用正式版；

4）触摸屏可能屏蔽了 Pad 操作信号。

（2）TX2 与 PLC 通信故障

TX2 与 PLC 通信故障可能存在以下几种情况：

1）交换机端口连接问题；

2）网线连接存在异常。

（3）限位报警

限位报警可能存在以下几种情况：

1）限位开关损坏；

2）轴实际坐标、软限位未在相应限位位置上。

（4）打磨异响

打磨异响可能存在以下几种情况：

1）打磨盘端面与安装面不平行；

2）打磨电机异常；

3）打磨盘损坏。

（5）三色灯异常

三色灯异常可能存在以下几种情况：

1）输出模块接线问题；

2）线路异常；

3）蜂鸣器被屏蔽；

4）三色灯故障。

（6）散热风扇故障

散热风扇故障可能存在以下几种情况：

1）过滤网积尘过多；

2）风扇输入电压不是 24V；

3）风扇电机损坏。

（7）LED 指示灯信号分析

LED 指示灯信号可能的几种情况详见表 6-11。

LED指示灯信号 表6-11

LED指示灯状态	充电机状态
绿色闪烁，黄色熄灭，红色熄灭	开机，未连接电池
绿色常亮，黄色熄灭，红色熄灭	电池正在充电
绿色闪烁，黄色常亮，红色熄灭	电池已充满
绿色熄灭，黄色熄灭，红色常亮	充电机进入保护状态（过热保护、输出短路保护、输出反接保护、输出过压保护）

2. 打磨机器人故障处理

（1）各电机／吸尘器不工作

各电机／吸尘器不工作需进行如下检查与维修：

1）电机是否开启，若未能正常启动，检查电机输入电压是否正常，电压正常则电机故障，测量电机绕组电阻；若电压不正常，则检查接触器是否未吸合以及热继电器是否跳闸。

2）吸尘器跳闸复位后，需要检查集尘袋、管道以及吸尘器里面的过滤网，排除导致过载可能事件。

（2）吸尘效果不佳

吸尘效果不佳需进行如下处理：

1）清理集尘袋、吸尘管道，以及吸尘器过滤网和滤芯；

2）检查吸尘管是否破损、集尘桶桶盖密封性如何；

3）检查毛刷是否损坏，是否高低不齐，若存在问题则需更换毛刷。

（3）电量低报警

电量低报警需进行如下检查与维修：

1）电量低报警可能是电池没电，需更换电池；

2）若电池有电，但是报警清除不了，则可重启机器人。

（4）Y 轴电机故障

Y 轴电机故障需进行如下检查与维修：

1）卸载皮带，空载运行，检查是否动作；

2）检查输入电压是否正常，检查线路；

3）更换电机，重新复位坐标。

（5）伺服轴系列故障

伺服轴系列故障需进行如下检查与处理：

1）检查伺服轴是否有异常；

2）进入相关轴控制界面，点击复位。

（6）打磨效果不佳

打磨效果不佳需进行如下检查与处理：

1）打磨电机是否开启，若未能正常启动，检查电机输入电压是否正常，电压正常则电机故障，测量电机绕组电阻；若电压不正常则检查接触器是否未吸合以及热继电器是否跳闸；

2）毛刷毛绒过长，需适当修剪毛刷，使毛绒略高于打磨盘 1～2mm；

3）检测打磨压力是否异常；

4）若打磨盘磨损，需更换打磨盘，检查伺服轴是否有异常。

（7）打磨时打磨机构晃动

打磨时打磨机构晃动需进行如下检查与维修：

1）检查内墙混凝土缝的高度差是否太大，若是，则降低横向模组移动速度，沿缝打磨；

2）检查横向模组滑块是否损坏；

3）检查地面是否过度不平整；

4）检查十字架与墙面是否平行；

5）检查打磨盘端面与安装面是否平行，若不平行需要更换打磨盘。

（8）电池充电故障

1）电池充电异常、LED指示灯不亮。解决办法：确认交流电源线连接牢靠，确认开关已开启。

2）充电机不能充电，且LED指示灯为绿色闪烁。解决办法：确认输电线与电池组正负极连接牢靠，确认电池组是否已损坏，更换蓄电池。

3）充电机不能充电，且LED指示灯为红色常亮。解决办法：确认输电线正负极连接正确；充电机要使用规定的充电器。

4）电池充不满。解决办法：输电线与电池组正负极确认连接牢靠；电池组是否已损坏，更换蓄电池。

（9）紧急情况处理

混凝土内墙面打磨机器人紧急情况处理办法如图6-48所示。

1）机器人作业时遇到紧急情况，应迅速按下红色急停开关使机器人停止；

2）复位时，将急停按钮顺时针旋转即可恢复急停开关。

图6-48 急停、复位按钮

小结

本项目主要介绍了混凝土内墙面打磨机器人结构组成、功能及特点，通过混凝土内墙面打磨机器人施工工艺、技术要求、质量标准及安全管理的具体阐述让学习者达到"四懂"的专业知识水平，本项目还重点介绍了混凝土内墙面打磨机器人的维修保养、常见故障排查及处理办法，让学习者更清晰地掌握混凝土内墙面打磨机器人操控及维保，做到具备建筑机器人"四会"的专业技能。

巩固练习

一、单项选择题

1. 当横向网格数量大于竖向网格时，该区域爆点打磨将以（　　）的方式执行。

A. 竖向打磨　　　　　　　　　　　　B. 横向打磨

C. 先竖向打磨再横向打磨　　　　　　D. 先横向打磨再竖向打磨

2. 混凝土内墙面打磨机器人复位时，将急停按钮（　　）即可恢复急停开关。

A. 逆时针旋转　　　B. 顺时针旋转　　　C. 顺逆均可　　　D. 以上都不对

3. 机器人打磨能够覆盖的范围不包括距天花 80mm，地面 80mm，阴角（　　）mm 以内的范围，其余区域全面覆盖。

A. 100　　　　　　B. 80　　　　　　C. 50　　　　　　D. 150

4. 混凝土内墙面打磨机器人作业时，要求混凝土墙面平整度（　　）才能进场作业。

A. 不大于 8mm　　　　　　　　　　B. 不大于 5mm

C. 不小于 5mm　　　　　　　　　　D. 不大于 10mm

5. 混凝土内墙面打磨机器人施工前置条件准备中要求平整度不大于（　　）、垂直度不大于（　　）。

A. 8mm、10mm　　　　　　　　　　B. 10mm、12mm

C. 10mm、10mm　　　　　　　　　　D. 8mm、12mm

6. 混凝土内墙面打磨机器人施工质量验收标准为平整度不大于（　　）、垂直度不大于（　　）。

A. 8mm、10mm　　　　　　　　　　B. 5mm、8mm

C. 8mm、5mm　　　　　　　　　　D. 5mm、5mm

7. 当机器人 LED 指示灯绿色熄灭、黄色熄灭、红色常亮时，充电机的状态是（　　）。

A. 开机，未连接电池　　　　　　　　B. 电池正在充电

C. 电池已充满　　　　　　　　　　D. 充电机进入保护状态

二、多项选择题

1. 建筑打磨机器人根据作业面的不同可以分为（　　）。

A. 地坪研磨机器人　　　　　　　　B. 内墙面打磨机器人

C. 天花打磨机器人　　　　　　　　D. 地面抹平机器人

E. 地面整平机器人

2. 建筑机器人产业技师需要具备"四懂"专业知识水平包括（　　）。

A. 懂机器人操作　　　　　　　　　B. 懂机器人编程

C. 懂边角处理　　　　　　　　　　D. 懂现场协调

E. 懂简单维保

3. 建筑机器人产业技师需要具备"四会"专业技能包括（　　）。

A. 会管理   B. 会使用   C. 会保养

D. 会收口   E. 会研发

三、判断题

1. 机器人打磨墙面完全不需要人工打磨、剔凿。 （   ）

2. 混凝土内墙面打磨机器人能进行墙面任何地方的打磨施工。 （   ）

3. 混凝土内墙面打磨机器人施工时距地面 80cm 范围需要人工打磨。 （   ）

4. 墙面平整度超过 10mm 机器人也可以进行打磨施工。 （   ）

5. 对于墙面阴角 100mm 以内的区域机器人不能进行打磨施工。 （   ）

6. 全自动作业模式下机器人操作员可以长时间离开施工现场。 （   ）

7. 机器人入场后应进行进场验收。 （   ）

8. 机器人的运输通道的坡度应小于 10°。 （   ）

9. 墙面钢筋异物凸起无需人工切除，机器人会根据程序自动切除、磨平。 （   ）

10. 机器人的最大越障高度是 50mm。 （   ）

四、论述题

1. 混凝土内墙面打磨机器人主要由哪几部分组成，各有什么作用？

2. 简述混凝土内墙面打磨机器人施工流程。

3. 机器人打磨相对传统人工打磨施工存在哪些优点？

4. 混凝土内墙面打磨机器人吸尘效果不佳应如何处理？

5. 混凝土内墙面打磨机器人施工包括哪些方面的准备工作？

6. 混凝土内墙面打磨机器人施工准备中技术准备包括哪些？

7. 简述混凝土内墙面打磨机器人的功能与性能优势。

8. 简述混凝土内墙面打磨机器人施工现场安全管控要点。

9. 混凝土内墙面打磨机器人电池日常保养注意事项有哪些？

10. 简述混凝土内墙面打磨机器人全自动作业模式作业步骤。

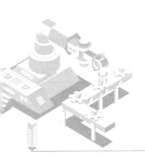

项目 **7**　混凝土天花打磨机器人 >>>

【知识要点】

　　本项目主要介绍混凝土天花打磨机器人的结构组成、功能；机器人天花打磨施工操作流程，以及机器人维修保养、常见故障及处理办法。

【能力要求】

　　具有操作混凝土天花打磨机器人进行施工作业，正确判定常见机器故障，并进行简单检修和常规维护保养的能力。

单元 7.1　混凝土天花打磨机器人性能

任务 7.1.1　混凝土天花打磨机器人概论

1. 天花打磨的概念

在现代房屋的施工工艺中，天花打磨是指对混凝土天花拼缝、溢浆、错台、爆点等缺陷进行打磨，是混凝土楼板板底修整阶段的一道工序。

2. 传统天花打磨

在传统的天花打磨中，作业人员往往需站立在脚手架上作业，每打磨完一块区域后，作业人员都需要移动一次脚手架，这种高危作业危险系数高，工作强度大，效率低。

在进行打磨作业时施工现场扬尘严重，施工环境恶劣，作业人员往往需佩戴防毒面具和护目镜以免长期吸入粉尘，这种恶劣的施工环境严重损害作业人员的健康。且打磨作业人员收入低，基本处于施工人员团队的底层，无晋升空间。如图 7-1 所示为传统天花打磨。

3. 混凝土天花打磨机器人

为改善混凝土天花打磨的施工现状，避免恶劣环境对人体造成危害，混凝土天花打磨机器人（简称天花打磨机器人）应运而生。如图 7-2 所示为混凝土天花打磨机器人的外观图。

图 7-1　传统天花打磨　　　　　图 7-2　天花打磨机器人

混凝土天花打磨机器人是一款用于建筑室内天花拼缝和爆点打磨（超限凹凸，下同）的自动化作业设备。整机包括全自动作业和半自动作业两种模式，全自动作业模式下通过测量工具对天花拼缝缺陷进行测量，BIM 进行路径规划，最后依靠压力感应升降系统实现对混凝土天花拼缝和爆点的全自动打磨。升降系统可实现对 3.2m 以内天花板的自动打磨作业，其自带的吸尘系统可有效降低扬尘污染，改善施工作业环境，免除了人工作业带来的危险，打磨后满足观感平整验收工艺需求。

混凝土天花打磨机器人综合效率约为 40m²/h，比人工提高 1.6 倍，成本减少约 20%。如图 7-3 所示为天花打磨机器人正在进行混凝土天花打磨。

图 7-3　天花打磨机器人进行混凝土天花打磨

任务 7.1.2　天花打磨机器人功能

1. 天花打磨机器人基本参数

天花打磨机器人的基本参数详见表 7-1。

天花打磨机器人基本参数　　　　　　　　　　　　　　　　表7-1

序号	参数项	规格/性能指标
1	整机重量	486kg
2	外形尺寸	820mm（长）×820mm（宽）×1750～3200mm（高）
3	吸尘功能	吸尘储量：3L　　　吸尘管径：40mm
4	AGV	AGV 行驶速度：0～500mm/s 通道宽度要求：≥900mm 最大爬坡能力：10°，最大越障高度：30mm，最大跨缝宽度：60mm
5	电池	电池电压：48V　电池容量：100Ah 充电时间约 2.5h，持续工作时间约 5～6h 可显示当前电量，并具备低电量报警功能
6	滑轨升降柱	升降柱速度：0～30mm/s 十字滑轨 X、Y 轴速度：0～500mm/s 定位精度：偏差 ±0.5mm

2. 天花打磨机器人的功能

混凝土天花打磨机器人是一款用于打磨混凝土天花板拼缝、溢浆、错台和爆点等缺陷的机器人。该机器人能够自动定位、自动规划路径、避障防撞、自动进行对各工作点位的作业，能够有效提高工作效率，降低施工成本，降低施工安全风险，其具有良好的吸尘功能，能够大幅改善作业环境。

天花打磨机器人能够打磨除卫生间、阳台、距离阴角 70mm 以外的室内混凝土天花板面，通过视觉识别 2mm 以上爆点、错台、模板拼缝等缺陷，全自动完成对天花板的打磨作业，打磨后显著提高天花平整度，极差在 2mm 以内。

如图 7-4 所示为传统作业人员天花打磨和天花打磨机器人的作业效果对比。

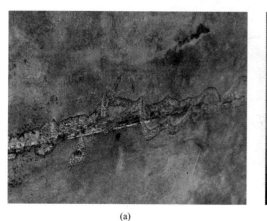

(a) (b)

图 7-4　传统作业人员和天花打磨机器人的作业效果对比

（a）传统作业人员天花打磨效果；（b）天花打磨机器人作业效果

除此以外，天花打磨机器人还具备以下功能：

（1）自带吸尘系统，打磨过程扬尘能够明显吸附，保护操作人员健康；

（2）升降柱自动提升，到达指定压力自动打磨，全程实时压力监控；

（3）完备的报警系统，全方位保障操作人员安全；

（4）支持远程升级；

（5）该机器拥有全自动打磨模式和多机调度系统，使打磨效率大幅提高。

3. 工程实例

碧桂园某项目，通过对 7378.8m² 楼层的打磨，分析不同工作面积和混凝土强度等级下，采用机器人打磨和人工打磨所消耗时间的对比（图 7-5），天花打磨机器人的优势明显。优势如下：

（1）天花拼缝打磨平均效率在 15m²/h，按目前 120m² 户型内需要打磨的客厅餐厅和卧室房间，4～5h 可以完成一户的天花打磨，机器打磨平均效率是人工平均效率的 3 倍，并且越往后机器优势越大。如图 7-5（a）所示。

（2）C25 混凝土天花打磨机器人每打磨 1mm/m² 需要 13min，每打磨 2mm/m² 需要 20min。而 C30 混凝土天花打磨机器人每打磨 1mm/m² 需要 15min，每打磨 2mm/m² 需要 31min。随着混凝土强度等级的提高和打磨厚度的提高，时间将延长 28%。如图 7-5（b）所示。

（3）在成本上，按目前用工费用设定天花打磨机器和人工费均为每天 200 元 / 天，效率上混凝土天花打磨机器人是人工的 3 倍，随着连续工作时间变长，人工体力逐渐下降，打磨天花拼缝效率会逐渐降低，由此可见，每天可节省人工费 134 元，一个月为 4020 元。

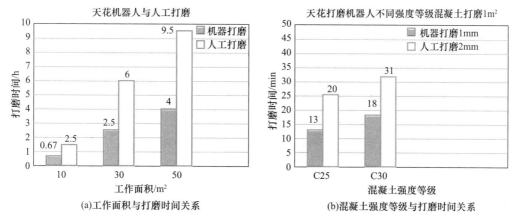

(a)工作面积与打磨时间关系　　(b)混凝土强度等级与打磨时间关系

图 7-5　不同工作面积、混凝土强度等级下打磨时间对比图

任务 7.1.3　天花打磨机器人结构

机器人构成如图 7-6 所示。

1. 整机结构

混凝土天花打磨机器人的整机结构主要由上端总成、升降柱、下端总成三部分组成，如图 7-7 所示。

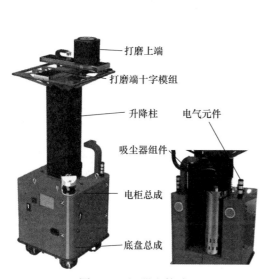

图 7-6　机器人构成

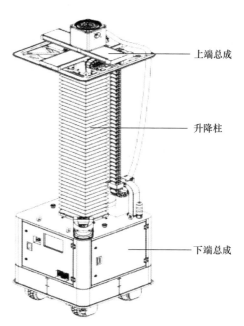

图 7-7　混凝土天花打磨机器人整机结构

（1）上端总成

上端总成—模组机构如图 7-8 所示，上端总成—打磨机构如图 7-9 所示。

1）打磨盘。定制的带有倒角的打磨盘，使其在紧贴天花板面移动时不会受到侧面碰撞。

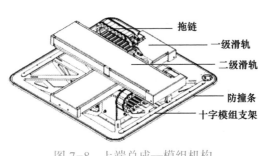

图 7-8　上端总成—模组机构

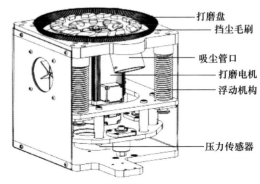

图 7-9　上端总成—打磨机构

2）一、二级滑轨。一级滑轨固定在上端支撑结构上，二级滑轨固定在一级滑轨滑块上，打磨机构固定在二级滑轨滑块上，两个滑轨可单独运动也可做差补运动，能够实现610mm×510mm 范围内的任意轨迹运动。

3）十字模组支架。采用顶端固定配合抱柱结构，为上端执行机构提供稳定的支撑能力。

4）拖链。走线规范，可延长线缆寿命。

5）防撞条。触碰安全开关，确保机器作业的安全性。

6）压力传感器。压力传感器与直线轴承下板相接触，能够实时监控打磨压力，压力实时反馈给控制系统对压力进行调节控制，压力检测范围 0～3000N ± 3N。

7）挡尘毛刷。形成较为密闭的空间，有效防止打磨的灰尘泄露。

8）吸尘管口。用于连接吸尘管，打磨灰尘出口。

9）浮动机构。又称"缓冲装置"，适应天花板面凹凸不平的作业环境，有效降低作业风险。

10）打磨电机。打磨作业的动力装置。

（2）升降柱

采用 3 级升降结构，其规格尺寸为：截面尺寸 215mm×171mm，高度 1240～2740mm，最大运动速度 36mm/s。为了减轻升降柱的重量，升降柱外壁及上端支撑结构的材质均选择了铝材。

（3）下端总成

下端总成主要由 AGV 底盘、电池、导航系统、电气设备框架及器件组成。

1）AGV 底盘。AGV 底盘是机器人的主要载体，由 4 舵轮机构、避障机构、底盘调节机构、底盘支架组成。

2）舵轮。为机器人提供行走动力，调节机器人行走速度、角度，是机器人的"双脚"，根据控制系统程序下发的指令执行动作，舵轮通过伺服电机及减速器进行驱动，工作时通过控制伺服电机的启停来控制 AGV 行走，转弯都靠两个舵轮实现，其可实现前进、后退、左右转弯、原地自旋等功能。

3）避障系统。采用激光雷达、避障雷达等传感器，使得机器人能够感知周围的障碍物，并将采集的数据反馈给控制系统，使机器人能够避开障碍物。如图 7-10 所示。

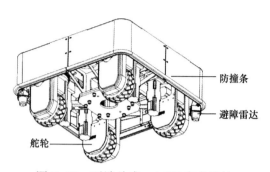

图 7-10　下端总成—AGV 底盘机构

4）导航系统。激光雷达实时采集机器人所处的环境信息，通过与算法相结合实现机器人的定位，让机器人能够准确地行走到工作位置。

5）吸尘装置。用于收集混凝土粉末的吸尘装置，防止打磨作业时扬尘外溢，优化作业环境。能够将混凝土粉尘收集到集尘袋中，可以快速清理及更换。

6）急停开关。用于终止机器所有动作。

7）吊环。用于机器吊装时连接的装置。

8）触摸屏。显示机器一些基本信息。

9）电池。本机器人采用 FL-NCM-13S/100 锂离子电池模组作为供电源，工作温度：放电（-20～60℃），充电（0～45℃），存储温度 0℃～45℃。其标称容量为 100Ah，供电电压 48V，最大充电电流支持 80A，可在 3h 内充电完成，具有自动切断充 / 放电、实时反馈电池电量、温度等功能。结构上的设计实现了快速拆换，节省了电池更换时间。如图 7-11 所示。

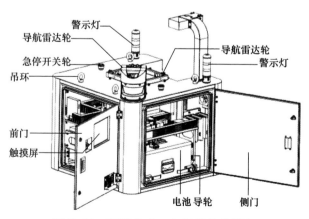

图 7-11　下端总成—电气设备及框架

10）警示灯。机器的运行状态，红灯为故障，黄灯为无动作，绿灯为运行。

11）导轮。方便电池抽拉进出。

2. 技术参数

天花打磨机器人的主要技术参数有尺寸、重量、户外移动、导航定位、电池性能、单次工作时长、待机功能和安全报警，其规格和性能指标详见表7-2。

混凝土天花打磨机器人技术参数 表7-2

序号	参数项	规格/性能指标
1	尺寸	1）高度＜1800mm 2）宽度＜830mm 3）长度＜830mm
2	重量	天花打磨机器人自重（含运动底盘）：≤500kg
3	户外移动	1）最大爬坡能力：10° 2）最大越障高度：30mm 3）最大跨缝宽度：60mm 4）AGV 行驶速度≤500mm/s 5）AGV 转弯半径≤550mm
4	导航定位	1）定位精度：±30mm/±1° 2）停止精度：±40mm/±1°
5	电池性能	1）电池电压：48V 2）电池容量：≥100Ah 3）充电时间：≤2.5h 4）最大工作电流：100A 5）最大工作功率：3000W
6	单次工作时长	1）持续工作时间：2h 2）极限工作时间：3h
7	待机功能	待机功耗：≤140W
8	安全报警	1）电池低电量模式报警 2）AGV 保护停止功能 3）产品自动避障 4）正常运行指示灯 5）异常报警指示灯、提示音

3. 天花打磨机器人特点

与传统天花打磨工艺相比，天花打磨机器人主要具备以下特点：

（1）环保。具备粉尘自动回收的功能，可以改善施工现场环境。

（2）安全。减少了作业环境中灰尘对工人身体的伤害；解决了工人高危作业的问题；避障雷达＋防撞条＋压力监测＋报警提示，多重防护，安全可靠。

（3）施工效率高。综合施工效率约40m²/h，达到人工的1.6倍。

（4）施工质量高。成型面质量观感好，打磨后提高天花平整度，极差在2mm以内。

（5）降低工人劳动强度。一人一Pad，启动作业后全程无需人员再参与。

（6）覆盖率高。可覆盖天花板92%以上的区域。

单元 7.2　混凝土天花打磨机器人施工

任务 7.2.1　天花打磨机器人施工准备

机器人在运输过程中要尽量平稳，不能出现较大颠簸，机器人到达项目现场后，工程项目要提供设备停放平台和塔吊服务，确保机器人各部件完好后才能进行操作，并且必须按照说明书的指示使用天花打磨机器人作业。

1. 场地要求

天花打磨机器人在施工前，不仅需要拆除模板和室内支撑立杆，还需要对操作人员进行相应的培训，只有经考核合格后才能允许上岗操作。打磨机器人施工前对场地有较高的要求，其主要包括以下方面：

（1）施工场地打扫干净，无杂石、碎料残留。

（2）室内水泥地面平整，地面平整无坑洼，无预埋钢筋或预埋钢筋已处理，地面平整度≤10mm，地面垃圾已清理。

（3）施工现场干净，无材料、杂物堆放，传料口已封堵或有坚实钢板遮挡。

（4）机器人完成某一特定区域转入下一工作面时要求通道路面是干燥、经硬化平整的水泥地面或临设钢板地面。无坑洼超过 50mm 的孔洞，无建筑材料堆放。可存在≤30mm 的高低跨，且高低跨前后均有 3m 范围的平坦路面。若高低跨＞0mm，则应搭设钢板斜道（坡度≤10°）供机器人行走。

（5）要求通道宽度大于等于 1100mm，门洞净宽大于等于 900mm；电梯进出入口具备铁质过桥，坡度≤10°，板间缝隙≤50mm。

（6）现场要配备二级电箱，供电要求：AC 380V/50A，50Hz。

（7）二级电箱与三级电箱连接线规格要求：5 芯线，单芯截面积 10mm；现场需要配置场地围挡、场地标识牌。

（8）天花板面水平度和模板拼缝两侧混凝土高低差不满足天花板面标准或存在明显缺陷时，需安排工人用水泥砂浆修补（顶板水平度极差≤12mm，高低差≤10mm），修补面大致平整、干燥且达到上述标准后，机器人可进场施工。

（9）样板验收合格后方可进行大面积施工。

2. 机器人设备要求

（1）检查机器防撞条是否完好，如有异常禁止作业；

（2）做好机器人在运输、搬运、装车、卸车、包装过程中的碰撞、跌落、剧烈抖动等的安全保护，避免机器人器件损坏；

（3）检查急停按钮可操作性及急停功能是否完好，如有异常禁止开机；

（4）检查机器人本体、电控柜箱、传动机构等外部防护装置的完整性，防护设施不完整时禁止开机；

（5）检查机器人机身及相应的设备功能完整性，若出现破损、裂纹、断裂现象时禁止开机；

（6）检查电控柜内状态，存在杂物、积灰、浸液等异常时禁止开机；

（7）机器人施工前，需要巡查场地有无杂物，避免机器人发生碰撞。

施工前，作业人员需要对以上前置工作进行确认验收，对于未达到标准的不予进行打磨作业。

3. 技术要求

（1）已对作业班组进行作业安全、技术交底。

（2）施工项目质量检测工具准备详见表7-3。

施工检测工具　　　　　　　　　　　　表7-3

序号	工具名称	作用	图例
1	激光水平尺	配合塔尺检查顶板水平度	
2	2m 靠尺	检查天花板面平整度检测	
3	楔形塞尺	配合 2m 靠尺检查平整度检测	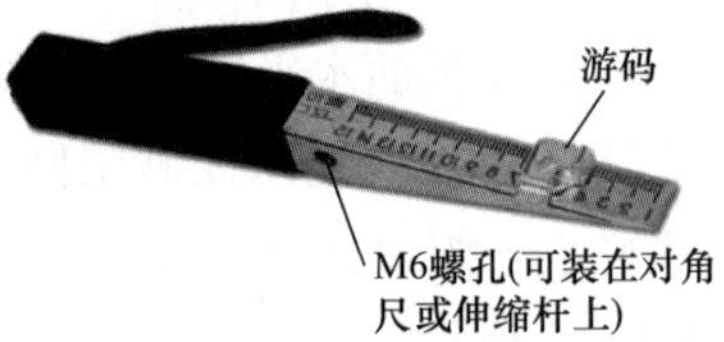 游码 M6螺孔(可装在对角尺或伸缩杆上)

任务 7.2.2　天花打磨机器人施工工艺

1. 传统作业打磨天花施工工艺

作业人员采用传统的方法对拆除模板后的天花进行打磨的施工工艺主要包含以下方面：

（1）准备好线盘、防毒面具、护目镜、脚手架和角磨机等工具。

（2）将移动脚手架挪至需要打磨区域某一小块，或者在需要打磨的区域搭设脚手架。

（3）作业人员佩戴好安全帽、反光衣以及防毒面具，检查打磨设备正常运行后登上脚手架，开始进行打磨工作。

（4）打磨完某一小块区域后，手动将脚手架挪至另一区域。

（5）作业人员重复（3）、（4）步骤，直至所有天花面打磨完成。

如图 7-12 所示为作业人员采用传统的方法对混凝土天花面进行打磨。

图 7-12　作业人员采用传统方法打磨混凝土天花面

2. 天花打磨机器人施工工艺

混凝土天花打磨机器人施工流程：基层验收→机器人状态检查→导入地图→打磨作业→全面检查、修补缺陷。机器人既可以通过智能数据采集、高效数据处理及智能路径规划进行全自动施工作业，也可配合博智林 FMS 多机调度系统实现一人控制多台机器人（混凝土天花打磨机器人、内墙面打磨机器人、螺杆洞封堵机器人同时作业）全自动施工作业。

天花打磨机器人具体施工步骤如下：

（1）基层验收。基层表面干净且大致平整，无露筋、孔洞、内部不密实等混凝土质量问题，严禁残留钢钉、螺栓等金属突起物；传料口已封堵或有坚实钢板遮挡。

（2）数据采集。人工持自研采集装置或者测量机器人进行数据采集，采集完成后将数据上传，调度系统自动生成作业路径；机器人根据上传数据完成自身定位及路径规划等前期工作。

（3）开机点检。电池接线完成后，顺时针旋转急停按钮，打开启动开关；检查避障雷达、防撞条是否正常工作；确认无误后方可进行下一步施工操作。

（4）路径选择。打开 APP 操作端连接对应机器人 Wi-Fi，并登录进入操作界面；在"路线选择"界面点击"地图管理"，选出所需打磨作业的户型地图。

结构工程机器人施工

（5）对图。①手动操作机器人移动到自动作业的起始点附近；②进入初始位置界面，点击"地盘遥控"，再点击"对图"，把光标移动到对应地图的位置，点击"确定"；可多次对图，直至定位成功。

（6）下发地图。进入"路径选择"选项，选择对应当前路径，点击"下发长按"按钮，待下发成功后，切换至自动模式。

（7）自动打磨。①点击启动；②输入需要作业的起始站点并确定，机器会进入全自动作业状态直至打磨完成。

（8）全面检查、修补缺陷。再次检查，对打磨不平整位置，重新进行打磨、修补；若天花板面符合要求，打磨作业结束。打磨机构下降至初始位置，机器人离场。

（9）混凝土天花打磨机器人施工作业方式分全自动作业和半自动作业。

1）全自动作业是指机器人根据事先规划好的路径进行自行作业，不再需要人为干预，如图7-13所示。

2）半自动作业是指操作人员全程操作机器作业，主要是作业未规划路径的区域以及一些特殊区域（如厨房、走廊、玄关等），如图7-14所示。

图7-13　全自动作业

图7-14　半自动作业

3. 全自动打磨流程

全自动天花打磨机器人施工流程详见表7-4。

天花打磨机器人施工流程　　　　　　　　　　　　　表7-4

作业步骤	详细步骤	注意/确认事项
开机点检	1. 顺时针旋转急停按钮，打开启动开关； 2. 连接该设备的Wi-Fi进入软件操作界面； 3. 检查避障雷达、防撞条是否正常工作	1. 开机点检时确认设备触摸屏上显示手动模式，且无故障显示；

作业步骤	详细步骤	注意/确认事项
选择路径	1. 点击路径选择; 2. 在地图管理中选择所在户型的地图; 3. 确认地图后返回首页	
位置矫正	1. 手动操作机器人移动到自动作业的起始点附近; 2. 进入初始位置界面,点击地盘遥控选择对图; 3. 把光标移动到对应地图的位置点击确定,直至定位成功	2. 地图下发完成后确认现场实际情况与地图是匹配的再进行下一步操作; 3. 初始点设置时光标箭头方向为设备的导航雷达方向; 4. 任务下达时确认升降柱在初始位置以免去起始点时会撞到横梁
任务下达	1. 进入路径选择选项; 2. 长按下发,待下发成功后,切换至自动模式	
开始作业	1. 点击启动; 2. 选择需要作业的点位并确定	
关机点检	1. 作业完成或人员离场,将机器放置指定区域并关闭机器; 2. 关机时把升降柱下降到初始位置,先关闭开关再断开电源	

任务 7.2.3 天花打磨机器人施工要点

现浇混凝土楼板天花模板拼缝漏浆是常见的工程质量通病之一。在浇筑混凝土时,混凝土浆沿着模板拼缝渗漏。这种板缝漏浆造成楼板天花表面平整度和观感质量不符合施工验收规范要求,必须进行处理。尤其是木模板周转多次后缺棱掉角,进一步加大了板缝宽度,造成板缝漏浆更加严重。

一般铝模墙体边角往外 150mm 区域是打磨的重点区域,需重点关注打磨。其余边角部位需要人工后期进行打磨。

传料口位置与线管位置建议错开,防止机器不稳进行倾斜。楼层有开关箱,一般都配有工业插座,最好能在楼层安全充电,快速方便。

1. 天花打磨机器人施工要点

(1)开机前检查

1)检查供电线路及接头、电机动力线缆、编码器线缆、抱闸线缆、各传感器线缆(包括光电开关及行程开关等)状态,存在线路破损、老化,接头松动、积尘等现象禁止开机;

2)检查急停按钮及急停功能是否完好,如有异常禁止开机;

3)检查机器人本体、电控柜箱、传动机构等外部防护装置完整性,防护设施不完整禁止开机;

4)检查机器人机身及相应的设备功能完整性,若出现破损、裂纹、断裂现象禁止开机;

5)检查电控柜内状态,存在杂物、积灰、浸液等异常禁止开机;

6)按下电池电源按钮后,打开主电控柜门,从左至右依次打开空气开关以及确认逆变器电源开关打到"ON"位置;当 PLC、触摸屏、伺服等全部通电且没有报警输出,机器人全部通电正常。

(2)开机

检查机器人状况无异常后打开电源开关,机器人开始自动初始化;待黄灯亮起,表示初始化完成。

2. APP 软件界面

（1）登录界面（图 7-15）

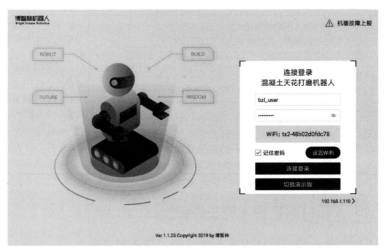

图 7-15　登录界面

（2）机器状态界面

在"机器状态"页面显示机器"上装状态""底盘状态""电机状态"和"系统版本"的详细内容。如图 7-16 所示。

图 7-16　机器状态界面

（3）故障报警界面

在"故障管理"页面的"历史报警"中可记录故障信息，并可查看具体报警信息及报警日志，也可在此界面根据需求进行故障筛选、故障查询和故障信息导出；在"故障报警"中显示实时报警信息并可点击"故障清除"恢复故障。如图 7-17 所示。

图 7-17 故障显示界面

（4）自动作业界面

机器通电开机并人工初始定位完成后，需人工选择对应的地图、路线，机器才可自动完成导航作业，具体操作步骤如下：

1）选择"地图管理"，在"地图管理"中选择"机器地图"或者"本地地图"或者"云地图"，找出机器实际作业场景对应的地图，并下发。

2）在"自动作业"中点击"手动对图"，出现对图界面后，手指触摸移动箭头并将移动箭头拖到机器人当前所在地图上的实时位置（机器人所处大概位置），点击确认，待显示"定位成功"则定位成功。

注意：①不能在狭窄的过道上对图，可能出现无法对图的情况；②对图成功后，需人工确认是否与实际墙面相对应，如果不对应，需要人工重新手动对图，直至与实际墙面相符为止。

3）下发路径。长按"下发"按钮，导入当前地图信息路径。

4）地图和路线选定后，选择自动模式，单击"启动"按钮，选择机器启动点位，在弹出对话框中单击"确定"，机器即可自动执行导航路线；注意：选择机器启动的点位应在机器所属的房间内或者机器可以安全直线到达的点位进行，否则会有碰撞风险。

5）机器人在执行自动导航任务过程中，用户可以通过单击"暂停""停止""继续"按钮对机器人进行操作；右上角"软急停"按钮可终止一切动作，处于"假死"状态，点击"软急停复位"即可恢复。如图7-18所示。

（5）底盘遥控界面

在"底盘遥控"页面中点击"底盘遥控开关"，出现"开"字后，会出现底盘操控的页面，点住方向盘内圆环并拖动可以控制机器人前后左右移动，长按"左转/右转"按钮，可控制机器人原地左右旋转。如图7-19所示。

（6）上装遥控界面

1）【打磨电机开/关】在"单独控制"选项下，点击打磨电机后面的"关"，当显示"开"时，打磨机启动；再按一次变成"关"，打磨机关闭。

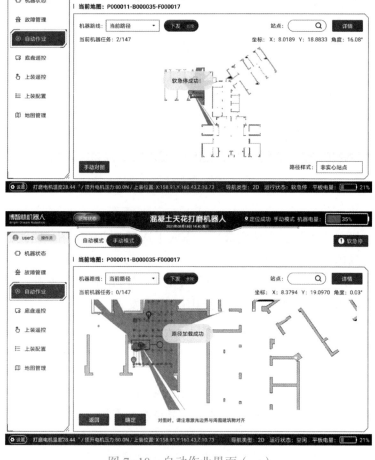

图7-18　自动作业界面（一）

图 7-18 自动作业界面（二）

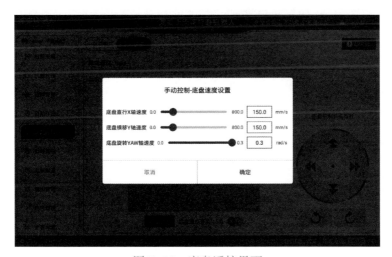

图 7-19 底盘遥控界面

2）【吸尘器开 / 关】在"单独控制"选项下，点击吸尘器后面的"关"，当显示"开"时，吸尘器启动；再按一次变成"关"，吸尘器关闭。

3）【触边屏蔽开 / 关】在"单独控制"选项下，点击触边屏蔽后面的"关"，当显示"开"时，防撞条则会屏蔽；再按一次变成"关"，防撞条解除屏蔽。

4）【升降柱上升 / 下降】在"单独控制"选项下，选择"升降柱"选项，开启"使能"，点击"上升—长按""下降—长按"按键实现升降柱上升下降。

5）【X/Y 轴使能 / 移动】在"单独控制"选项下，选择"X/Y"选项，开启"使能"，点击"前行—长按""后退—长按"按键实现 X/Y 轴前进后退，点击"自动校准零点—长按"可以自动校准零点，点击"回原点—长按"，X/Y 可以回到初始原点。如图 7-20 所示。

（7）地图管理界面

远程下载机器应用使用的云地图，下载完成可在自动作业界面选择地图里面查看。如图 7-21 所示。

图 7-20　上端遥控界面

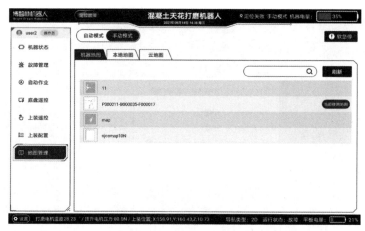

图 7-21　地图管理界面

3. 全自动模式打磨 APP 操作

（1）待机器人初始化完成，使用平板将机器人移动至打磨起点；

（2）确认需作业场地已完成视觉或者人工测量，BIM 路径规划；

（3）参考 APP 界面操作–自动作业界面操作的描述方法，完成地图选择、对图和相关参数检查；

（4）将机器人切换为自动模式，按启动按钮并输入点位即可开启自动运行；

（5）现场人员与机器人保持一定距离，以免影响自动导航，机器人绿灯常亮时开始自动模式作业。

案例：以碧桂园凤桐花园项目机器人打磨施工为例说明全自动模式打磨 APP 操作。

（1）地图选择

选择全自动打磨场景对应的地图，路径选择–地图管理如图 7-22 所示。

（2）对图

将自动作业模式界面内的模式转换为手动模式，手动调整机器位置图标，确认和机器实际位置保持一致，右上角显示"定位成功"左上角绿灯闪烁"正常状态"定位完成。如图 7-23 所示。

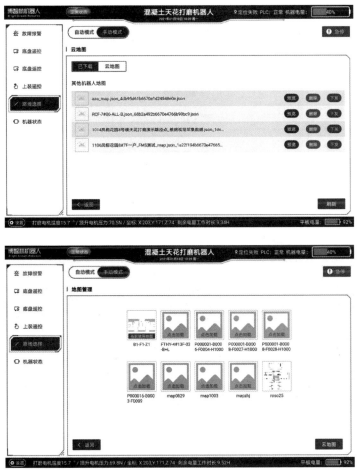

图 7-22　路径选择 – 地图管理

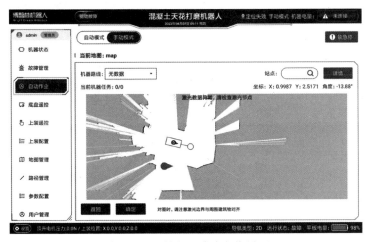

图 7-23　对图 – 手动定位界面

（3）路径下发

1）切换成自动模式，点击启动，选择打磨点位，并在自动模式下进行路径下发。如图 7-24 所示。

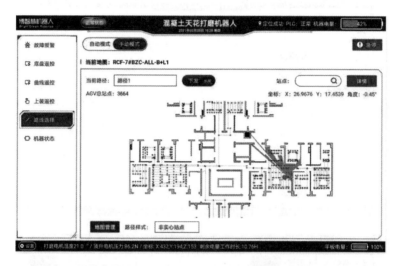

图 7-24　路径下发

2）路径选择

将手动模式转换为自动模式，在自动模式下选择施工路径。如图 7-25 所示。

3）施工作业停止

机器人施工过程中，作业停止有三种状态，即施工过程暂停、遇紧急事态急停、施工完毕停止。每项功能操作如下：

①暂停 / 继续：按下暂停键，机器会停止作业，按下继续键，机器继续作业；

②停止：按下停止键，机器停止全自动流程，需要重新下发路径和点位才能再次运行；

③急停 / 急停恢复：按下急停，机器报警并终止一切指令，故障复位后需要重新下发路径和点位才能再次运行。如图 7-26 所示。

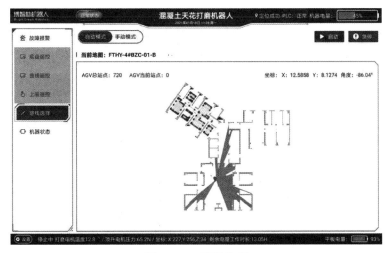

图 7-25 路径选择

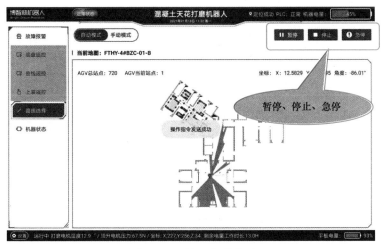

图 7-26 施工作业停止

（4）上装遥控

1）手动操作

① 可以手动操作 X 轴 /Y 轴的前行后退；

② 可以手动操作升降柱的上升下降；

③ 可以手动启停打磨电机和吸尘器。如图 7-27 所示。

2）半自动作业

① 可以半自动启动打磨和停止打磨；

② 静态打磨：上端固定不动，一直手动移动底盘；

③ 动态打磨：模组往复作业，合格后手动移动底盘。如图 7-28 所示。

3）上装参数设置

① 打磨轴组移动速度：200mm/s；

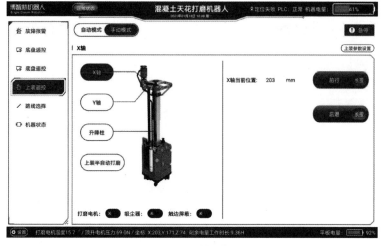

图 7-27 手动操作界面

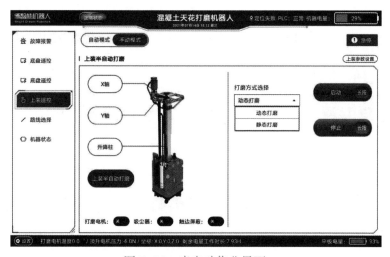

图 7-28 半自动作业界面

②打磨 X/Y 轴速度：根据实际工况要求设置：100～200mm/s；

③压力：下限压力＞初始压力；根据实际工况要求设置压力值，最大值≤190N。如图 7-29 所示。

注意：全自动作业时，传料口一般未封堵，做路径规划时需要避让；如传料口已封堵且干涸后的封堵砂浆超出天花板面 5mm，则需要在全自动打磨完成后（不包含传料口），再用手动模式打磨传料口位置。且打磨方式应为从高到低打磨，严禁从低到高直接切削。如图 7-30 所示。

（5）半自动打磨操作

1）检查机器无故障后开机。

2）确认平板上天花打磨机器人 APP 软件已正常运行并已连接机器人 Wi-Fi。

3）确认机器人当前模式为手动模式（开机默认），如图 7-31 所示。

图 7-29　上装参数设置

图 7-30　打磨方向

图 7-31　开机手动复位界面

4）使用底盘控制按钮可进行机器人的移动操作，如图7-32所示。

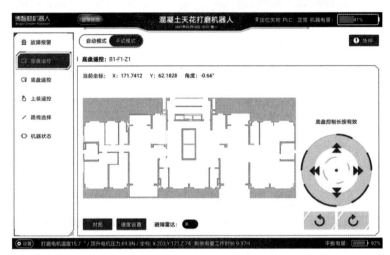

图7-32　底盘移动操作界面

5）在"上装配置"选项中切换到"半自动参数"状态，在此界面设置好打磨参数，如图7-33所示。

图7-33　参数设置

6）使用底盘控制按钮将机器人移动至作业点位置。

7）在"上装遥控"选项中切换到"半自动"状态；点击"启动—长按"按钮一键完成一个作业位置的打磨；点击"停止"按钮就可终止打磨作业（可以选择动态和静态打磨方式进行打磨），如图7-34所示。

8）重复6）、7）步骤完成所有房间的打磨作业。

注意：动态打磨——打磨端在十字模组组件移动；

静态打磨——打磨端在十字模组中心位置不移动。

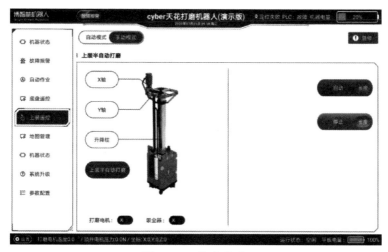

图 7-34 作业启动

4. PLC 操作面板

PLC 操作面板主要有用户管理、功能选择、自动操作、手动操作、参数设置、报警信息、主界面等操作界面（图 7-35）。

图 7-35 PLC 操作面板

（1）主界面

包括 PLC 状态显示、打磨压力显示、打磨电机温度、电池电量及电池温度；点击本地控制按钮可进行本地/远程状态切换，机器在运行状态时无法切换。

1）本地控制。切换到此模式，可在操作面板上进行手动操作，无法进行远程全自动操作。

2）远程控制。切换到此模式，不能在操作面板上进行手动操作，可以在平板电脑 APP 上远程操作手动和全自动。

3）远程手动/自动。显示平板电脑 APP 的手动/自动模式。

4）有效打磨总时长。显示本机打磨运行总时间。

5）磨盘时间。显示打磨盘运行时间，到达时间限制后会提示更换磨盘，更换完成后复位。

6）吸尘时间。显示吸尘器运行时间，达时间限制会提示清理吸尘桶，清理完成复位。

（2）用户管理

操作员：密码111，仅可查看主界面信息和报警信息，一般全自动施工时使用此用户即可；管理员：密码222，可以使用大部分操作设置功能，用于需使用半自动打磨功能或者机器维护。如图7-36所示。

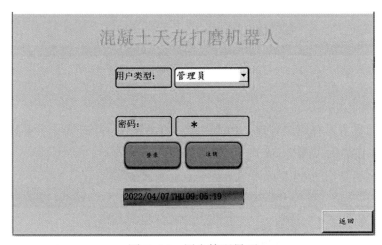

图 7-36　用户管理界面

（3）功能选择

点击相应按钮可选择部分功能的使用／屏蔽，重连 TX2 按钮可在 PLC 与 TX2 发生通信故障时进行重连；IO 显示可以查看机器的输入输出数字信号状态；压力采样可以查看机器的实时压力曲线，以上功能一般用户无需使用。如图7-37所示。

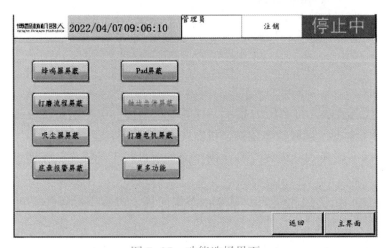

图 7-37　功能选择界面

（4）自动操作

该界面操作只可在本地控制模式下进行。界面的"动态打磨""静态打磨""停止"与平板上装控制界面"上装半自动打磨"功能一致。如图 7-38 所示。

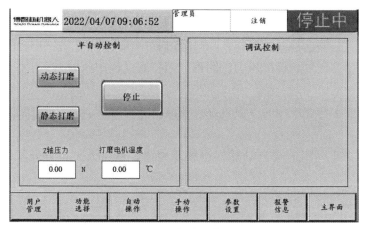

图 7-38　自动操作界面

（5）手动操作

该界面的操作只能在本地控制模式下进行，手动模式下可以单独移动打磨 X/Y 轴、升降柱，启动打磨电机 / 吸尘器电机；在该界面设定半自动打磨时 X/Y 轴的起始位置、终点位置，即"起始位置""终点位置 1"；手动速度设置输入可设定手动移动 X/Y 轴时的速度，自动速度设置需要在 Pad 上进行。如图 7-39 所示。

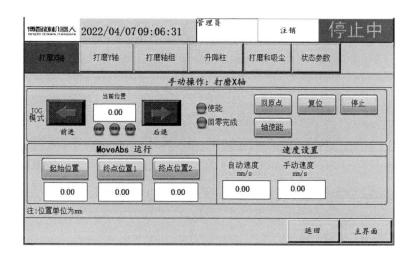

图 7-39　手动操作界面

（6）参数设置

界面设置打磨参数，包括单元宽度、打磨条数、Z 轴缓冲压力、Z 轴标准压力、Z 轴极限压力、打磨次数。

1)【单元宽度】打磨一次后 Y 轴移动的距离（磨盘一次打磨的宽度约为 130mm，故设定为 130mm 可以使打磨的宽度恰好衔接）。

2)【打磨条数】X 轴方向打磨的次数，与 Y 轴的起始位置到终点位置的长度以及单元宽度有关;【打磨选择】选择打磨轴 X 轴 /Y 轴。

3)【缓冲、标准、极限压力】打磨压力范围。当升降柱顶升至天花板面，初次压力达到"标准压力"时打磨电机开始工作，当打磨过程中压力小于"缓冲压力"时升降柱会向上顶伸，使打磨压力恢复到标准压力，同理，当打磨过程中压力大于"极限压力"时升降柱会向下收缩。

4)【天花高度】作业应用时，设置好天花高度，升降柱会在接近该高度时减速并进入作业模式。

5)【空载压力】开机时会自动捕捉空载压力值，也可人工检查异常后手动设置，如图 7-40 所示。

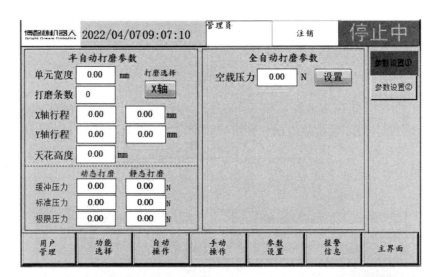

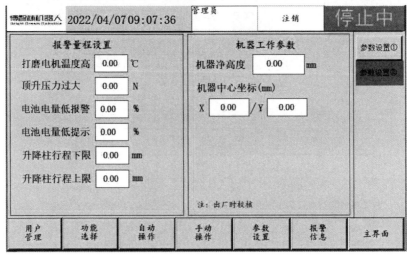

图 7-40　参数设置界面

（7）报警信息

界面可查看当前报警信息、历史报警信息，可使用"清除报警"按钮清除已排除故障后的报警信息。如图 7-41 所示。

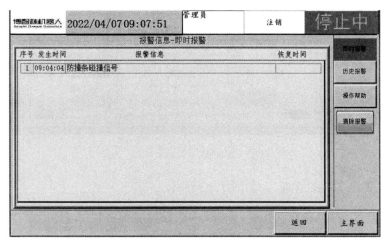

图 7-41　报警信息界面

（8）打磨作业

1）遥控模式打磨

① 检查机器无故障后开机；确认 Pad 上混凝土天花打磨机器人 APP 软件已正常运行并已连接机器人 Wi-Fi；

② 确认机器人当前模式为手动模式（开机默认为手动模式），使用底盘控制按钮可进行机器人移动操作；

③ 在 PLC 面板"参数设置"界面及平板 APP"参数设置"界面设置打磨参数；

④ 使用底盘控制按钮将机器人移动至作业位置；

⑤ 按下手动控制界面 PLC 控制"启动—长按"按钮，完成一个作业位置的打磨；

⑥ 重复上述④、⑤步骤完成所有房间打磨作业。

2）导航模式打磨

① 待机器人初始化完成后，使用 Pad 将机器人移动至打磨起点；

② 确认作业场地已完成视觉测量和 BIM 路径规划；

③ 在"初始位置"界面设定初始位置；

④ 将机器人切换为自动模式，运行指示灯显示绿色；

⑤ 从多级调度系统下发工作任务，机器人开始自动导航作业；

⑥ 现场人员与机器人保持一定距离，以免影响自动导航，机器人绿灯常亮时开始自动模式作业。

5. 多机调度系统操作

云地图导出地图和路径方式：

1）打开混凝土天花打磨机器人 APP，点击"路线选择"，如图 7-42 所示。

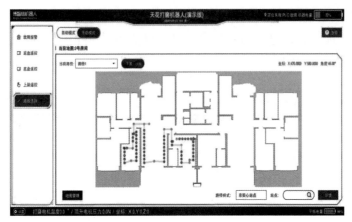

图 7-42　路径下发界面

2）点击左下角"地图管理"，如图 7-43 所示。

图 7-43　地图管理界面

3）点击右下角"云地图"，如图 7-44 所示。

图 7-44　云地图下载界面

4）点击左上角"云地图"，如图 7-45 所示。

图 7-45　云地图界面

5）选择对应项目、对应机器人、对应楼层地图进行下载并返回，即可看到下载地图，如图 7-46 所示。

图 7-46　云地图已下载界面

6）点击右上角"下发"按钮，将 FMS 下载地图下发到机器人，如图 7-47 所示。

7）地图下发成功后，点击左上角"自动模式"，点击"启动"即可按照下载的地图和路径进行作业。

6. 机器人打磨的修边收口

（1）人工作业范围

墙柱边缘、预埋件周边、局部空间狭小及边缘等机器人遗留未抹光部位需技师配合进行混凝土抹光工作（距墙 20～50cm）。

（2）人工施工步骤

1）提浆，对混凝土表面反复打磨提浆；

结构工程机器人施工

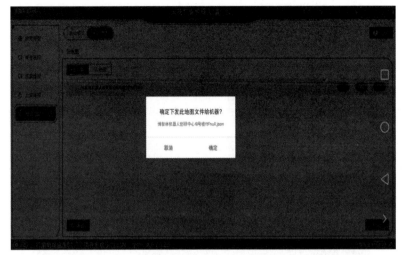

图 7-47　地图下发界面

2）压实，用抹刀将混凝土挤压密实；

3）回压，最后将水泥砂浆回压至混凝土内；

4）直至混凝土表面密实光滑。

任务 7.2.4　天花打磨机器人质量标准

1. 混凝土板底水平度

按照碧桂园《实测实量指引（2018 版）》，考虑实际测量的可操作性，选取同一功能房间混凝土顶板内 4 个角点和 1 个中点距离同一水平基准线之间 5 个实测值的极差值，综合反映同一房间混凝土顶板的平整程度，如图 7-48 所示。

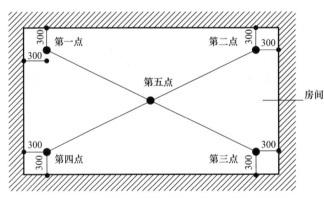

图 7-48　混凝土楼板板底水平度测量示意图

2. 测量工具

（1）激光水平仪。配合塔尺检查顶板水平度。

（2）2m 靠尺。检查天花板面平整度。

（3）配合 2m 靠尺检查平整度。

3. 测量方法

（1）同一户选取 1～2 个板（客厅、卧室、飘窗顶板）。同一跨混凝土顶板作为一个测区（不以功能区为测区划分依据），累计实测实量 7 个测区（至少 4 户客厅，存在飘窗的测区，7 个测区中必选任意 2 个飘窗顶板）。

（2）实用激光扫平仪，在实测板跨内打出一条水平基准线。同一实测区距板天花线约 30cm 处位置选取 4 个角点，以及板跨集合中心位（若板单侧跨度较大可在中心部位增加 1 个测点），分别测量混凝土顶板与水平基准线之间的 5 个垂直距离。以最低点为基准点，计算另外 4 点与最低点之间的偏差。最大偏差值≤17mm 时，5 个偏差值（基准点偏差值以 0 计算）的实际值作为判断该实测指标合格率的 5 个计算点。最大偏差值＞17mm 时，5 个偏差值均按最大偏差值计，作为判断该实测指标合格率的 5 个计算点。

4. 合格标准

偏差值在 0～12mm 之间为合格。

5. 天花打磨机器人质量标准

（1）测量质量验收

根据《混凝土结构工程施工质量验收规范》GB 50204—2015 第 8.3 条规定，混凝土天花平整度不得大于 8mm，水平极差不得大于 15mm。针对打磨完后的拼缝进行测量平整度，按照碧桂园《实测实量指引（2018 版）》，天花打磨机器人应用测试标准按高精度地面标准实测。高低差合格标准≤2mm 则验收通过。

（2）观感质量验收

通过目测的方式，仔细观察打磨后的天花板面，无锈渍、鼓包等表层污染物，整体观感整洁，无起伏不平则验收通过。

混凝土天花打磨机器人工作流程及验收标准详见表 7-5。

混凝土天花打磨机器人工作流程及验收标准　　　　表7-5

步骤	验收标准	是否合格
步骤 1	测量机器人完成作业场地测量，数据上传调度系统自动生成作业路径；机器人完成自身定位及路径规划前期工作	/
步骤 2	机器人根据规划路径自动行走至第一作业站点	/
步骤 3	在第一作业站点，机器人驻停，打磨机构向上抬升至天花板面，直至打磨头贴紧天花板面，并根据压力传感器调整至最终高度	压力检测精度：5N
步骤 4	打磨机构按照既定动作完成指定区域内的打磨作业	打磨头贴合天花板面，并可随天花板面挠度变化而被动下沉，下沉高度≤15mm
步骤 5	完成指定区域的打磨作业后，打磨机构下降少量高度使得打磨头脱离天花板面	/
步骤 6	机器人按照规划路径行至下一站点，驻停，打磨机构再次向上抬升至天花板面，直至打磨头贴紧天花板面，并根据压力传感器调整至最终高度	压力检测精度：5N
步骤 7	重复步骤 4～6，直至完成指定区域的天花打磨	满足拼缝处观感平整
步骤 8	打磨机构下降至初始位置，机器人离开房间	/

任务 7.2.5　天花打磨机器人安全管理

1. 机器人运输安全管理

混凝土天花打磨机器人可根据运输距离长短选择裸机运输或包装箱运输，短途运输时可直接运输机器，长途运输时需采用专用包装木箱运输。

机器人在运输过程中需确保安全，不同的运输距离其管理要求不尽相同。

（1）短途运输

1）运输前需将机器升降柱降到最低位置；

2）装车后，机器人调整到适当位置，并在舵轮侧方增加挡块，防止运输途中机器滑动；

3）机器人靠近车体部分使用泡棉或其他防撞材料做好防护；

4）再次确认机器人固定状态，关闭机器人及控制设备；

5）满足国家、地方和行业相关物品运输的要求。

（2）长途运输

长途运输时除了需满足短途运输的管理要求外，还需采用专用包装箱运输。机器人特殊设计的包装箱，且按设计运输要求进行箱内固定。

（3）吊装要求

在吊装机器人时应合理确定吊点，确保机器人在吊装过程中平稳。所采用的吊具为四肢吊链，4 处链条与垂直夹角均小于 45°。吊装前将 X 模组移动至距框架边 230mm 的位置处，确保链条与模组、框架、打磨端无干涉。吊装示意如图 7-49 所示。

注意：吊装作业时务必确保吊绳与机器不干涉再起吊。

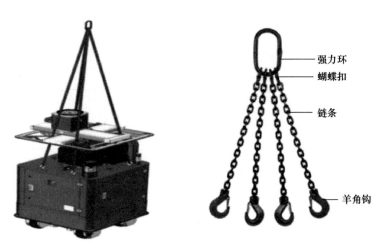

图 7-49　天花打磨机器人吊装示意图

2. 天花打磨机器人主要劳保用品

操作天花打磨机器人所使用的劳动保护用品主要有安全帽、反光衣、劳保鞋、口罩、耳塞以及手套等。

（1）安全帽

1）戴安全帽前应将帽后调整带按自己头型调整到适合的位置，然后将帽内弹性带系牢；

2）不要把安全帽歪戴，也不要把帽檐戴在脑后方；

3）定期检查更换。

（2）反光衣

施工现场施工环境中起着"看到"与"被看到"的安全保障作用。

（3）劳保鞋

1）防坠落物砸伤脚部；

2）防止被各种尖硬物件刺伤。

（4）口罩、耳塞、手套

1）口罩在打磨作业时佩戴，以防止粉尘进入呼吸道；

2）耳塞在打磨作业时佩戴，防止噪声过大影响听力；

3）手套在更换打磨片、集尘袋时使用。

3. 人员安全管理

（1）作业者上岗前必须经过建筑工地入场安全教育和机器人操作培训，经考核合格后方可上岗，严禁酒后、疲劳上岗；

（2）操作设备前必须按要求穿戴好劳动保护用品：安全帽、反光衣、劳保鞋、降噪耳塞、防护口罩；

（3）按照机器人操作规程进行操作，操控人员应时刻密切关注机器人的运动作业状态，避免发生机器人撞人、倾翻等风险和事故；

（4）设备上不得放置与作业无关的物品，禁止作业现场堆放影响机器人安全运行的物品，禁止任何无关人员在机器人作业范围内停留；

（5）机器人运行过程中，禁止在机器人前进方向 3m，两侧边 1m 及转弯半径范围内逗留、打闹、嬉戏，谨防被撞；

（6）机器人作业时产生较大噪声，建议长时间跟踪观察、调试、测试，操作人员应佩戴降噪耳塞，保护听力不受噪声损害。

4. 机器人施工过程安全管理

（1）机器人在运行过程中应确保其活动范围内无任何人员，并随时观察其工作状态是否正常；

（2）设备运转过程中出现异响、振动、异味或其他异常现象，必须立即停止机器人，及时通知维修人员进行维修，严禁私自拆卸、维修设备；

（3）设备运行过程中，须设置警示区域，与无关人员保持一定的安全距离，且严禁对设备进行调整、维修等作业；

（4）如需要手动控制机器人时，应确保机器人动作范围内无任何人员或障碍物，应预先识别机器人运行轨迹并将移动速度由慢到快逐渐调整，进行转向时一定要降低速度到安全范围之内，避免速度突然变快打破机器人稳定状态；

（5）调节机器人的运行速度时应由小到大逐渐增加；

（6）一旦预见发生危险，应迅速按下急停开关使机器人停止；

（7）自动导航模式运行前，检查整个系统状态，确认各个部件的状态，正常后再运行机器人；

（8）在狭窄空间或周围人较多的场所，要求将行驶速度调至 0.1m/s 以下；

（9）机器人运行过程中，严禁操作者离开现场。

5. 其他安全管理

（1）严禁任何人员对机器人进行野蛮操作，严禁强制按压、推拉各执行机构，不允许使用工具敲打、撞击机器人；

（2）操作过程中，不得随意修改机器人的运行参数，严禁无关人员触动控制按钮；

（3）连续施工时间过长，需要留意机器人电池及关键部件的温度，必要时停止机器人工作，避免机器人发生自燃（以温度报警值为限定）；

（4）由于此款充电器具有防雷管的设计，在打雷且接地不好情况下，外壳可能带电，在阴雨潮湿天气、打雷时尽量避免使用充电器或者绝缘手套操作；

（5）施工现场及仓库均需按面积配置灭火器及相关消防用品；

（6）电池充放电时应明确区分充电、放电接头，电池接头应连接牢固，无松动，备用电池应该放入换电池小车，禁止电池接地，充电时必须有人员在场；

（7）维修保养时应关闭设备总电源并挂牌警示，机器人需储存在专用仓库；

（8）当机器人着火时，迅速断电，然后使用灭火器灭火，优先使用二氧化碳灭火器，也可使用干粉灭火器。

常见安全标识如图 7-50 所示。

图 7-50 常见安全标识

单元 7.3 混凝土天花打磨机器人维修保养

任务 7.3.1 天花打磨机器人日常维护

1. 维修保养工具

常用的维修保养工具有内六角扳手、纯棉抹布、气枪、螺丝刀套装、长城润滑脂、棘轮扳手、角磨机扳手、橡胶锤、螺钉收纳盒、尖嘴钳，如图 7-51 所示。

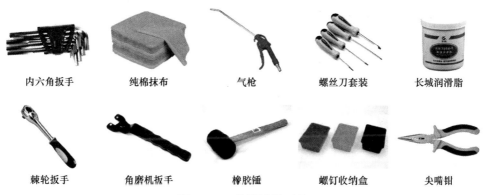

内六角扳手	纯棉抹布	气枪	螺丝刀套装	长城润滑脂
棘轮扳手	角磨机扳手	橡胶锤	螺钉收纳盒	尖嘴钳

图 7-51 常用维保工具

2. 维护保养人员要求

维护保养机器人的人员主要有两类。一类是操作机器人的应用工，另一类是劳务工。对两类人员的要求有所不同，主要体现在以下方面：

（1）应用工

要求应用工熟悉本产品并且能熟练操作本产品；具备处理问题的能力，如：更换机器人消耗零部件，更换电池，设备故障报警解除，对一些小故障可以及时处理等；在实际应用作业中，具备根据现场情况应急突发情况等技能。

（2）劳务工

要求劳务工具备打磨混凝土天花或墙面的经验。

维保人员主要对天花打磨机器人的电池、打磨盘、舵轮、吸尘器、导航雷达、顶部压力、防撞条、逃避雷达、散热风扇、电气线路、升降柱、急停按钮、打磨模组 X/Y 和底盘舵轮机构等进行维护保养，维护保养过程中的具体检查点、标准、方法及工具详见表 7-6。

维护保养点检项目 表7-6

名称	检查点	标准	方法及工具
电池	电池温度	低于 35℃	目视：触摸屏显示电池温度
	电量	大于 10%	目视：触摸屏显示电池电量

名称	检查点	标准	方法及工具
打磨盘	打磨盘磨损状况	打磨盘无严重磨损	目视：打磨盘是否磨损严重
舵轮	舵轮表面	舵轮完好无损	目视：舵轮有无破损
吸尘器	集尘袋	集尘袋无装满	目视：集尘袋是否装满
	检查密封性	吸尘器无漏尘	目视：吸尘器有无漏尘
导航雷达	天线	天线接收信号正常	操作：使用手动移动机器人是否正常寻找位置
顶部压力	压力范围	40～80N	目视：触摸屏显示顶部压力
防撞条	机器外围防撞条	防撞条完好无损	目视：防撞条周围有无破损
避障雷达	雷达	雷达正常避障	操作：使用手动移动机器人是否正常避障
散热风扇	正常散热	散热风扇正常运行	目视：散热风扇是否正常运行
电气线路	线路表面	线路无破损，无松动	目视：线路是否破损
升降柱	升降滑轨	升降平台正常上下滑动，无异响	操作：上下移动是否有异响
急停按钮	正常运行	急停开关正常运行	操作：手动按下急停是否有对应报警
打磨模组 X/Y	丝杠、滑块	移动顺畅无异响	操作：启动机器进行自检
底盘舵轮机构	运控	无异常	操作：开机后自检

3. 日常维护保养项目

日常维护保养的项目主要有导航雷达、防撞条、吸尘系统、集尘袋、滤芯、急停开关、打磨盘、防尘毛刷和吸尘管等，下面分别从保养标准、保养时间、保养周期、保养工具和保养步骤等方面介绍各维保项目，详见表7-7～表7-15。

（1）导航雷达维护（表7-7）

导航雷达维护 表7-7

维保项目	导航雷达
保养标准	活动顺畅无异常
保养时间	5分钟
保养周期	1次/天
保养工具	内六角扳手、气枪、纯棉抹布
保养步骤	1. 检查导航雷达表面是否有灰尘覆盖。如有灰尘覆盖，用吹气枪把雷达把周围灰尘进行清理后，再用镜布往同一个方向进行擦拭，保证雷达表面干净无灰尘，避免雷达、视觉镜头、表面脏物导致定位问题。 2. 检查导航雷达螺丝是否松动。如果发现导航雷达松动，要及时用内六角扳手把雷达螺丝紧固，避免螺丝松动导致定位问题。注意在紧固螺丝时需要将上面的信号指示灯拆下再进行。 3. 重新接线并做好绝缘处理，防止线路破损、短路、断路、接触不良造成的定位问题

（2）防撞条维护（表 7-8）

防撞条维护　　　　　　　　　　　　　　　　　　　　　　表7-8

维保项目	防撞条
保养标准	反应灵敏无异常
保养时间	5 分钟
保养周期	1 次 / 天
保养工具	内六角扳手
保养步骤	1. 检查上下 3 条防撞条外观是否有破损，当发现防撞条破损，按压无反馈，无法正常作业的情况，则需要更换防撞条。 2. 开机后在 3 条防撞条上选择至少 4 个点位进行按压测试，用手挤压防撞条，观察是否报警正常，请勿用力敲击。 3. 更换防撞条前关闭电源，并且把电池与机器人的连接线也断掉，随后找到防撞接口并断开连接，之后取下破损的防撞条进行更换

（3）吸尘系统维护（表 7-9）

吸尘系统维护　　　　　　　　　　　　　　　　　　　　　　表7-9

维保项目	吸尘系统
保养标准	搭扣弹簧无损坏
保养时间	2 分钟
保养周期	1 次 / 天
保养工具	内六角扳手
保养步骤	1. 检查 2 个搭扣是否还存在弹力，是否有松动，能否拉紧上下两部分。 2. 如果有松动的搭扣，用内六角扳手将松动的螺钉紧固，不然会使集尘桶的密封性能下降，导致吸尘不佳，漏灰等现象。 3. 若出现搭扣失效，则需要把旧搭扣切除，重新焊接搭扣

（4）集尘袋维护（表 7-10）

集尘袋维护　　　　　　　　　　　　　　　　　　　　　　表7-10

维保项目	集尘袋
保养标准	袋面无积尘，无破损
保养时间	5 分钟
保养周期	1 次 / 天
保养工具	气枪
保养步骤	1. 打开集尘桶盖 2 个搭扣。 2. 掰开搭扣，取出集尘袋，倒掉灰尘，取集尘袋过程中不要有过多的灰尘飞溅，用气枪反复吹洗，直至无灰尘溢出。 3. 拆下集尘袋，然后用气枪吹洗，检查集尘袋是否有破损，如有破损则更换新的。 4. 重新安装集尘袋，集尘袋松紧带虚翻折套在集尘桶上用盖压住。 5. 开机实验吸尘效果观察是否有异响

（5）滤芯维护（表7-11）

滤 芯 维 护 表7-11

维保项目	滤芯
保养标准	表面无积尘
保养时间	5分钟
保养周期	1次/月
保养工具	气枪
保养步骤	1. 把吸尘管与集尘桶分开,再将集尘桶与吸尘电机连接处搭扣打开,随后把集尘桶轻轻取下放置在地面上。 2. 取出里面的网状内胆,就能看见滤芯。 3. 取下滤芯,面向光源,检查滤芯表面及周围是否有积尘,用气枪把周围灰尘清理掉。 4. 用手拆下滤芯,用气枪反复吹洗,直至无灰尘溢出。 5. 安装滤芯,全部复位后开机实验吸尘效果,观察是否有异响

（6）急停开关维护（表7-12）

急停开关维护 表7-12

维护项目	急停开关
保养标准	工作状态无异常
保养时间	5分钟
保养周期	1次/周
保养工具	无
保养步骤	1. 在机台表面,主电池柜上方找到急停按钮。 2. 触碰急停开关,检测按钮是否正常。 3. 按下急停按钮后信号指示灯呈红色

（7）打磨盘维护（表7-13）

打磨盘维护 表7-13

维保项目	打磨盘
保养标准	打磨盘紧固不松动,磨盘磨损不严重
保养时间	5分钟
保养周期	不定
保养工具	角磨机扳手、棘轮套筒扳手、尖嘴钳
保养步骤	1. 把打磨头移至左侧,不要靠近导航雷达方向。 2. 使用角磨机扳手卡住盖板上两个定位孔,然后用棘轮扳手松动螺栓,将打磨盘拆下。 3. 检查打磨盘磨损量,磨损量大则更换磨盘。 4. 检查打磨盘是否松动。 5. 安装打磨盘时,盖板一面呈凹面,一面呈凸面,凹面贴近打磨盘进行安装,安装后检查是否存在松动,在紧固不松动后将插销归位

（8）防尘毛刷维护（表7-14）

防尘毛刷维护 表7-14

维保项目	防尘毛刷
保养标准	毛刷无断裂，毛刷间存在间隙，没被灰尘全部堵死
保养时间	5分钟
保养周期	1次/周
保养工具	六角扳手、气枪、卡尺、螺丝刀
保养步骤	1. 观察外观，毛刷整体结构是否完整、掉毛，毛卷曲是否严重，若是则更换。若需要更换毛刷，首先将打磨盘拆卸，用一字螺丝刀塞入毛刷端面的缝隙中旋转翘起毛刷，分四个点翘出毛刷。 2. 观察毛间间隙是否被灰尘全部堵死，若是则轻敲毛刷边用气枪吹洗。 3. 测量毛刷高出磨盘端面高度2～5mm为合格，若磨损短于2mm则更换。 4. 把毛刷的四个脚对准打磨端面的四个孔进行插入，完全贴合端面无超过2mm缝隙即可

（9）吸尘管维护（表7-15）

吸尘管维护 表7-15

维保项目	吸尘管
保养标准	管内无堵塞无破损
保养时间	5分钟
保养周期	1次/月
保养工具	六角扳手、气枪、一字螺丝刀
保养步骤	1. 首先轻轻敲击吸尘管，让管壁内的灰尘流动至集尘桶内，然后再用一字螺丝刀把与打磨端口连接的吸尘管拆下。 2. 检查吸尘管是否有破损，若有更换新的。 3. 用内六角扳手将卡箍处的螺钉拆卸，取下卡箍，拆下吸尘管，清理吸尘管内部积尘，直接用气枪反复吹洗和抖动。 4. 检查吸尘管是否安装正确，穿过卡箍布置

任务 7.3.2　天花打磨机器人定期维护

1. 电池

（1）电池更换

1）机器人运行至电量低于10%时会报警，运行指示灯亮红，报警信息显示电池电量过低，此时需要更换电池；

2）停止当前打磨作业，关闭机器人电源开关，关闭电池电源开关；

3）拔下电池组连接插头，信号线插头，开关线插头；

4）使用钥匙打开电池锁扣，取出电池；

5）换上备用电池，锁闭锁扣，接好各接线插头，打开电池电源开关可看到电池上电量指示灯亮起。

如图 7-52 所示为电池更换操作图。

电池组连接插头

通信线插头

电池锁扣

图 7-52　电池更换

（2）电池充电

1）以图 7-53 所示连接方式将电池组连接并插上 220V 电源；

2）按下充电机上开关，将其拨到 ON，电源灯显示绿色，开始充电；

3）当下边数字（充电电流）显示为 0，电池表示充电已完成。

图 7-53　电池充电

4）注意事项

①严格遵守充电电源接驳顺序，即，先接驳输入电池电线、再插交流插座、后开启交流供电；充满断电时，也是先断交流电、再拔充电器交流插头、后断输出电池线；

②充电期间严禁触摸充电器外壳（尤其是手、脚潮湿情况下）；如需充电期间挪动充电器，严格按电工安全手册佩戴绝缘手套；

③由于此款充电器具有防雷管的设计，在打雷且接地不好的情况下，外壳可能带电，在阴雨潮湿天气、打雷时尽量避免使用充电器或者佩戴绝缘手套操作。

（3）电池的维护

混凝土天花打磨机器人使用的电池为 48V、100Ah 磷酸锂铁电池。新购买锂电池因出厂自带部分电量，用户可将剩余电量用完再充电，经过两三次正常充放电使用可完全激活锂电池活性。

1）锂电池不存在记忆效应，可以随用随充，但是不能过度放电，过度放电会造成不可逆的容量损失，当机器提醒电量低时停止放电作业，更换电池及时充电；

2）日常使用中，刚完成充电的锂电池需搁置半小时，待电性能稳定后再使用，否则会影响电池性能；

3）长时间不使用机器时，务必将电池取出保存在干燥阴凉处；

4）注意锂电池的使用环境：锂电池充电温度为 0～45℃，锂电池放电温度为 -20～60℃；

5）不要将电池与金属物体混放，以免金属物体触碰到电池正负极，造成短路，损害电池甚至造成危险；

6）不要敲击、针刺、踩踏、改装、日晒电池，不要将电池放置在微波、高压等环境下；

7）使用正规匹配的充电器给电池充电，不允许使用劣质或其他类型电池充电器给锂电池充电；

8）电池存放

① 锂电池长期不用应充入 50%～80% 的电量，并从机器中取出存放在干燥阴凉的环境中，每隔 3 个月充一次电池，以免存放时间过长，电池因自放电导致电量过低，造成不可逆的容量损失；

② 锂电池自放电受环境温度及湿度的影响，高温及湿温会加速电池的自放电，建议将电池存放在 0～20℃ 的干燥环境。

2. 集尘袋清理 / 更换

（1）当吸尘效果不不佳时，检查集尘袋，并对集尘袋进行清理或者更换；

（2）清理或更换集尘袋前，需关闭机器人电源；

（3）打开集尘桶锁扣，取出集尘袋并清理或更换（集尘袋可反复清理使用）；

（4）打磨吸尘正常作业 4 小时需清理或更换一次。

3. 十字模组维护

（1）每日作业完成后需对十字模组风琴罩的积尘进行清理；

（2）确认十字模组的起始位置 & 终点位置；

（3）在触摸屏上检查轴坐标位置与实际是否符合，若不符合，点击回原点重新归零；若为软限位报警且不在软限位位置，需断开使能并手动推动轴至限位位置再上使能点击回原点。

4. 打磨盘更换

（1）更换打磨盘前务必关闭机器人电源；

（2）使用专用扳手进行打磨盘拆卸及更换；

（3）新打磨盘安装时务必锁紧螺丝。

如图 7-54 所示为打磨盘更换操作图。

5. 急停键的维护

控制柜门上有急停键。在机器人运动工作前，请使用急停键确认在伺服接通后能否正常地将其断开。

图 7-54　打磨盘更换

6. AGV 底盘的维护

AGV 底盘的维护保养主要体现在以下方面：

（1）确保在安装和运转时加到电机轴上的径向和轴向负载控制在每种型号的规定值以内；

（2）开始维护电机和制动器之前，必须切断电源，并且采取措施防止意外接通，电机刚工作完，温度可能会变得非常高，用手接触可能会有烫伤的危险；

（3）定期检查电机的轴承和螺钉、联轴器等连接件的松紧状态，及时做出调整；

（4）定期为齿轮齿圈添加润滑油，如果发现异常磨损，应该及时更换；

（5）检查橡胶轮的橡胶包覆状态，橡胶磨损情况，及时清理粘在橡胶轮面和舵轮上无杂物，确保舵轮滚动顺畅。

7. 十字滑轨的维护

（1）保持滑轨及其周围环境的清洁，微小灰尘进入导轨，也会增加导轨的磨损、振动和噪声；

（2）滑轨安装时要认真仔细，不允许强力冲压，用锤直接敲击导轨；

（3）滑轨安装应使用专用工具，滑轨上方的密封条要拉紧密封，防止灰尘颗粒进入滑轨内部；滑轨需要定期检查密封条，定期清理滑轨内外，并重新注油。

8. 弹性直线轴承的维护

（1）确保滑动性，保证压力传递的准确性，从而避免影响作业效果；

（2）作业后需要清洁直线轴承周围，避免灰尘进入轴承内部；

（3）需要定期检查弹簧状况，并对直线轴承注入润滑脂。

任务 7.3.3　混凝土天花打磨机器人常见故障及处理

1. 天花打磨机器人故障分析

作业人员在操作天花打磨机器人时，应根据提示的故障信息采取相应的处理措施。不同的故障信息其相应的处理措施有所不同。详见表 7-16。

天花打磨机器人故障处理措施　　　　表7-16

序号	故障信息	处理措施	故障分类
1	打磨平台 X 轴故障	1. 在 APP 报警界面点击报警复位即可； 2. 若故障反复出现，需要对滑轨 X 轴进行清理灰尘维护	PLC 故障
2	打磨平台 Y 轴故障	1. 在 APP 报警界面点击报警复位即可； 2. 若故障反复出现，需要对滑轨 Y 轴进行清理灰尘维护	
3	打磨平台 X 轴正限位故障	1. 检查平台 X 轴是否在正限位处，若是，复位即可； 2. 若不是，则检查限位开关是否异常	
4	打磨平台 X 轴负限位故障	1. 检查平台 X 轴是否在负限位处，若是，复位即可； 2. 若不是，则检查限位开关是否异常	

序号	故障信息	处理措施	故障分类
5	打磨平台 Y 轴正限位故障	1. 检查平台 Y 轴是否在正限位处，若是，复位即可； 2. 若不是，则检查限位开关是否异常	PLC 故障
6	打磨平台 Y 轴负限位故障	1. 检查平台 Y 轴是否在负限位处，若是，复位即可； 2. 若不是，则检查限位开关是否异常	
7	打磨平台轴组故障	X 轴或者 Y 轴故障，检查 X/Y 轴运行情况	
8	顶部传感器压力过大警示	检查压力传感器及打磨压力设置	
9	顶升电机超量程故障	1. 检查升降柱升降高度是否超过最高 / 最低高度； 2. 将升降柱恢复到正常范围内，清除报警	
10	打磨电机温度过高故障	1. 停止作业等待电机降温； 2. 减小电机负载	
11	防撞条故障	将打磨盘移开碰撞物，清除报警	
12	压力传感器故障	检查压力传感器线路，修复线路连接	
13	温度传感器故障	检查温度传感器线路，修复线路连接	
14	AGV 通信故障	检查 AGV 通信线路	通用错误
15	激光雷达——定位丢失	1. 保留机器状态； 2. 联系项目组进行处理； 3. 作业紧急时可尝试重启机器解决	导航雷达
16	激光雷达跳点		
17	运动控制纠偏错误		

2. 天花打磨机器人常见故障处理

（1）打磨端十字模组故障解决方案

1）打磨平台 X 轴 /Y 轴正限位故障解决的方案

① 切换到手动模式，点击"故障复位"，消除"打磨平台 X 轴 /Y 轴故障"；

② 按以下操作。"上装遥控"→"X 轴 /Y 轴"→"后退"，X 轴 /Y 轴后退离开正限位开关，消除"打磨平台 X 轴 /Y 轴正限位故障"。

2）打磨平台 X 轴 /Y 轴负限位故障解决的方案

① 切换到手动模式，点击"故障复位"，消除"打磨平台 X 轴 /Y 轴故障"；

② 按以下操作："上装遥控"→"X 轴 /Y 轴"→"前行"，X 轴 /Y 轴后退离开正限位开关后，消除"打磨平台 X 轴 /Y 轴负限位故障"。

3）打磨平台 X 轴故障、打磨平台轴组故障解决的方案

① 切到手动模式，点击"故障复位"，消除故障；

② 重新运行机器。

注意：如果以上故障反复出现，则需要联系售后维修。

（2）传感器故障解决方案

顶部压力传感器过大警示解决的方案：

1）切到手动模式，按以下操作："上装遥控"→"升降柱"→"下降"；

2）升降柱离开天花后，点击"故障复位"，消除故障；

3）重新运行机器。

注意：如果以上故障反复出现，则需要联系售后维修。

（3）防撞条故障解决方案

1）切到手动模式，按以下操作："上装遥控"→点击"触边屏蔽"打开该功能；

2）点击"故障复位"，等待故障消除；

3）手动移动机器离开墙面，再次点击"触边屏蔽"取消该功能即可。

注意：若是离开墙面且取消"触边屏蔽"功能的情况下仍然报警，需重启机器；重启也无效后需售后维修。

（4）急停＆复位

1）机器人作业时遇到紧急情况，应迅速按下红色急停开关使机器人停止；

2）复位时，将急停按钮顺时针旋转即可恢复急停开关；

3）急停恢复、机器即重启。

（5）其他故障警示及处理方案

除了上述常见故障外，对于其他故障警示及相应的处理方案详见表7-17。

其他故障警示及相应的处理方案　　　　　　　　　　表7-17

故障内容	处理方案
吸尘器电机故障	1. 吸尘器积灰导致过载发热使热继电器跳闸，冷却后合闸即可 2. 吸尘器电机运行异常损坏，联系售后更换新机
电池电量低于15%警示	做好更换电池的准备工作
电池电量低于10%警示	机器已停止作业，需要更换电池
电池信息读取异常	1. 检查通信线路连接 2. 重启检查
运动控制异常	故障复位即可
其他故障	1. 故障复位即可 2. 无法复位联系售后维保人员

小结

混凝土天花打磨机器人能够通过自动定位、自动规划路径、避障防撞，对卫生间、阳台、距离阴角7cm以外的室内混凝土天花板面，通过视觉识别2mm以上爆点、错台、模板拼缝等缺陷，全自动完成对天花板的打磨作业。

学生在通过操作天花打磨机器人的作业培训，并经考核合格后允许操作设备。设备在运行过程中应有足够的安全管理措施。其质量满足相应的规范要求，应按照相关规定对天花的平整度进行检查验收，合格后才允许进行下一道工序。能够掌握日常的保养标准，通过学习具有判断常见故障和排除故障的能力。

巩固练习

一、单项选择题

1. 机器人进行混凝土天花打磨的对象是（　　　）。

A. 整个天花板面

B. 所有的模板拼缝

C. 修正天花的水平度

D. 混凝土天花模板拼缝处的溢浆、局部高低差

2. 混凝土天花打磨机器人的最大作业高度为（　　　）。

A. 3.3m　　　　　　B. 3.1m　　　　　　C. 2.9m　　　　　　D. 3.05m

3. 天花打磨机器人户外移动的最大爬坡能力为（　　　）。

A. 10°　　　　　　B. 20°　　　　　　C. 30°　　　　　　D. 40°

4. 以下属于天花打磨机器人户外移动时 AGV 的转弯半径范围的是（　　　）。

A. 500mm　　　　　B. 600mm　　　　　C. 700mm　　　　　D. 800mm

5. 选取同一功能房间混凝土顶板内 4 个角点和 1 个中点距离同一水平基准线之间（　　　）个实测值的极差值，综合反映同一房间混凝土顶板的平整程度。

A. 4　　　　　　　B. 5　　　　　　　C. 6　　　　　　　D. 7

6. 混凝土天花打磨机器人配合（　　　）可实现选点作业，提高工作效率。

A. 测量机器人　　　　　　　　　　B. 墙板安装机器人

C. 整平机器人　　　　　　　　　　D. 内墙面打磨机器人

7. 机器人运行至电量低于（　　　）时会报警，运行指示灯亮红。

A. 5%　　　　　　　B. 10%　　　　　　C. 15%　　　　　　D. 20%

8. 以下项目中，保养时间为 2 分钟的是（　　　）。

A. 导航雷达　　　B. 防撞条　　　C. 吸尘系统　　　D. 集尘袋

9. 混凝土天花打磨机器人采取的避障防撞措施里不包括（　　　）。

A. 防撞条　　　　　　　　　　　　B. 超声波传感器

C. 避障激光雷达　　　　　　　　　D. 避障相机

10. 顶部传感器压力过大警示故障信息时，以下处理措施正确的是（　　　）。

A. 检查平台 X 轴是否在正限位处

B. 检查平台 Y 轴是否在正限位处

C. 检查升降柱升降高度是否超过最高 / 最低高度

D. 检查压力传感器及打磨压力设置

二、多项选择题

1. 混凝土天花打磨机器人的整机结构主要由（　　　）三部分组成。

A. 上端总成　　　B. 控制系统　　　C. 升降柱

D. 下端总成　　　E. 振捣机构

2. 混凝土天花打磨机器人的上端总成由（　　　）两部分组成。

A. AGV 底盘　　　　B. 打磨机构　　　　C. 升降柱

D. 模组机构　　　　E. 导航系统

3. 下列属于模组机构的有（　　　）。

A. 导航系统　　　　B. 避障系统　　　　C. 防撞条

D. 十字模组支架　　E. 吸尘装置

4. 以下属于操作天花打磨机器必备的劳动保护用品的有（　　　）。

A. 安全帽　　　　B. 反光衣　　　　C. 劳保鞋

D. 口罩　　　　E. 雨伞

5. 以下说法正确的有（　　　）。

A. 机器人的运行速度应从小到大逐渐增加，不可一下调到最大

B. 混凝土天花打磨机器人任何人都可以随意进行操作

C. 发生危险时应迅速按下急停开关

D. 更换打磨盘时机器人可以不关机

E. 当机器人着火时，使用灭火器灭火，然后迅速断电

6. 以下关于机器人吊装要求，说法正确的有（　　　）。

A. 在吊装机器人时吊点可以随意确定

B. 在吊装过程中需确保机器人平稳，所采用的吊具为四肢吊链

C. 4 处链条与垂直夹角均小于 45°

D. 吊装前将 X 模组移动至距框架边 230mm 的位置处

E. 吊装前将 X 模组移动至距框架边 130mm 的位置处

7. 以下项目保养周期为 1 次 /1 天的有（　　　）。

A. 导航雷达　　　　B. 防撞条　　　　C. 吸尘系统

D. 集尘袋　　　　E. 滤芯

8. 以下项目保养周期为 1 次 /1 周的有（　　　）。

A. 导航雷达　　　　B. 防尘毛刷　　　　C. 吸尘系统

D. 集尘袋　　　　E. 急停开关

9. 以下故障信息中属于通用错误故障分类的有（　　　）。

A. 电池——通信超时 B. 电池故障　　　　C. PLC——通信超时

D. 压力传感器　　　　E. AGV 通信故障

三、判断题

1. 天花打磨机器人的升降系统可对 3.2m 以上天花板的自动打磨作业。　　（　　　）

2. 天花打磨机器人通过视觉识别 2mm 以上爆点、错台、模板拼缝等缺陷，可全自动完成对天花板的打磨作业。　　（　　　）

3. 天花打磨机器人具备粉尘自动回收的功能，可以改善施工现场环境。　　（　　　）

4. 天花打磨机器人具备自动避障功能。　　（　　　）

5. 天花打磨机器人的定位精度偏差为 ±5mm。　　　　　　　　　　（　　）

6. 混凝土天花打磨机器人施工作业方式分全自动作业和半自动作业。（　　）

7. 开始维护电机和制动器之前，必须切断电源。　　　　　　　　　（　　）

8. 正常作业情况下集尘袋 4 小时更换一次。　　　　　　　　　　　（　　）

9. 电池出现电量低于 15% 警示时，表示需要更换电池。　　　　　（　　）

10. 激光雷达——定位丢失故障属于导航雷达故障类别。　　　　　　（　　）

四、论述题

1. 简述混凝土天花打磨机器人的特点。

2. 简述混凝土天花打磨机器人施工前场地的要求。

3. 简述打磨端十字模组故障产生的原因。

4. 简述顶部压力传感器出现过大警示时的解决步骤。

5. 常见的 PLC 故障有哪些?

附录1 xxx机器人日点检表

博智林机器人 Bright Dream Robotics		xxx机器人——总成点检表					
日期:		设备编号:		点检人			
检查 项目	检查点		标准	频率	合格√ 不合格 ×	维修人	备注

附录 2 xxx 机器人保养表

博智林机器人 Bright Dream Robotics		xxx 机器人保养表				
日期:		设备编号:		保养人:		
机器所在地:		管理编号:				
名称	检查点	保养周期	是	否		备注
			○	○		
			○	○		
			○	○		
			○	○		
			○	○		
			○	○		
			○	○		
			○	○		
			○	○		
			○	○		
			○	○		
			○	○		
			○	○		
			○	○		
			○	○		
			○	○		
			○	○		
			○	○		
			○	○		
			○	○		
			○	○		
			○	○		
			○	○		
			○	○		
			○	○		
			○	○		
			○	○		
			○	○		

附录 3　xxx 机器人检查记录表

| 起重机概况：_____ | 钢丝绳用途：_____ |

钢丝绳详细资料：_____

商标名称（若已知）：_____

公称直径：_____mm

结构：_____

绳芯 ª：IWRC 独立钢丝绳 /FC 纤维（天然或合成织物）/WSC 钢丝股

钢丝表面 ª：无镀层　镀锌

捻向和捻制类型 ª：右向；sZ 交互捻 zZ 同向捻 Z 右捻 左向；zS 交互捻 sS 同向捻 S 左捻

允许可见外部断丝数量：_____（在 6d 长度范围内）_____（在 30d 长度范围内）

参考直径：_____mm

允许的绳径减小量（从参考直径算起）：_____mm

| 安装日期（年 / 月 / 日）：_____ | 报废日期（年 / 月 / 日）：_____ |

可见外部断丝数				直径		腐蚀	损伤和畸形			在钢丝绳上的位置	总体评价（发生位置的综合严重程度 b）
长度范围		严重程度 b		实测直径（mm）	相对参考直径的实际减小量（mm）	严重程度 b	严重程度 b	严重程度 b	类型		
6d	30d	6d	30d								

其他观察结果 / 说明：

使用时间（周期 / 小时 / 天 / 月 / 及其他）：_____

检查日期：　　　年　　月　　日

主管人员姓名（印刷体）：_____

主管人员签字：_____

a：打钩标记选中项目。

b：严重程度的表示：轻度、中度、重度、严重、报废。

参考文献

［1］ 罗向荣.混凝土结构.3版.北京：高等教育出版社，2014.

［2］ 郭峰仁.建筑施工图识读.北京：北京理工大学出版社，2016.

［3］ 傅华夏.建筑三维平法结构识图教程.2版.北京：北京大学出版社，2019.

［4］ 混凝土结构施工图平面整体表示法规则和构造详图现浇混凝土框架、剪力墙、梁、板：16G101-1.

［5］ 成大先.机械设计手册.6版.北京：化学工业出版社，2016.

［6］ 龚肖新.液压与气动技术.北京：机械工业出版社，2021.

［7］ 赵剡，吴发林，刘杨.高精度卫星导航技术.北京：北京航空航天大学出版社，2016.

［8］ 付建红.数字测图与GNSS测量实习教程.武汉：武汉大学出版社，2015.

［9］ 牛鱼龙.GPS知识与应用.深圳：海天出版社，2005.

［10］ 广州南方卫星导航仪器有限公司银河6测量系统帮助手册（2015版）.

［11］ 南方测绘仪器有限公司工程之星用户手册.

［12］ 邓学才.建筑地面与楼面手册.北京：中国建筑工业出版社，2005.

［13］ 张利.耐磨混凝土地面施工技术要点.科技信息，2008（27）：117.

［14］ 胡房胜.超大面积工业厂房整浇混凝土地面施工技术.科技展望，2016，26（20）：44.

［15］ 尚建宁.大面积混凝土地面平整度及楼板混凝土裂缝的控制.建材技术与应用，2003（04）：41-42.

［16］ 何恒富，叶育兴，李盼，薛国庆.抹平装置及抹平机器人.广东省：CN113931421A，2022-01-14.

［17］ 李盼，何恒富，叶育兴，周陈军.抹平机器人及抹平机器人作业系统.广东省：CN113846825A，2021-12-28.

［18］ 商希亮，刘晓姣，张少东.抹盘机构及具有其的抹平机器人.广东省：CN111070000B，2021-11-05.

［19］ 邓福海，吴灿林，曲强，贺志武.抹平机器人.广东省：CN110593057B，2021-10-01.

［20］ 张祥娇.探讨大面积混凝土楼地面一次性抹光施工.黑龙江科技信息，2015（14）.

［21］ 杜克义，付会明.浅谈如何保证水泥楼地面的质量.科技资讯，2006（17）.

［22］ 吕所章，戴勇正."随浇随抹光"施工的监理.江苏建筑，1997（04）.

［23］ 碧桂园工程质量检查评分办法（2019版）.

［24］ 碧桂园集团工程质量评估体系（2018版）.

［25］ 中华人民共和国住房和城乡建设部.混凝土结构工程施工质量验收规范：GB 50204—2015.北京：中国建筑工业出版社，2015.

［26］ 中华人民共和国住房和城乡建设部.建筑装饰装修工程质量验收标准：GB 50210—2018.北京：中国建筑工业出版社，2018.

［27］ 中华人民共和国城乡和住房建设部.建筑工程施工质量验收统一标准：GB 50300—2013.北京：中国建筑工业出版社，2014.

结构工程机器人施工

［28］ 中华人民共和国城乡和住房建设部.建筑地面工程施工质量验收规范：GB 50209—2010.北京：中国建筑工业出版社，2010.

［29］《建筑施工手册》编委会.建筑施工手册.北京：中国建筑工业出版社，2013.